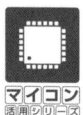
マイコン活用シリーズ

Arduinoで
計る, 測る, 量る

Various measuring techniques in Arduino

神崎康宏 著

計測したデータをLCDに表示, SDカードに記録,
無線/インターネットに送る方法を解説

CQ出版社

はじめに

　本書の計測で中核となるマイコンArduinoは，2005年にイタリアで開発されました．ハードウェアとソフトウェアの両方ともシンプルでわかりやすく，思いついたことをそのままスケッチ（プログラム）してすぐに結果を確認できます．その手軽さから，国内でも電子工学やコンピュータの専門家以外にも広く利用されるようになりました．またマイコンの草創期からの組み込みエンジニアにとっても，システムの開発がPCとArduinoのマイコン・ボードだけで，途中経過を確認しながら行えるその容易さから，急ぎの単品仕事を切り抜ける助けになっているようです．

　本書は，このArduinoで温度，湿度，明るさ，電流，気圧，距離，重さなど日常必要になる主な計測項目を取り上げました．

　コンピュータによる計測は，センサの特性，センサの出力がアナログ出力なのかディジタル出力なのか，ディジタル出力の場合コンピュータとのデータのやりとりをどのように行うのか，また計測したデータをどのように表示するのか，データを保存しておく方法，離れた場所での測定を行うためのデータの通信などに多くの課題があります．

　本書で利用するArduinoは，これらの課題を解決する機能をもっています．取り上げたセンサについて，計測に必要な特性の説明からArduinoとの接続方法，センサからのデータの読み取り，必要なデータの演算処理について，そして，具体的にブレッドボードやユニバーサル・ボードで実際の回路を組み，スケッチ（プログラム）を作り，計測した結果を得てデータを確認するためにLCDに表示し，必要に応じてPCにLAN経由で表示したり，SDカードにデータを保存するまでの実例を示しました．

　コンピュータの初心者でも本書に従い実際の回路を組み立て，スケッチを作ることを体験することで，コンピュータ計測ができるようになります．日ごろからコンピュータに触れておられる方には，計測が必要になった場合の参考例としても利用していただけら幸いです．

　Arduinoは，バージョンアップを繰り返し進化し続けています．最新のArduino 1.0では，今後の展開のために公式ライブラリの一部に入れ替えがありましたが，極わずかな命令の置き換えだけで従来通り利用できました．Arduinoは1.0が発表される前に0023までバージョンアップがありました．筆者は0012くらいの時期から使い始め，多くの新機能の追加がありましたが，基本的な考え方がしっかり継続されていて困ったことはありません．本書のプログラムはArduino 1.0で動作を確認しています．その後の改訂版を使用する場合は，公式ホームページ（http://arduino.cc/）も確認してください．

　本書が，今後のモノづくりの要となるマイコン技術の習得の一助となることを願っています．

　本書はCQ出版の吉田伸三氏の数年間にわたる数多くの情報，アイデアの提供と励ましにより完成しました．また本書の原稿を何度も読み直し誤りや難渋な表現を指摘してくれたパートナーの洋子に感謝しています．

2012年1月　神崎 康宏

CONTENTS

はじめに ……………………………………………………………………………………… 3

入出力・ボード仕様は標準化されて使いやすい
[第1章] Arduinoは入門者にもプロにも優しいマイコン・ボード ……………… 9

- 1-1 入出力などの基本的な仕様が決められている ……………………………………… 10
  - ● 基本的な機能を抽出して入門者にもわかりやすくしてある ……………………… 10
  - ● 機能を追加するための拡張ボード（シールド）も豊富に用意されている ……… 10
- 1-2 多様なバリエーションのArduinoが用意されていて，いろいろな目的に利用できる …… 11
  - ● 目的に応じて豊富なバリエーションをもつArduino …………………………… 11
  - ● PCで動く使いやすい開発環境が一体になる …………………………………… 13
  - ● ブレッドボードでのテストに適したボードも用意されている ………………… 13
  - ● そのほかにテストのために必要なもの ………………………………………… 13
  - ● 専門的な知識がなくても基本的な物理の法則を知っていれば利用できる ……… 16

開発環境はシンプルでわかりやすい
[第2章] Arduino IDEのインストールと基本となる使い方 ……… 17

- 2-1 Arduinoのホームページには何でもそろっている ……………………………… 17
- 2-2 Arduino開発システムのダウンロードのページ ………………………………… 18
- 2-3 PCとArduinoをつなぐ ……………………………………………………………… 23
  - ● ArduinoのUSBポートの対応するCOMポート名を記録する …………………… 24
  - ● 使用するボードを指定する …………………………………………………… 25
- **Column…2-1** USB-シリアル変換モジュール ……………………………………… 26

シンプルな開発環境を使いはじめる
[第3章] Arduinoのサンプル・スケッチで基本的な入出力動作を確認する ……… 27

- 3-1 Arduino IDEの使い方 ……………………………………………………………… 27
  - ● Arduino IDEを起動すると …………………………………………………… 28
  - ● 全角の文字はコメントでしか利用できない ………………………………… 28
- 3-2 サンプル・スケッチを動かしてみる …………………………………………… 30
  - ● サンプル・スケッチBlink ……………………………………………………… 30

- マイコン・ボードの種類とCOMポートを指定 重要! ……………… 33
- スケッチの実行のようす …………………………………………… 35

Column…3-1　進化を続けるArduino …………………………… 36

決められた入出力ポートだが逆に使いやすい

[第4章] アナログ入出力もスケッチが用意されていて使い方は簡単 …………… 37

- 4-1 アナログ入力とアナログ出力 ……………………………………… 37
  - 4-1-1　マイコン・ボードとブレッドボードでテスト ……………… 37
  - 4-1-2　アナログ入力，アナログ出力のスケッチ …………………… 39
  - 4-1-3　シリアル・ポートでPCにデータを送信する ……………… 40
  - 4-1-4　256，512，768前後で明るさが変わる …………………… 40
  - 4-1-5　アナログ入力値から入力電圧を求める方法 ………………… 40
- 4-2 アナログ出力はPWMと呼ばれる方法で出力 …………………… 41
- 4-3 温度センサをはじめ多くのセンサが簡単に利用できる ………… 43
  - 4-3-1　温度の測定 …………………………………………………… 43
  - 4-3-2　LM35DZを利用した温度測定 ……………………………… 43
  - 4-3-3　基準電圧 ……………………………………………………… 45
- 4-4 LM35DZを利用して湿度の測定を行う ………………………… 47
  - 4-4-1　湿度とは ……………………………………………………… 47
  - 4-4-2　湿度の計算を行う …………………………………………… 48
  - 4-4-3　乾湿球湿度計の計算処理の組み込み ………………………… 50
  - 4-4-4　計算の精度 …………………………………………………… 53
- 4-5 プラス電源だけでマイナスの温度も測れるLM60を使用すると ……… 53

Column…4-1　炎の温度を測る …………………………………… 54

スタンドアロンで動かすときには必需品

[第5章] 測定結果をLCDに表示する ………………………………… 55

- 5-1 Arduinoからデータを出力するLCDモジュール ………………… 55
- 5-2 ArduinoとLCDモジュールの接続方法 ………………………… 56
  - テストはLCDモジュールをブレッドボードにセットして行う …… 58
- 5-3 LCDモジュール用のライブラリ …………………………………… 60
  - 5-3-1　LCDライブラリの使い方の手順 ……………………………… 60
  - 5-3-2　LM35の計測データをLCDに表示するスケッチ …………… 61
- 5-4 LM35DZを利用して湿度の測定結果をLCD表示する …………… 62
- 5-5 温度センサで温度をチェックし，AC電源をON/OFF（ヒータを制御）…… 64
  - AC100Vの回路にカバー …………………………………………… 64
  - ヒータ制御のスイッチ ……………………………………………… 65

Appendix1　LCDライブラリ ……………………………………… 67

2本線で複数のデバイスをつなげられて拡張性がよい
[第6章] 高機能シリアル通信 I²C ……………………………………… 71

6-1 マイコンとディジタル・センサや通信モジュール・デバイス間のシリアル通信 …… 71
- 6-1-1 I²C (Wire) ……………………………………………………… 71
- 6-1-2 2本の信号線の組み合わせで通信手順を制御 ………………………… 73
- 6-1-3 I²Cの送受信データの基本的なやりとり …………………………… 74
- 6-1-4 Wireライブラリを使用すると細かい手順は知らなくても済む ………… 75

6-2 I²Cインターフェースでやりとりするリアルタイム・クロック ……………… 75
- 6-2-1 現在時刻を知るには ……………………………………………… 75
- 6-2-2 RTCモジュール（DS1307）……………………………………… 76
- 6-2-3 DS1307の使い方 ……………………………………………… 78
- 6-2-4 DS1307の内部メモリ …………………………………………… 79
- 6-2-5 DS1307のメモリ・レジスタの内容を確認する ………………………… 80
- 6-2-6 時刻と日付を設定するDS1307のメモリ・レジスタの内容を確認する …… 83

6-3 3.3V動作のI²Cインターフェース・デバイスの温度センサを追加する ……… 88
- 6-3-1 I²Cのインターフェースをもったディジタル温度センサTMP102 ……… 88
- 6-3-2 TMP102のレジスタ ……………………………………………… 90
- 6-3-3 温度の読み出し ………………………………………………… 91
- 6-3-4 TMP102から温度を読み取るスケッチ ……………………………… 91

6-4 5V, 3.3V動作のI²Cインターフェース・デバイスを動かす …………………… 94
- 6-4-1 5V電源3.3V電源のI²Cバスの動作確認 ……………………………… 95

Column…6-1 できることがわかれば0.5mmピッチのはんだ付けも難しくない …… 97

Appendix2　Wireライブラリ ……………………………………… 99

熱電対，SDカードを活用する
[第7章] SPIインターフェース ……………………………………… 101

7-1 SPI通信の通信方法 ……………………………………………………… 101
7-2 Arduino用の熱電対温度センサ（MAX6675 スイッチサイエンス）………… 103
- 7-2-1 K型熱電対センサ・モジュール・キット …………………………… 103
- 7-2-2 スケッチの準備 ………………………………………………… 107
- 7-2-3 MAX6675からSPIでデータ受信 ………………………………… 107
- 7-2-4 実行時のようす ………………………………………………… 109

Appendix3　SPIライブラリ ……………………………………… 112

大容量の外部メモリを活用できる
[第8章] SDカード/マイクロSDカードにデータを保存する … 113
- ●SDカードにデータが保存できる ……………………………………… 113

8-1 SDカード・ドライブ …………………………………………………… 113

	8-2	SDライブラリの概要 …………………………………………… 115
	8-3	テスト・スケッチの機能 ………………………………………… 119
	8-4	SDカードに測定値を書き込むスケッチ ……………………… 121
	Column…8-1	SDカードの仕様 ……………………………………… 126

Appendix4　SDライブラリ …………………………………… 127

インターネットとの接続で応用範囲を広げる
[第9章] イーサネットのネットワーク経由で測定データを発信する …………… 133

- 9-1　イーサネット・シールド ………………………………………… 134
- 9-2　イーサネットと接続するために ………………………………… 135
- 9-3　Ethernetライブラリ ……………………………………………… 136
- 9-4　温度，湿度，気圧のサーバを作る ……………………………… 141
  - ● Wire（I²C）のライブラリ利用を指定する ……………………… 149
  - ● 時刻の読み取りと温度読み取りは関数にする ………………… 152
  - ● 時刻をセットする関数 …………………………………………… 152
  - ● SDカードへの書き出しは ………………………………………… 155
  - ● イーサネットのWebブラウザへの書き出し …………………… 155
  - ● 実行結果 …………………………………………………………… 157

Appendix5　Ethernetライブラリ ……………………………… 158

無線対応で応用が広がる
[第10章] XBeeでデータ収集 …………………………………… 164

- 10-1　本章で使用するXBee …………………………………………… 164
- 10-2　インストール・プログラムの準備 …………………………… 168
- 10-3　X-CTUのインストール ………………………………………… 170
- 10-4　X-CTUの起動と設定 …………………………………………… 173
- 10-5　ArduinoのXBeeシールドに設置したXBeeモジュールの設定 … 176
- 10-6　XBeeモジュールの設定 ………………………………………… 178
- 10-7　XBeeとArduinoとの接続 ……………………………………… 181
- 10-8　テストのためのスケッチ ……………………………………… 181
- 10-9　無線通信できる温度計測ステーション ……………………… 182
- 10-10　無線通信できる温度計測ステーションのスケッチを作る … 186

Appendix6　Arduinoの割り込みでパルスを数える ………… 191

湿度，気圧，明るさ，電流，アルコール，距離，温度，圧力

[第11章] 各種センサをつないで測定 ……………………………… 195

11-1 湿度センサHIH-4030 …………………………………………… 195
- Arduinoとの接続 ……………………………………………… 196
- スケッチの作成 ………………………………………………… 199

11-2 I²Cインターフェースの気圧センサBMP085 ………………… 202
- BMP085の電源電圧は3.6Vまで ……………………………… 203
- 温度・気圧の測定 ……………………………………………… 203
- スレーブからデータを読み取る関数を作る（i2creadint関数）… 205

11-3 明るさセンサTEMT6000，AMS302T ………………………… 212
- TEMT6000，AMS302Tのセンサを利用する ……………… 213
- スケッチの作成 ………………………………………………… 213

11-4 電流センサACS712 …………………………………………… 216
- 電流測定を行うACS712 ……………………………………… 216
- AC100Vの交流回路の電流測定 ……………………………… 217
- Arduinoによる商用電源の電流測定 ………………………… 219
- EXCELのcsvファイル用のデータを作る …………………… 223

11-5 アルコール・センサMQ-3 …………………………………… 224
- センサ出力とガス濃度の関係 ………………………………… 227

11-6 距離センサGP2Y0A21YK …………………………………… 232
- 赤外線測距センサSHARP製GP2Y0A21YKで近くを探ってみる … 232
- スケッチの作成 ………………………………………………… 235

11-7 サーミスタ103AT-11で温度を計る ………………………… 236
- サーミスタの温度と抵抗値の関係 …………………………… 237
- サーミスタの抵抗値を求める回路 …………………………… 237
- スケッチの作成 ………………………………………………… 238

11-8 ストレイン・ゲージによる重さの測定 ……………………… 241
- ストレイン・ゲージの抵抗値の変化を検出する回路 ……… 243
- Arduinoのアナログ入力に対応するためブリッジの出力を増幅する … 243
- スケッチの作成 ………………………………………………… 247
- センサ出力の増幅 ……………………………………………… 249

Appendix7　ADXL335搭載加速度センサ・モジュール ………… 250

部品入手先 ……………………………………………………………… 256
索引 ……………………………………………………………………… 257
参考・引用*文献 ……………………………………………………… 261

[第1章]

入出力・ボード仕様は標準化されて使いやすい

Arduinoは入門者にもプロにも優しいマイコン・ボード

　本書は，Arduinoと呼ばれるマイコン・ボードを利用して，日常の生活の中で行われる「計る，測る，量る」を試してみます．このArduinoは2005年にイタリアで開発が始まり，わかりやすい標準化された入出力ポート，スケッチと呼ばれる手軽に使い始めることのできるプログラムの開発環境が用意されています．そのため，電子工学や電子計算機の専門知識をもたないけれど，アートやデザインにコンピュータを利用したいと考えていたデザイナや美術関係で創造的な仕事を行っている人たちにも広い支持を受け，メディア・アートの中核を構成するものになっています．

　このようなしくみのため，工学系の電子回路初心者にも敷居の低い取り扱いやすいマイコン・ボードです．本書では，電子工学やコンピュータの専門知識がなくても，物作りにコンピュータを利用したい方が容易に利用できるような構成にしました．マイコン・ボードとPCを接続し，本書の順番に従い，各種のI/O装置の動作を試すスケッチを順番に作り，その動作を調べていくと，いつの間にか，Arduinoで何でも制御できるようになっています．

　後は，それらを組み合わせて新たな創造を行うだけとなります（**図1-1**）．

図1-1　入門者にもプロにも優しいマイコン・ボード

1-1　入出力などの基本的な仕様が決められている

● 基本的な機能を抽出して入門者にもわかりやすくしてある

　マイコンも多様な機能をもつようになり，ハードウェアの説明だけでも数百ページのマニュアルを読まなければ必要な機能が見つからなかったり，英文か中国語のマニュアルしかなかったりと初心者にはハードルが高くなっています．しかし，図1-2に示すようにArduinoではよく使われる機能を次に示すように絞り，わかりやすい基本構成にして提供してくれます．

◆ デジタル入出力ポート

　外部のスイッチのON/OFF，外部の状況をON/OFFのディジタル値で得るためのディジタル入出力ポートが14ポート用意されています．これらのポートは入力の場合はデフォルトで，出力の場合は出力に設定して利用することができます．

◆ アナログ入力ポート

　アナログ入力ポートでは，0Vから電源電圧までの電圧入力をその入力電圧に一番近い整数の値で読み取ります．具体的には，入力電圧と基準電圧との比に1024を掛けた値を入力値として読み取ります．このアナログ・ポートは全部で6ポート用意されています．

● 機能を追加するための拡張ボード（シールド）も豊富に用意されている

　基本的な入出力，拡張のためのボードはシールドと呼ばれ，マイコン・ボードとの接続のための仕様が決められています．

　このArduinoシリーズのハードウェアは，入出力関係の基本的な仕様が図1-3に示すように共通になっています．ディジタル入出力14ポート，アナログ入力6ポートがこのマイコン・ボードの基本的

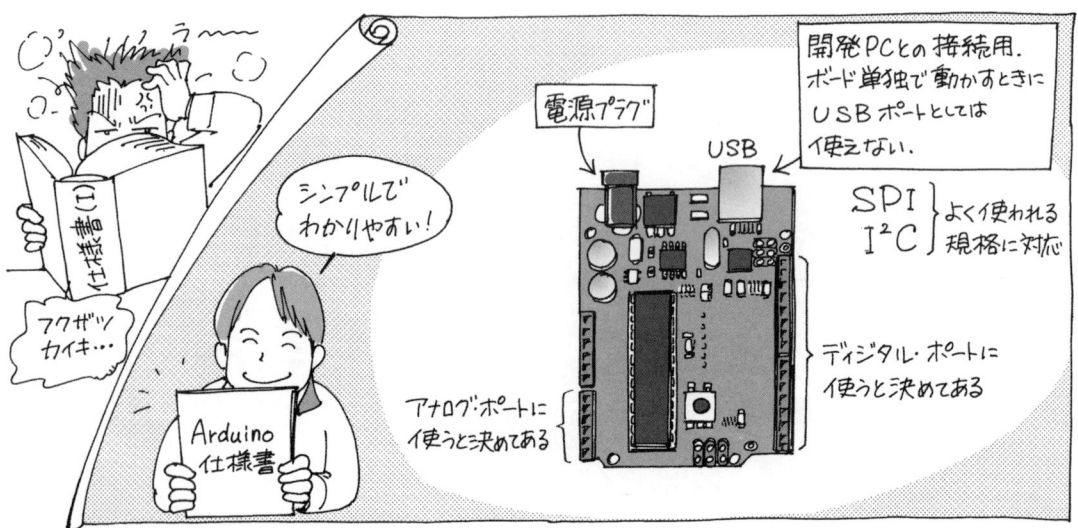

図1-2　Arduinoはマイコンの機能を標準化して提供している

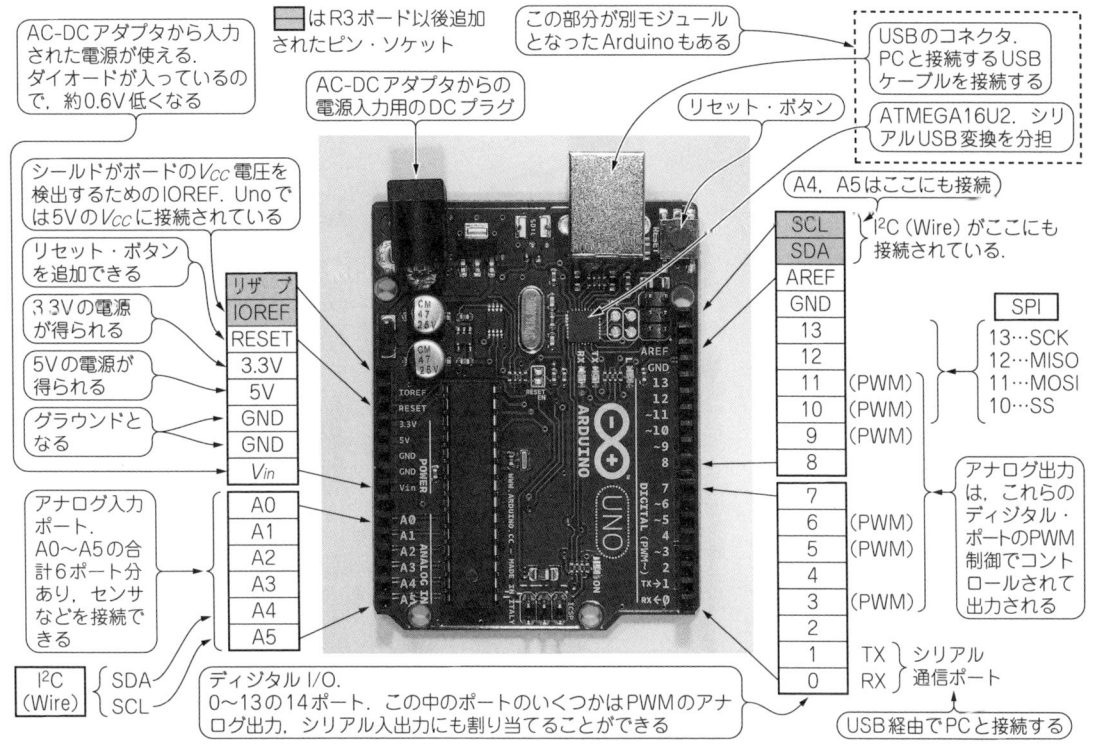

図1-3 Arduino Uno R3の各端子の機能
追加された端子以外はすべて以前のバージョンと同じ.

な入出力ポートで，それぞれ目的に応じて使い分けています．一般のマイコンは多様な要求に対応できるように，同じピンも複数の機能が割り当てられていて多くの組み合わせで利用できます．マイコンを利用するとき最初に決めなければならないのが，各端子のどの機能を利用するかという問題です．結構厄介な作業ですが，Arduinoでは各端子のどの機能を利用するかを使いやすい形で設定しているので安心して利用できます．

そのため自由度は下がりますが，このArduinoで定められた入出力ポートの設定で利用するという方法は，ほかのマイコン・ボードでも利用されるようになってきています．

1-2 多様なバリエーションのArduinoが用意されていて，いろいろな目的に利用できる

● 目的に応じて豊富なバリエーションをもつArduino

Arduinoには**図1-4**に示すように，スタンダードで基準となるArduino Uno[*1]，ブレッドボードでのテストに便利なNano，ブレッドボード用の超小型なMini，コンパクトで組み込み用に適したPro，ファッショナブルなLilyPad，入出力が大幅に強化されたジャンボなMegaと，多様なマイコン・ボードが用意されています．

(*1) 2011年はArduino Uno，2010年はArduino Duemilanove，2009年はArduino Diecimilaが標準として利用されていた．

Arduinoには，Arduino Uno（マイコンはATmega328），Arduino Nano，Arduino Pro，LilyPad Arduino，Arduino Megaなどと豊富なラインナップがそろっている．その中でArduino Unoが標準となるArduino．ディジタルI/O，アナログI/Oなどのマイコンと外部を接続するしくみはすべてみな同じ仕様になっている．また，マイコン・ボードで使用されているマイコンのデバイスも，Megaを除き，アトメル社のAVRと呼ばれるマイコンのうちATmega168もしくはメモリなどが倍増されたATmega328が使われている．

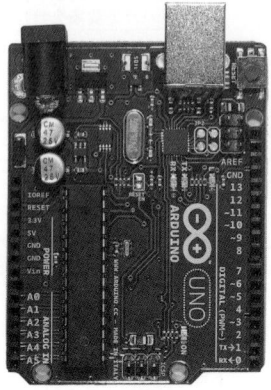
Arduino Uno R3
ATmega168からATmega328へとメモリが倍増されている．R3ではピンの数も増強され，今後も基準となるArduino

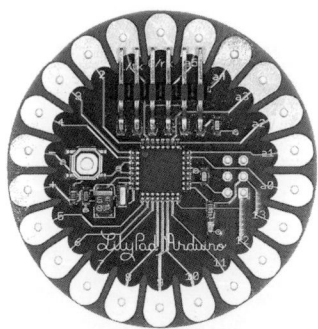
LilyPad Arduino
縫って作るマイコン・ボード．衣服に縫い付けてファッショナブルなデコレーションがほどこされた製品がインターネットでも多く紹介されている

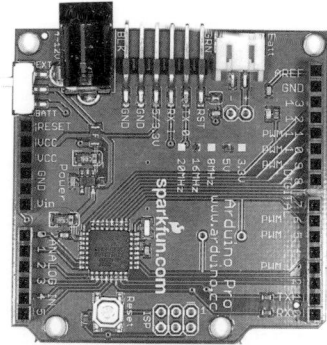
Arduino Pro
小型で安価なArduino．PCとの接続ではUSBシリアル変換モジュールが必要となる．3.3V 8MHz，5V 16MHz版がある

Arduino Nano
ブレッドボードに挿し込んでテストが容易になるArduino

ejackino
エレキジャックの名をもったArduino

> Arduinoのハードウェアはオープン・ソース．ソフトウェアの開発環境と共に，ハードウェアを製作するための回路図のほかに，プリント基板設計のリファレンス・データもダウンロードして利用できるように用意されている．
> 　そのために多くのArduino互換ボードがあり，それぞれの目的に応じて使いやすいボードが提供されている．

> Arduino Unoは，初期バージョンの後にAVRをフラット・パッケージにした「SMD」モデルが発表された．その後R2，R3とマイナ・チェンジを行っている．

図1-4　Arduinoの各マイコン・ボード

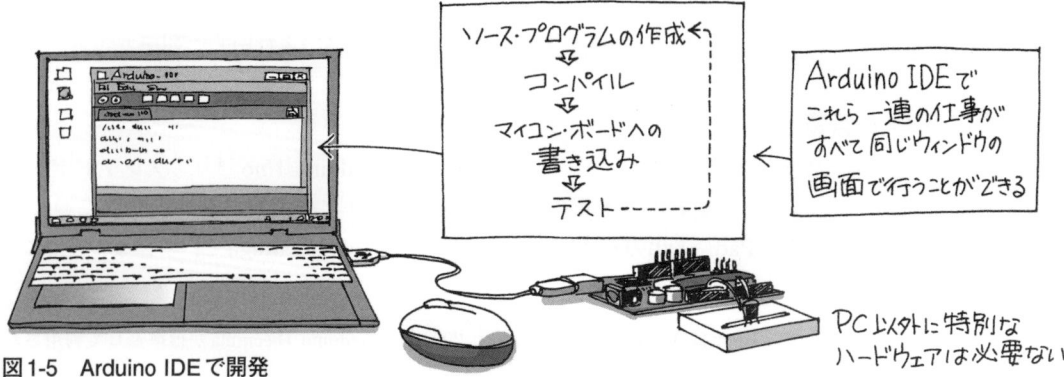

図1-5　Arduino IDEで開発

● PCで動く使いやすい開発環境が一体になる

これら標準化されたボードに合わせて，ソフトウェアを作るしくみも工夫されています．

図1-5に示すようにプログラムの専門知識がなくても，容易にArduinoのマイコン・ボードを利用するプログラムを作るしくみがArduino IDE（統合開発環境←とてもシンプル）として用意されています．

このArduino IDEで作成したArduinoを動かすためのソフトウェアをArduinoでは「スケッチ」と呼んでいます．スケッチは，PCとマイコン・ボードをUSBケーブルで接続して，マイコン・ボードに書き込むことができます．したがって，多くのマイコン開発で必要なライタ（書き込み器）は不要です．

● ブレッドボードでのテストに適したボードも用意されている

図1-6に示すようにArduinoのテストを行うために，ブレッドボードに差し込んでテストすることのできるボードも各種発売されています．ブレッドボードで回路のテストを行って結果を確認して，その回路をシールド上に作り，標準のArduinoと組み合わせて完成させるという方法もあります．また図1-7のようにシールドの上にテスト回路を組むための小型のブレッドボードも用意されています．

その上，Arduinoシリーズの中には図1-8に示すLilyPad Arduinoと呼ばれ衣服に縫って取り付けるファッショナブルなものまであります．このLilyPad Arduinoのおかげで手芸店に通うことになり，新しい多くの知見を得ることができました．

● そのほかにテストのために必要なもの

Arduinoを使用したテストを行うために少しパーツをそろえておきましょう．LEDの点滅にはLEDと電流制限用抵抗，アナログ・データの入力にはボリューム（可変抵抗器），スイッチの入力のためのタクト・スイッチ（押したときにONになるタイプのスイッチ）などが当面必要になります．

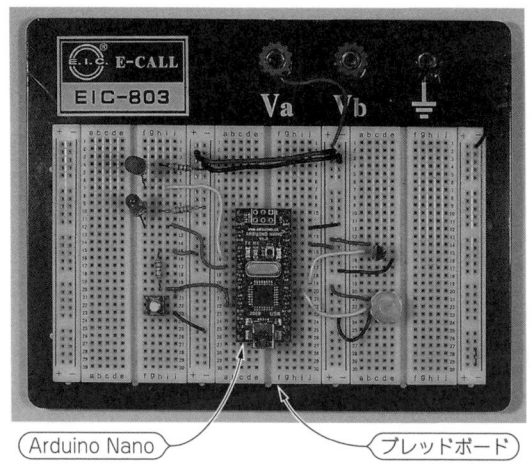

図1-6　ブレッドボードに差し込んで使うArduino Nano

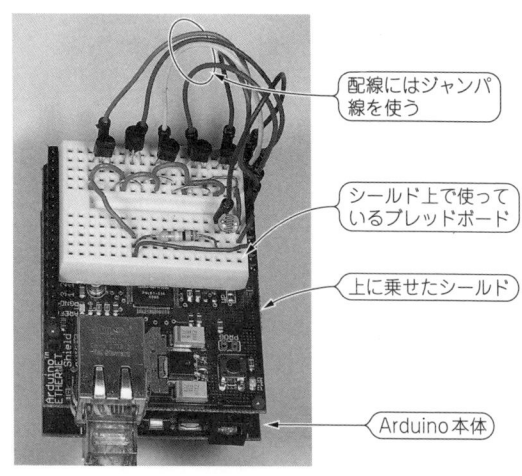

図1-7　シールドにセットできる小型のブレッドボード

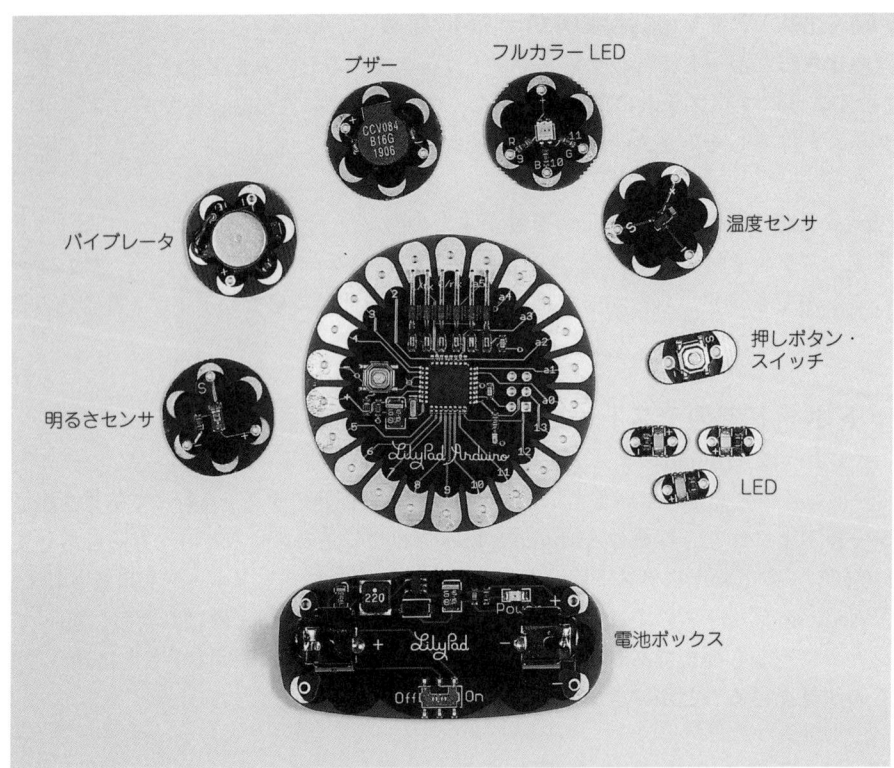

図1-8　多くのオプション・パーツが用意されているLilyPad Arduino

後半ではその他の表示装置やセンサの利用なども予定しています．それらについては取り扱う章で具体的に示します．共通して用意しておく必要があるものを示します．

◆ ソルダーレス・ブレッドボード[*2]（ブレッドボード）

　Arduinoへのスイッチ，センサなどの入力回路を用意するための汎用のはんだ付けなしで配線できるテスト用ボードで，図1-9に示すような各種のブレッドボードが市販されています．主に利用するブレッドボードは図1-10に示す3種類を予定しています．

◆ 配線材料

　図1-9に示したソルダーレス・ブレッドボードは，はんだ付けを行うことなく配線が行えるテスト回路用ボードを指しています．そのため配線は，ソルダーレス・ブレッドボードのソケットの穴に単芯のリード線を差し込むことで行います．

　ソルダーレス・ブレッドボード用のジャンパ線も各種用意され販売されています．配線を短くわかりやすいようにするためϕ0.5mmの単芯のカラー被覆のリード線を用意しています．この配線の被覆をむくには図1-11に示すようなワイヤ・ストリッパが必須です．

（*2）　本来はソルダーレス・ブレッドボード．
ブレッドボード（BreadBoard）はパン捏ね台で電気の回路以外にも試作品を作る台としてブレッドボードの名が用いられている．商品名としてサンハヤト以外はソルダーレス・ブレッドボードを用いている．

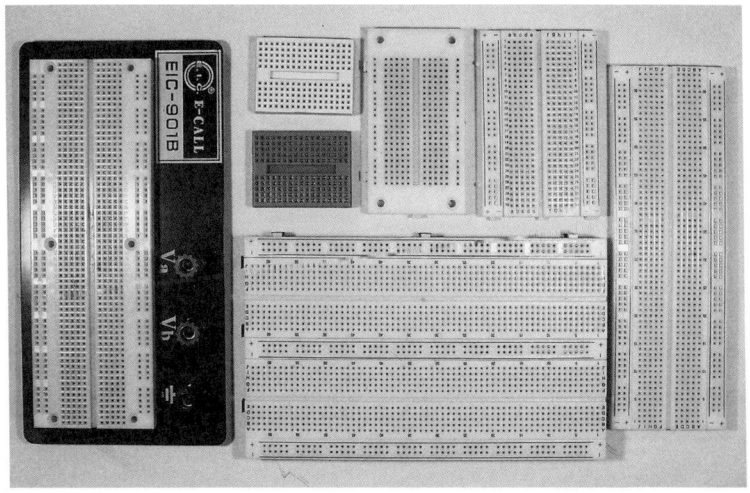

図1-9 大小いろいろなタイプのソルダーレス・ブレッドボードが入手できる
大きなブレッドボードは複数のモジュールを組み合わせたテストができる．

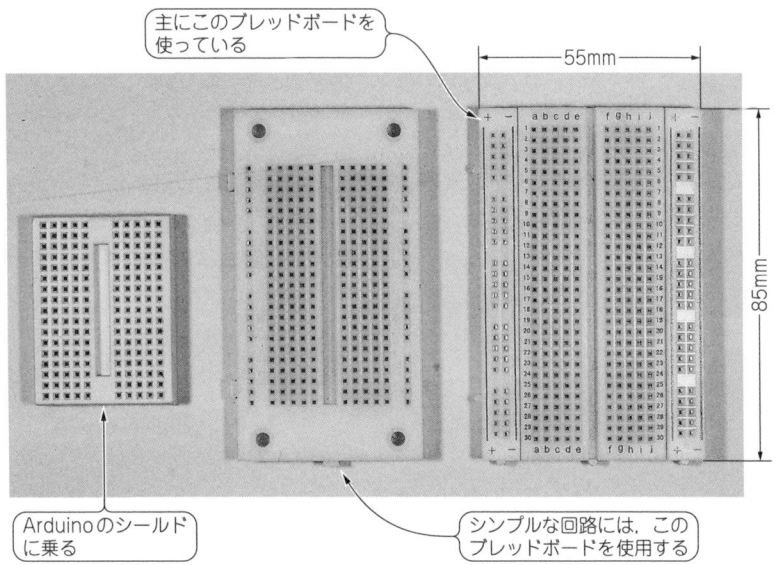

図1-10 主に使用する3種類のブレッドボード

◆ PCとUSBケーブル

　Arduinoの開発システムは，インターネット上のArduinoのホームページからダウンロードします．そのため，インターネットにアクセスできるPCが必要です．開発システムを使って，PCからUSBケーブル経由でArduinoを動かすためのプログラムをArduinoに書き込みます．

　そのためのケーブルが必要です．Arduinoのマイコン・ボードの種類によって標準Bレセプタクル［**図1-12**（**a**）］とミニBレセプタクル［**図1-12**（**b**）］の2種類があります．加えて，一部マイクロUSBの

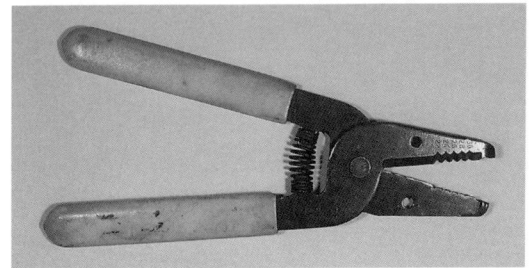

（a） AWG30～のワイヤ・ストリッパが必要

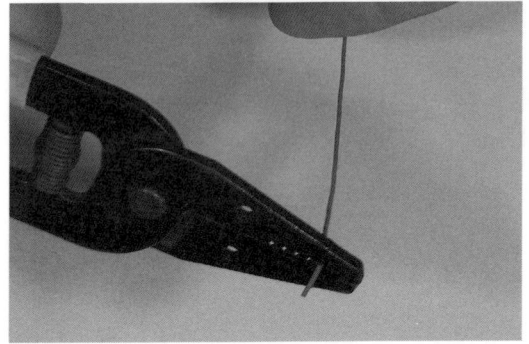

（b） ワイヤ・ストリッパを使うと導線をいためずに被覆をむくことができる

図1-11 ワイヤ・ストリッパを活用
30年以上使用して使い慣れたワイヤ・ストリッパ．現在のモデルとは刃先の形状は少し異なるが，機能は同じ．

（a） 標準Bレセプタクル

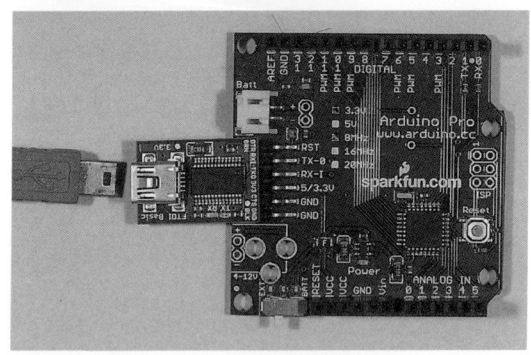

（b） ミニBレセプタクル

図1-12 USBコネクタの形状は2種類ある

コネクタを使用したものも登場しています．使用するマイコン・ボードに合わせてUSBケーブルを用意します．

　USBケーブルでは，PCから電源も供給されています．

● 専門的な知識がなくても基本的な物理の法則を知っていれば利用できる

　Arduinoのマイコン・ボードを使用するに当たっては多くの場合，出力電圧の値とそこから流すことのできる電流の大きさを求め，電流を流せる範囲内にするために抵抗などで電流を制限します．この電流と電圧と負荷の抵抗の関係はオームの法則に従います．このオームの法則は中学校の理科で習ったものです．

　この他に，ハードウェアの接続やセンサの利用には，個々のハードウェア，センサの測定原理やセンサからのデータの受け渡しに必要な取り決めなどの問題が生じます．それらは個別の課題としてそれぞれの章で具体的に検討し説明します．

　以上で，ハードウェアの準備は完了します．次は，ハードウェアを動かすためのソフトウェア（スケッチ）を作るための開発ツールの準備に入ります．

[第2章]

開発環境はシンプルでわかりやすい

Arduino IDEのインストールと基本となる使い方

本章では，Arduinoを動かすためのソフトウェア（スケッチ）を作るための統合開発環境であるArduino IDEのインストール・モジュールをダウンロードして，展開し利用できるようにします。
なお，本書はWindows 7で動作させた事例を説明しています．

2-1　Arduinoのホームページには何でもそろっている

Arduinoのホームページは，無償でダウンロードして自由に利用できるArduinoのソフトウェア以外にも，ハードウェアの回路図も含めた詳細な情報，Arduinoを利用するためのチュートリアル，開発言語のリファレンスなど，必要となるほとんどの情報を入手することができます（図2-1）．それぞれ必要になった場面で説明します．

Arduino公式Webページには，
▶ IDE
▶ ハードウェアの情報
▶ ソフトウェア・リファレンス
▶ 各種のライブラリ
の情報が用意されている

図2-1
Arduinoの公式Webページ

◆ Arduino IDEが開発の中心になる

　Arduinoのマイコン・ボードを動かすためのArduinoのプログラムを作ったり，作ったプログラムをArduinoのマイコン・ボードへ書き込む作業は，このArduino IDEと呼ばれる統合開発システムで行います．

◆ Arduinoを利用できるようにする

　Arduinoの開発環境の導入は，PCを用いてhttp://arduino.ccのダウンロード・ページから，ZIP形式で圧縮されたソフトウェアのファイルを所定のフォルダにダウンロードします．その後ZIPファイルを展開すると，Arduinoの開発システムのアプリケーションarduino.exeが利用できるようになります．

2-2　Arduino開発システムのダウンロードのページ

　Arduinoのホームページ(http://www.arduino.cc/)のメイン・ページでダウンロードを選択すると，図2-2に示すArduinoのソフトウェアをダウンロードするページが表示されます．
　この中のDownloadの項目の中にある「Windows」をクリックすると，Windows用の開発システム一式がダウンロードできます．

◆ ダウンロードの開始

　ダウンロードの項目の中のWindowsをダブルクリックして，Windows用のArduinoの統合開発環境(Integrated Development Environment) IDEをダウンロードします．

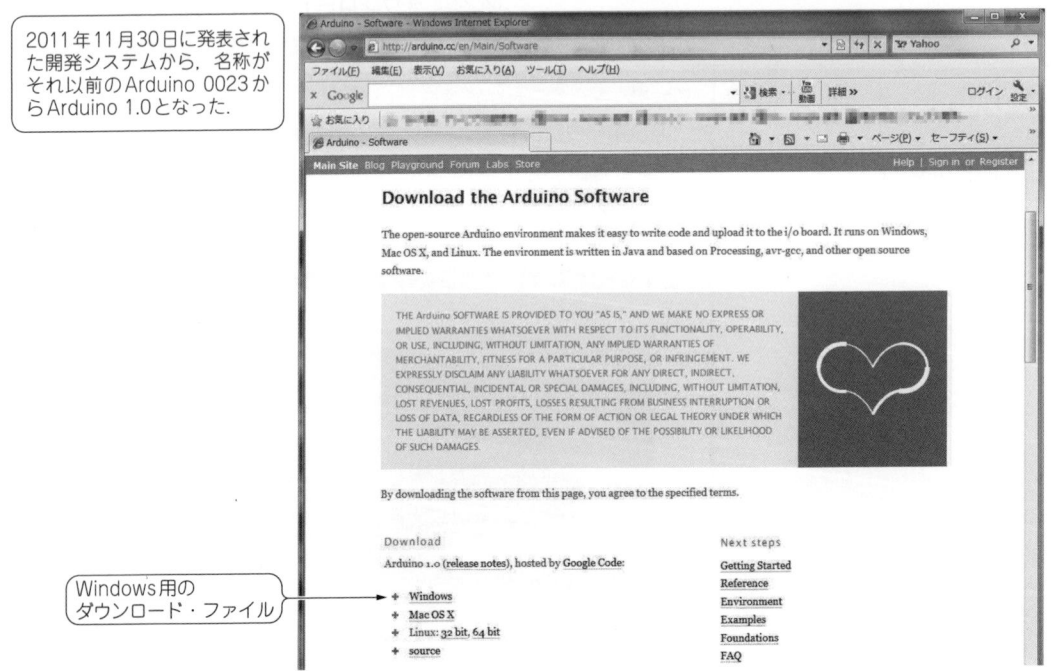

図2-2　Arduino IDEのダウンロード・ページ

◆ 保存を指定

　ダウンロードを開始するとまず，図2-3に示すファイルを開くか保存するかを指定するウィンドウが表示されます．

　「開く」を選択した場合でも，一時フォルダにZIPファイルをダウンロードして，その後展開する必要があります．Windows VISTA，Windows 7ではダウンロードという名称のフォルダが用意されています．そのダウンロード・フォルダにZIPファイルを保存します．ここでは図2-4に示すようにダウンロード・フォルダの中に「Arduino」のフォルダを作り，その中に開発システムのZIPファイルをダウンロードすることにします．そのために，ここでは「保存(S)」のボタンをクリックして次に進みます．

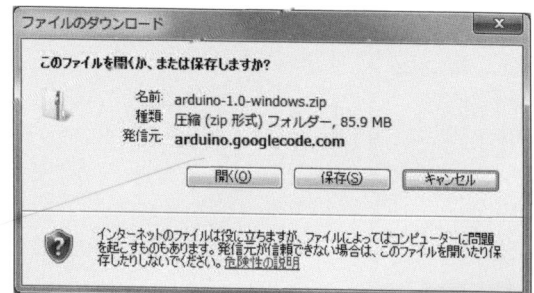

図2-3　Arduino IDEのインストール・ファイルをまず保存する

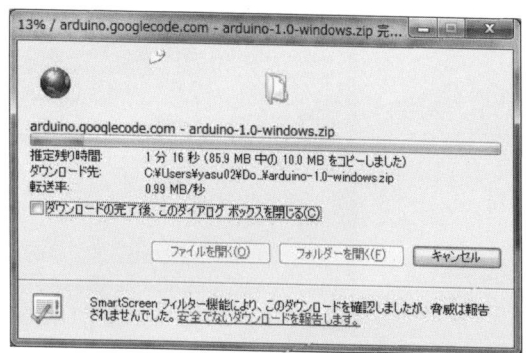

図2-5　ダウンロードの進行状況

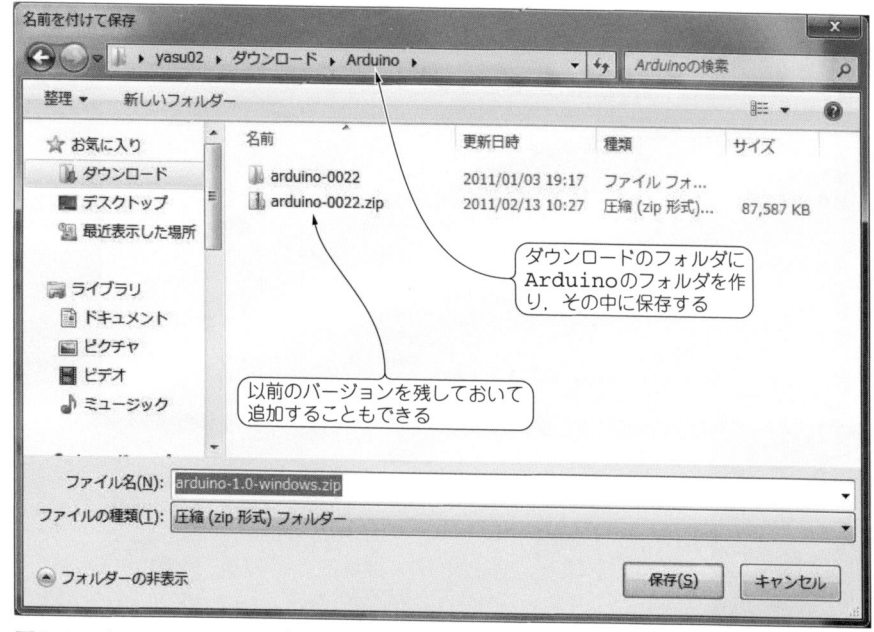

図2-4　インストール・モジュールの保存先を指定

保存ボタンをクリックすると，ダウンロードの進行状況を示すウィンドウが表示されます（図2-5）．ダウンロードされるファイルはarduino-1.0-windows.zip（執筆時のバージョン）の名前のファイルです．

◆ ダウンロードが完了

ダウンロードが完了すると，図2-6に示すように「ファイルを開く」，「フォルダを開く」のどちらかを選択できるようになります．ダウンロードしたファイルはZIPファイルで，自己解凍できるようにはなっていません．そのために，ファイルを実行する前にZIPファイルを全展開する必要があります．

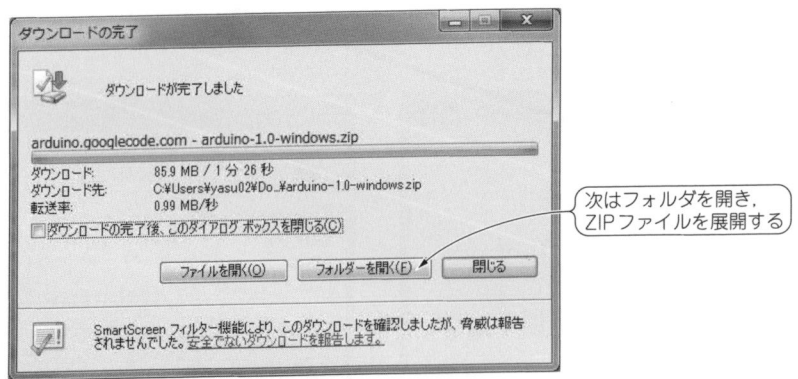

図2-6　ダウンロードが完了したらフォルダを開く

図2-7　ZIPファイルをすべて展開する

◆ フォルダを開く

「フォルダを開く」をクリックしてダウンロード先のフォルダを開きます.

フォルダArduinoには次に示すように arduino-1.0-windows.zip がダウンロードされています. ファイル名をマウスの右ボタンでクリックして, ドロップダウン・リストを表示します. その中の「すべて展開 (T)」をクリックして ZIP ファイルを展開します (図2-7).

◆ ZIPファイルの展開

ZIPファイルの展開を選択すると, 図2-8に示す展開先のフォルダを指定するウィンドウが表示されます. デフォルトでは, ZIPファイルと同じフォルダに展開されます. ここではデフォルトのままで展開します. 展開のボタンをクリックすると, 図2-9に示すように展開の進行状況を示すウィンドウが表示されます.

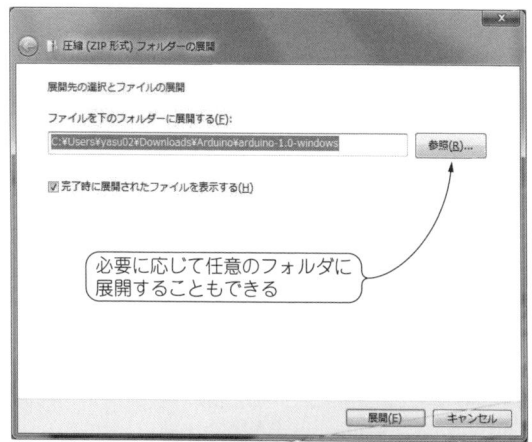

図2-8　ZIPファイルの展開先の指定

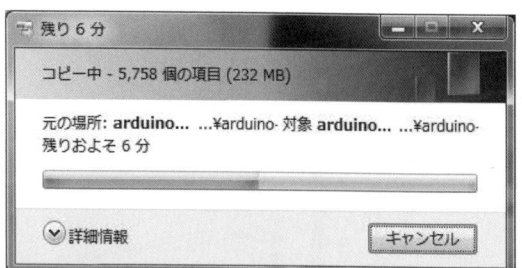

図2-9　ZIPファイルの展開の進行状況が示される. 展開にはかなりの時間を要する

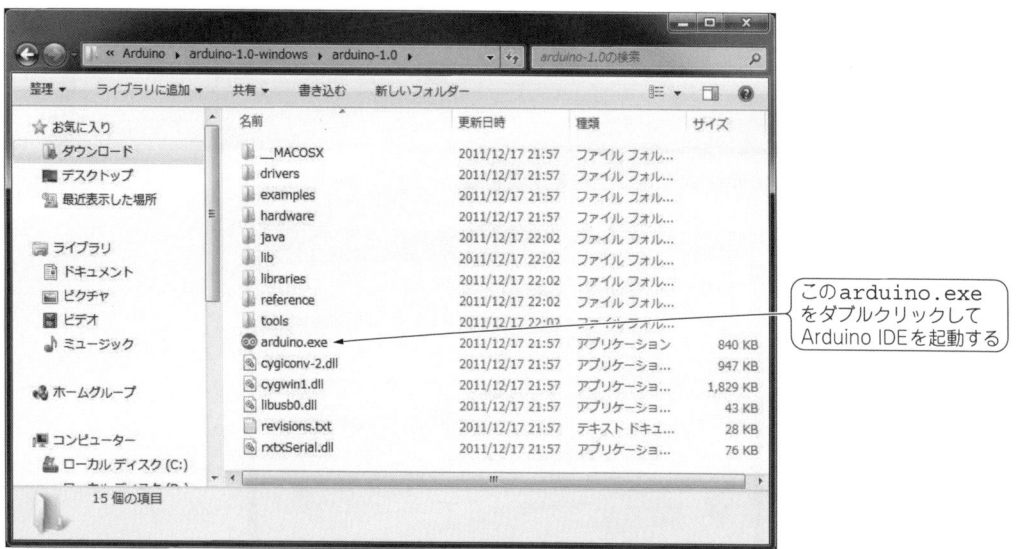

図2-10　展開された Arduino IDE

◆ 展開完了

ZIPファイルの展開が完了すれば，Arduino IDEのインストールが終わります．Arduino IDEを起動するには，図2-10に示すように展開されたArduinoのフォルダの`arduino.exe`をダブルクリックします．

◆ ショートカットを作成

`arduino.exe`を起動するために毎回エクスプローラなどでフォルダを表示しなくても済むように，`arduino.exe`のショートカットを作成し，ショートカットをデスクトップにコピーしておき

図2-11 Arduino.exeのショートカットを作成する

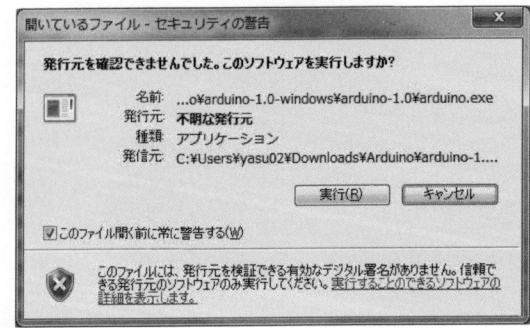

図2-12 Windowsのセキュリティの警告

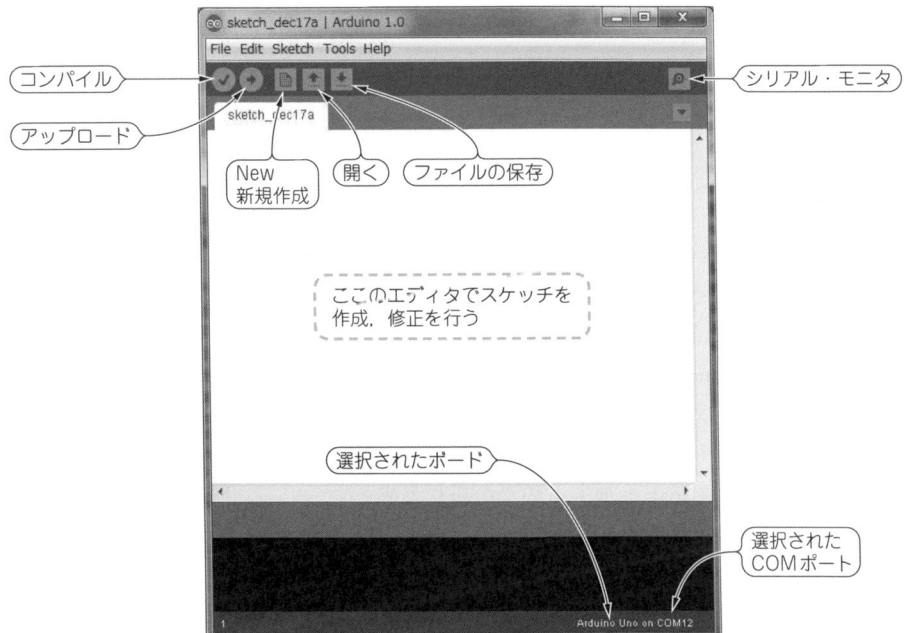

図2-13　Arduino IDEの初期画面

ます．これで，デスクトップのarduino.exeのショートカットのアイコンをダブルクリックするだけでarduino.exeが起動できるようになります．

　ショートカットの作成は，**図2-11**に示すようにエクスプローラのarduino.exeのアプリケーション・ファイル名をマウスの右ボタンでクリックしてドロップダウン・リストを表示し，その中のショートカットの作成 (S) を選択すると，同じフォルダ内にarduino.exeのショートカットが作成されます．作成されたショートカットを，Ctrlキーを押しながらデスクトップにドラッグしてコピーします．

　利用するときは，デスクトップのarduino.exeのショートカットをクリックして起動しています．Windows VISTA，Windows 7の場合，**図2-12**に示すセキュリティの警告画面が表示されますが，そのまま実行ボタンをクリックして次に進みます．

　Arduino IDEが起動すると，**図2-13**に示すIDEの開始画面が表示されます．次章でArduino IDEの使い方の説明を行います．

2-3　PCとArduinoをつなぐ

◆ USB-シリアル・コンバータ

　Arduinoのマイコン・ボードはPCとUSBケーブルで接続します．このUSBケーブル経由で，PCのArduino IDEで作成されたスケッチをマイコン・ボードに書き込みます．ArduinoのマイコンボードにはUSBからシリアル通信に変換するFTDI社のデバイスが使用されています．そのため，PCからはUSB経由で接続されていてもシリアル通信のCOMポートに接続されているとみなされ，

Arduino IDE以外にもCOMポートのシリアル通信に対応しているターミナル・プログラムとも通信することができます．

◆ FTDI社のドライバは自動的に導入される

ArduinoとPCをUSBケーブルで接続すると，USB-シリアル変換のドライバが導入されます．FTDI社のドライバはOSがサポートしているので，特に何もしなくても自動的にドライバが導入されます．

2010年後半から販売が始まったArduino Unoの場合は，USB-シリアルの変換はAtmega8U2のデバイスに変更されました．そのため，このデバイスに対するドライバのインストールが必要になります．このドライバは，Arduino IDEを展開したフォルダの中のdriversのフォルダに格納されています．最初にArduino UnoのボードをPCとUSBケーブルで接続するときにセットアップ情報を聞いてくるので，このフォルダを指定してドライバのインストールを行います．Arduino Uno以後，純正のArduinoはFTDI社のチップを使用していないので，最初にPC接続したときにdriversのフォルダを指定してドライバをインストールする必要があります．

● ArduinoのUSBポートの対応するCOMポート名を記録する

Arduino IDEはCOMポートを検出してArduinoと通信します．複数のCOMポートがPCに接続されている場合，Arduino IDEにどのCOMポートが対象か指示する必要があります．そのため，該当するArduinoに割り当てられたCOMポート番号を調べて記録しておきます．

◆ デバイスマネージャでCOMポートを確認する

COMポートの番号がわからない場合，次のようにしてデバイスマネージャを起動して，ケーブルの接続，切断で変化するCOMポートを探し確認します．

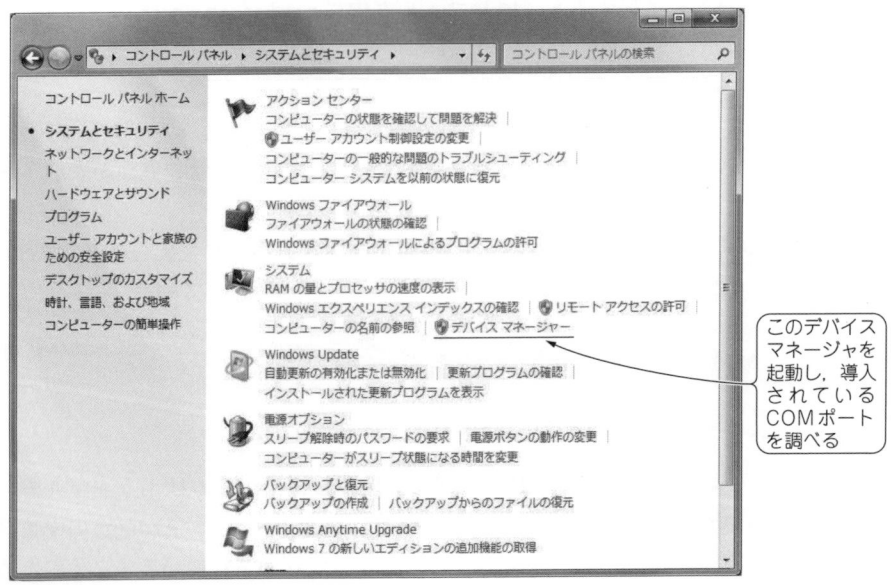

図2-14　コントロールパネル＞システムとセキュリティ

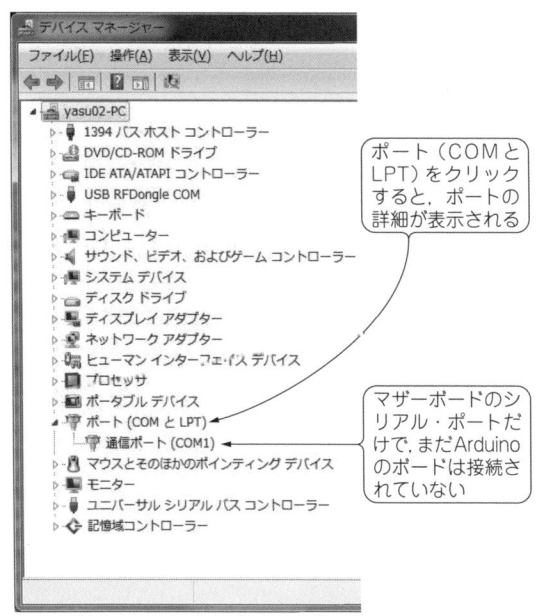
図2-15 デバイスマネージャでCOMポートを確認

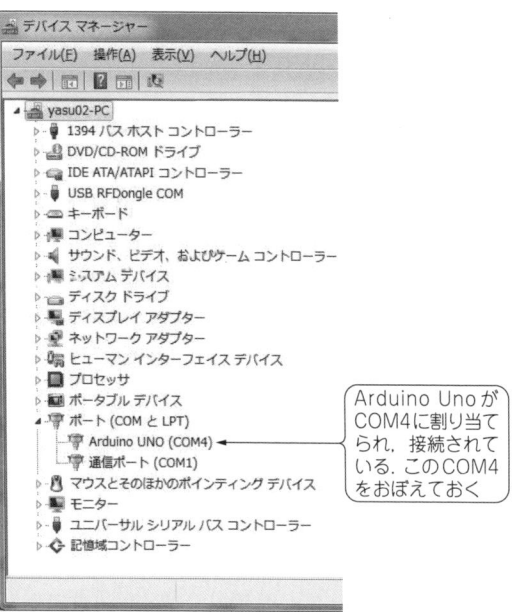
図2-16 Arduino Unoが接続されている状態．FTDI社のデバイスで接続されている場合，USB-Serial Portと表示される

　スタート＞コントロール パネル＞システムとセキュリティ
を選択して，図2-14に示す「システムとセキュリティ」のメニューを表示します．このメニューのデバイスマネージャを起動して，ポートの状態を確認します．図2-15はポートの項目をクリックして詳細を表示していますが，マザーボードのシリアル・ポートCOM1があるだけでまだArduinoは接続されていません．ArduinoのボードをPCとUSBケーブルで接続すると，図2-16に示すようにArduino UnoがCOM4の番号で接続されているのが確認できます．FTDI社のコンバータを使用しているほかのArduinoのボードの場合は，USB Serial Portに続いてCOMポート番号が表示されます．
　このように，デバイスマネージャで接続されているArduinoのCOMポート番号が確認できます．USB Serial Port（COMX）の（　）内のCOMXはPCのソフトウェアがこのUSBをCOMポートとみなして処理します．XはそのときのCOMポートの番号となります．ここではUSBポートをCOM4ポートとみなして通信します．

● 使用するボードを指定する
　COMポートの設定以外にArduino IDEを動かすために必要なことは，使用するArduinoのボード名を指定することです．この数年，マイコンの種類やボードも改良が加えられてきたので種類が多くなっています．統合開発環境ではボードを指定しておくことで，正しいコードを出力できるようになっています．具体的な指定方法は第3章で説明します．

Column…2-1　USB-シリアル変換モジュール

　標準のArduinoボードには，USB-シリアル変換モジュールが組み込まれています．一方，スタンドアロンで使用する場合はこの変換モジュールは使用しない場合が多くなります．そのため，各種のArduinoの中で，LilyPad ArduinoやArduino Proなどのボードは変換モジュールをもっていません．また，この変換モジュールを搭載していないためボードの価格も安価になっています．図2-Aで示すようにUSB-シリアル変換モジュールを接続してPCと接続します．

　これらのUSB-シリアルの変換モジュールでは，FTDI社のUSB-シリアル変換チップFT232を使用しています．FT232はUSBホストから供給される5Vの電源をIC内部のレギュレータで3.3Vの電源に変換して利用しています．この3.3Vの電源は，FT232のIC外でも利用することができます．最近，消費電力を下げるため3.3V動作のArduinoも増えています．Arduino Proなどは同一形状で3.3V電源で動作するものと5V動作のものが用意されています．そのために，USB-シリアル変換モジュールも図2-Bに示すように5V用と3.3V用に2種類用意されています．

　このUSB-シリアル変換モジュールは図2-Cに示すように，マイコン・ボードへの供給電圧が3.3Vか5Vの違い以外は同じで，ジャンパの切り替えで異なった電圧を出力するモジュールに変更することができます．ナイフなどで接続されているジャンパを切断し，もう一方の電源にはんだ付けして接続します．

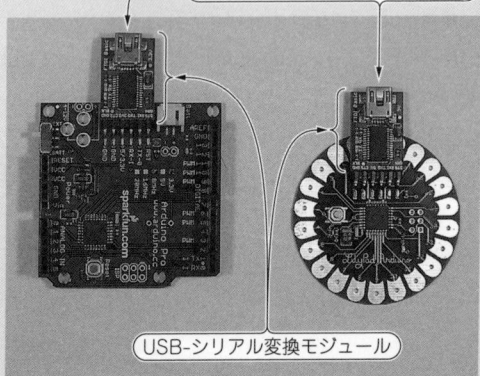

図2-A　スケッチの作成時のみPCと接続する

（a）5V用のモジュール　　（b）3.3V用のモジュール

図2-B　USB-シリアル変換モジュールは5V用と3.3V用がある
出力電圧以外は同じ．裏面のジャンパを変更することで出力電圧を変えられる．

図2-C　ジャンパを切断し希望する出力電圧を得る
ジャンパを切断し必要とする電圧に真中のランドを接続することで，希望する電圧が得られる．

[第3章]
シンプルな開発環境を使いはじめる
Arduinoのサンプル・スケッチで基本的な入出力動作を確認する

　本章では，Arduino IDEの使い方を確認し，その後Arduinoのディジタル入出力を実際に試してみます．ディジタル入出力処理の具体例としてはLEDの点滅の実験を行います．これで，Arduinoを動かすための基本的な機能の使い方を実際に体験習得できます．

3-1　Arduino IDEの使い方

　ダウンロードしたArduino IDEのZIPファイルを展開してインストールされた`arduino.exe`をダブルクリックするか，`arduino.exe`のショートカットをデスクトップなどに貼り付けておいてこのショートカットをダブルクリックしてArduino IDEを起動します．

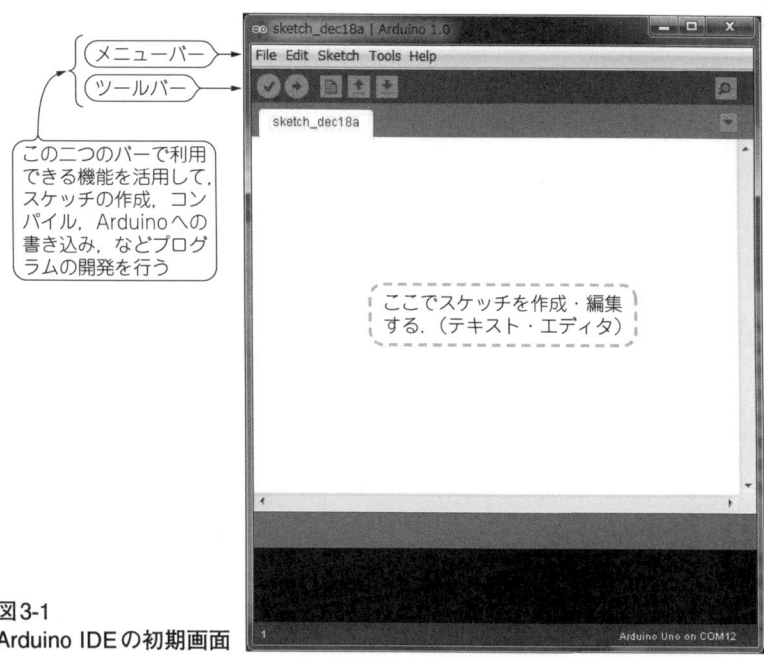

図3-1
Arduino IDEの初期画面

● Arduino IDEを起動すると

Arduino IDEを起動すると，図3-1に示すArduino IDEのウィンドウが表示されます．このウィンドウでArduinoのプログラムのスケッチの作成，スケッチをコンパイルしてArduinoのマイコン・ボードに書き込むなど一連の動作ができます．Arduinoのプログラム（スケッチ）の開発，メインテナンスなどArduinoの使い方，スケッチの作り方などの関連情報のすべてがこのArduino IDEに集約されています．

このArduino IDEの使い方を図3-2に示します．エディタの基本的な使い方は一般的なメモ帳などのテキスト・エディタと同じで違和感なく利用できます．メニューバー，ツールバーの主な機能を図3-3に示します．

● 全角の文字はコメントでしか利用できない

Arduinoのスケッチでは，全角文字が入るとエラーとなります．ただし，/*から*/の間のコメント欄，各行の//以降から行末まではコメントとなり，そこは全角文字を利用することができます．ただし，全角文字を入力できる状態でスケッチを作ると全角のスペースがスケッチのコメント以外の場所に紛れ込んでも見ただけではわからず，エラーの原因究明に苦労することになります．

したがって，スケッチの作成は英数字の入力モードで行い，コンパイルしてエラーがなくなった後に全角文字のコメントを追加しています．

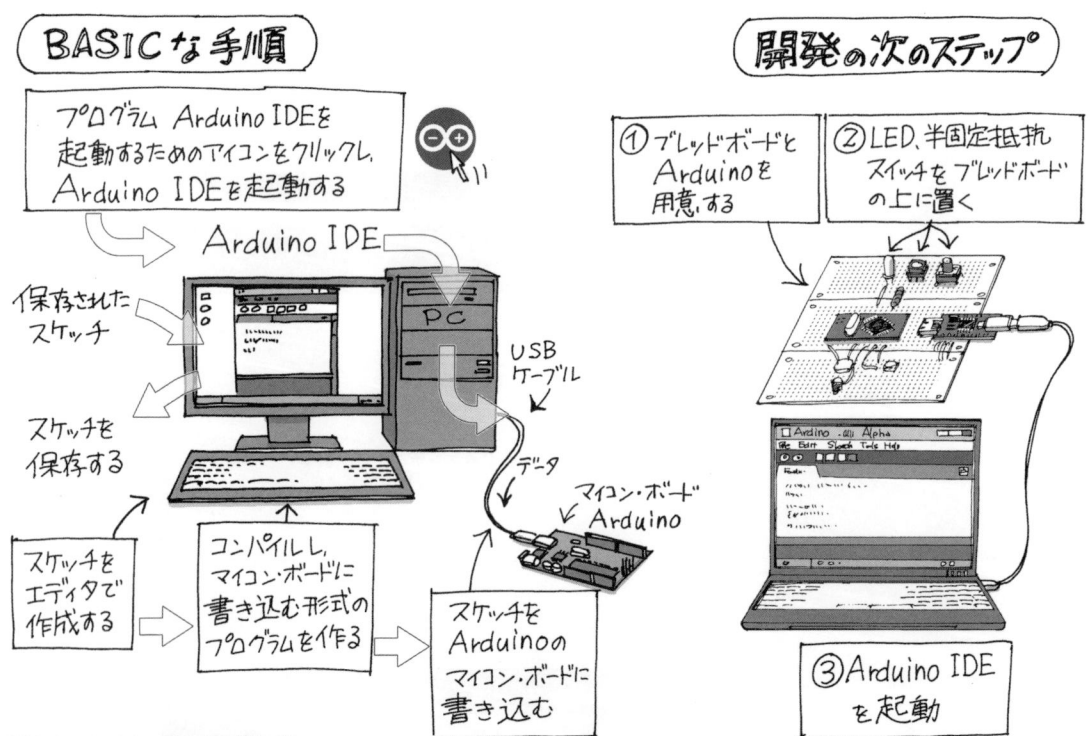

図3-2 Arduino IDEの使い方
標準のArduinoを用いるときはブレッドボードとジャンパで接続する．図のようにArduino Nanoを用いると，ブレッドボードにセットでき，より便利．

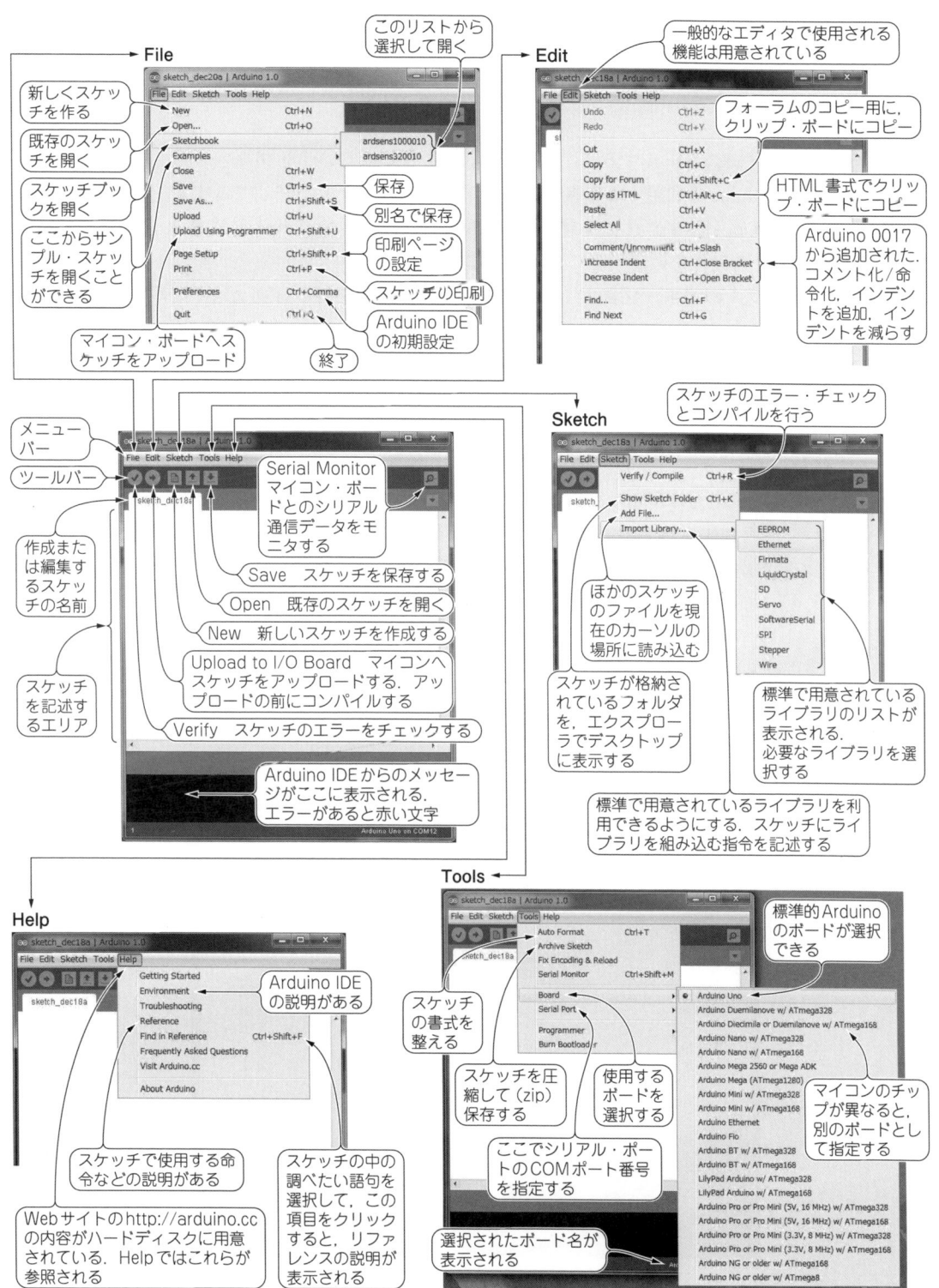

図3-3　Arduino IDEのメニュー・バー，ツールバーの機能（執筆時のバージョンは1.0）

3-2 サンプル・スケッチを動かしてみる

　Arduino IDEをインストールすると，図3-4に示すように多くのサンプル・スケッチが用意されています．初めてArduinoを利用するときはこのサンプル・スケッチを試してみます．Arduino IDEでスケッチを呼び出し，USBケーブル経由でArduinoのマイコン・ボードに書き込むと，すぐにArduinoのスケッチの動作を確認することができます．

　基本となるサンプルのグループBasicsの中にLEDの点滅を行うBlink，アナログ・データを読み取り，シリアル・ポートでPCに送信するAnalogReadSerialなど多くのサンプルが用意されています．この中で一番わかりやすいLEDを点滅するBlinkを試してみます．

● サンプル・スケッチBlink

　図3-5に示すように，ディジタル・ポート13にはマイコン基板内でLEDが接続されています．ディジタル・ポートの電流出力は20mAくらいまで流せるので，基板外に図3-6に示すようにLEDを追加します．LEDを電流制限抵抗と合わせてブレッドボードにセットします．電流制限抵抗はLEDに10mAくらいの電流が流れるものを，図3-7に従い計算して決めます．

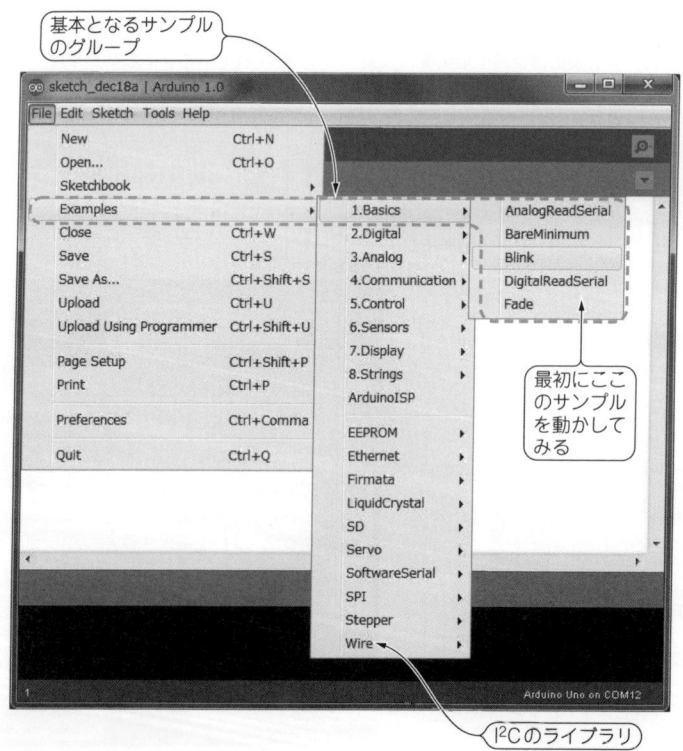

図3-4　Arduino IDEに用意されたサンプル・スケッチ

◆ Blinkのスケッチ

　Blinkのスケッチを**図3-8**に示します．このスケッチでは，初期設定を行う`setup()`でディジタル・ポート13を出力に設定します．

　次に，メインの処理を繰り返す`loop()`関数では，ディジタル・ポートをHIGHにしてLEDを点灯します．次に，時間待ち関数`delay(1000)`で1000m秒間待って，LEDの点灯を続けます．その後ディジタル・ポート13の出力をLOWにしてLEDを消灯します．そして，再び時間待ち関数で1000m秒待ったのち，`loop()`関数の先頭に戻り，この処理を繰り返します．

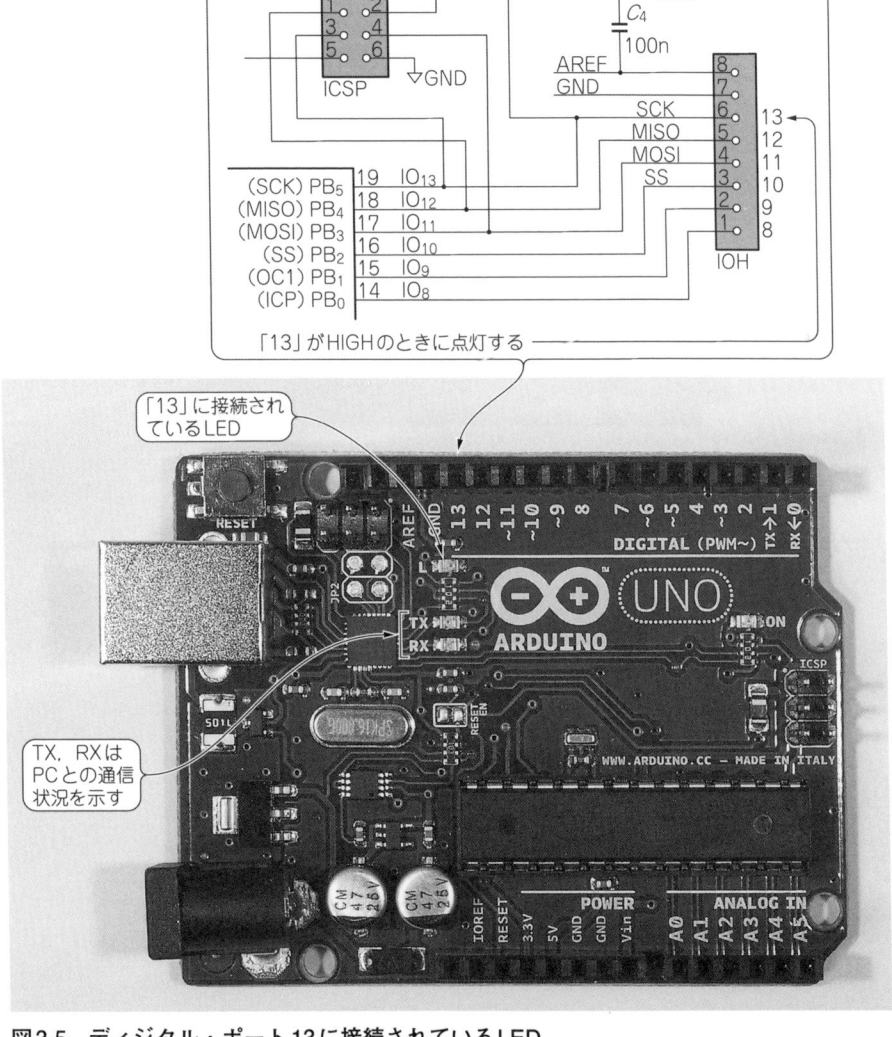

図3-5　ディジタル・ポート13に接続されているLED

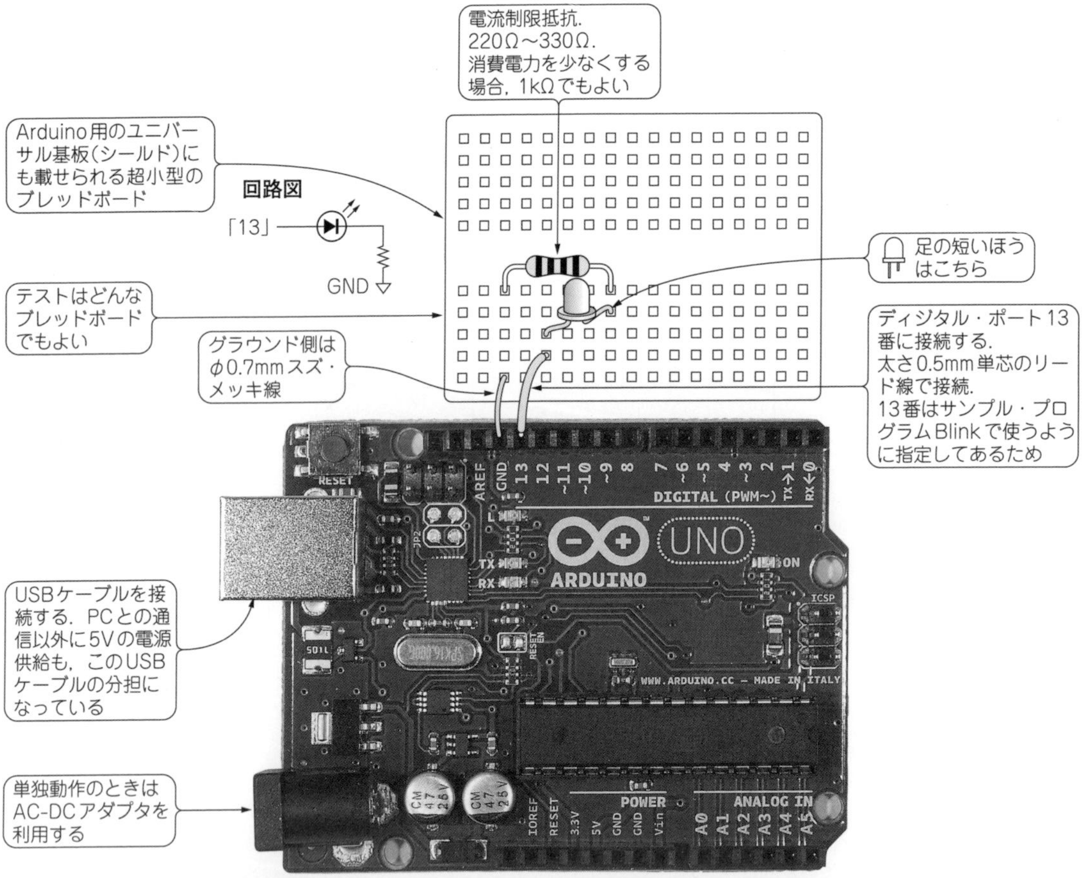

● Arduino Uno で LED を点滅させる
サンプル・スケッチ Blink を使用するために，LED と電流制限抵抗をディジタル・ポート（13）にセットする．

図3-6 サンプル・スケッチ Blink のためのテスト回路

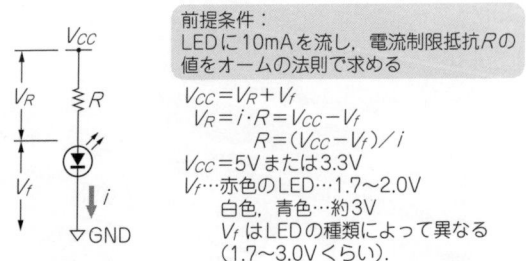

前提条件：
LED に 10mA を流し，電流制限抵抗 R の値をオームの法則で求める

$$V_{CC} = V_R + V_f$$
$$V_R = i \cdot R = V_{CC} - V_f$$
$$R = (V_{CC} - V_f) / i$$

$V_{CC} = 5V$ または 3.3V
V_f ‥‥赤色の LED‥‥1.7〜2.0V
　　　白色，青色‥‥約 3V
　　V_f は LED の種類によって異なる
　　（1.7〜3.0V くらい）．

図3-7　V_{CC}，LED の種類に応じて R の値を変えて，所定の電流を流す

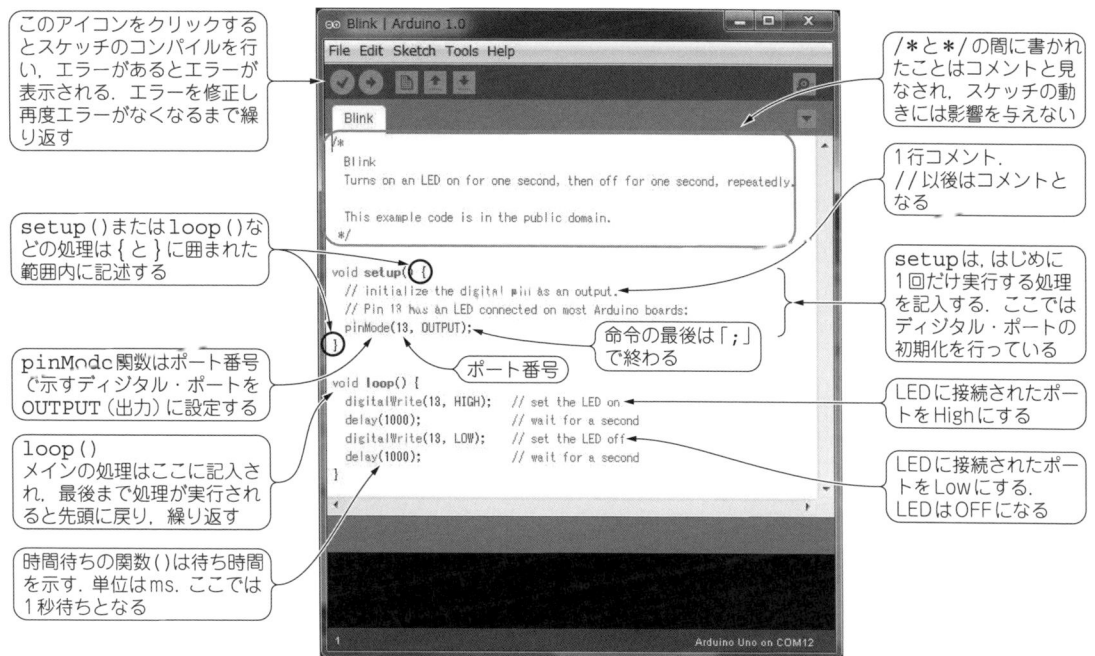

図3-8　サンプル・スケッチBlink

● マイコン・ボードの種類とCOMポートを指定　重要!

Arduino IDEには，2点，設定しておくところがあります．

(1) 接続したArduinoの「マイコン・ボードの種類」
(2) USB-シリアル変換ボードに割り当てられた「COMポート番号」

(1)は，メニューバーのTools＞Boardで**図3-9**のマイコン・ボードのリストから，該当するマイコン・ボードを選択します．(2)のCOMポートの設定は，Tools＞Serial Portで**図3-10**に示すCOMポートのリストから該当するCOMポートを選択します．COMポートの数字は，第2章でデバイスマネージャを使って調べて記録していた数字です．設定されたボード名とCOMポート番号は，IDEのWindowの一番下に表示されます．

◆ マイコン・ボードへスケッチを書き込む

ツールバーのベリファイ・アイコンをクリックするか，メニューバーのSketch＞Verify/Compileでエディタ上のスケッチをコンパイルし，エラーがなくなったらマイコン・ボードにスケッチをアップロードします．ボードの選択が正しくない場合もエラーが生じます．

このアップロードは，ツールバーのアップロード・アイコンをクリックするか，メニューバーのFile＞Uploadを選ぶことで，Arduinoのマイコン・ボードにスケッチを書き込みます．

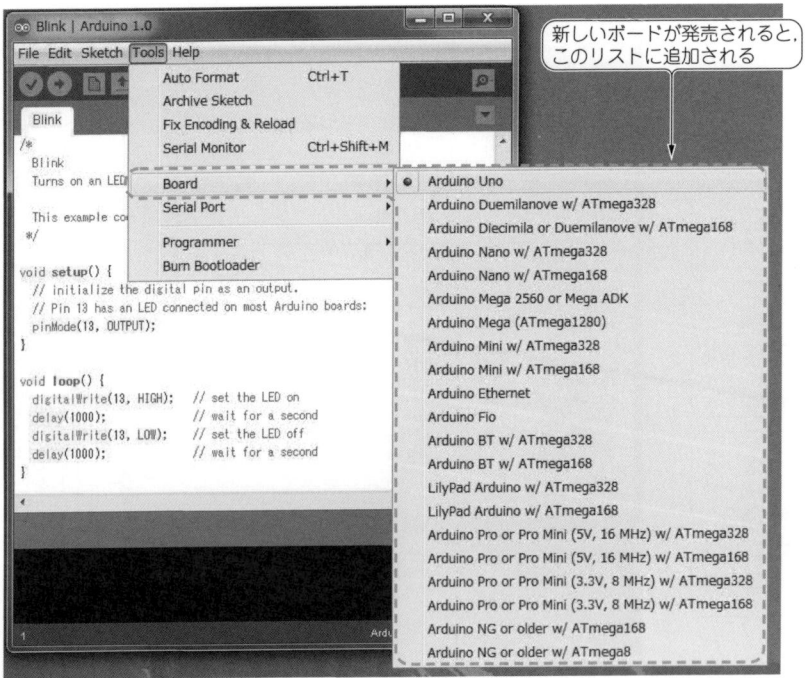

図3-9　マイコン・ボードの設定

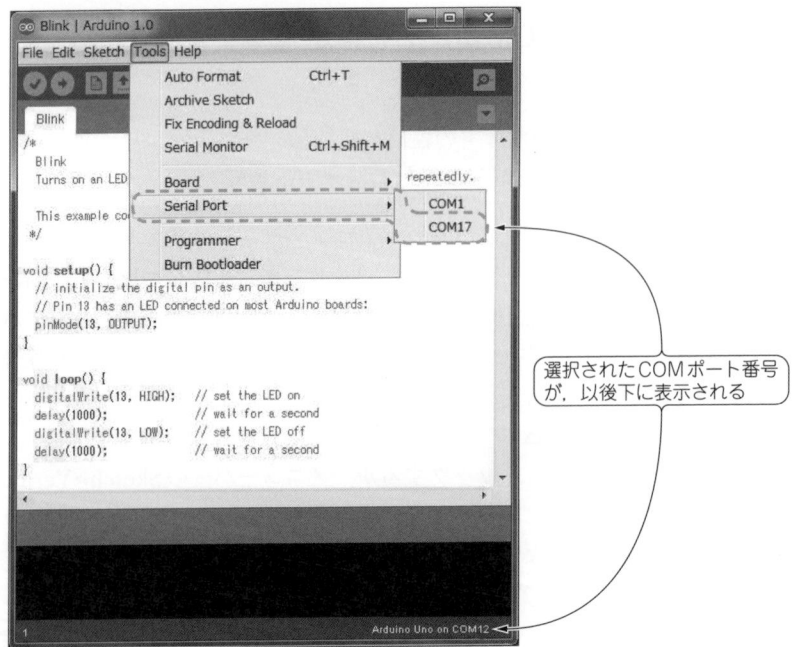

図3-10　COMポートの設定

図3-11 USB-シリアル変換ボードの使用例

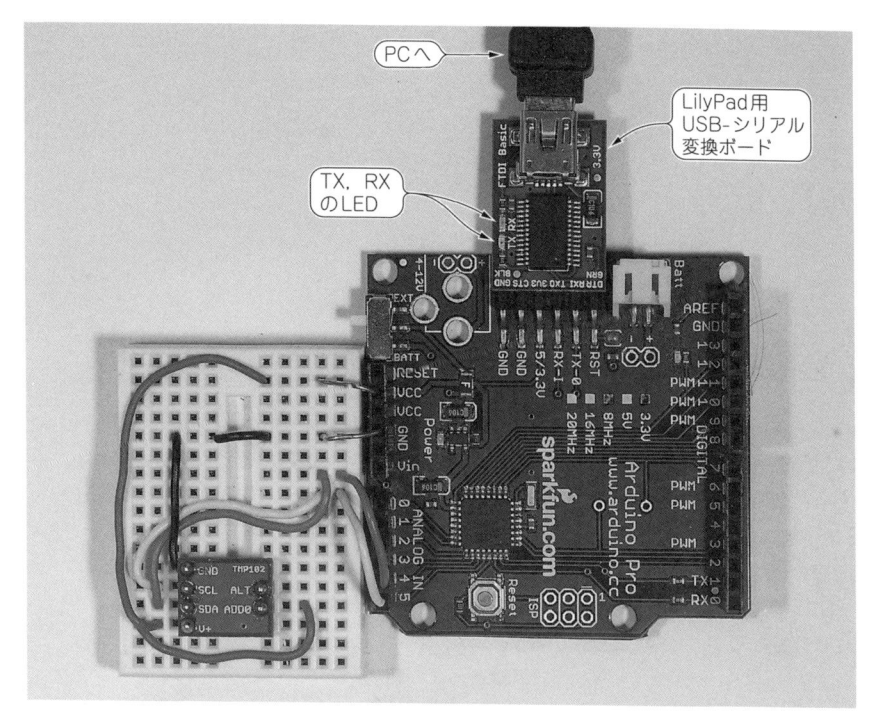

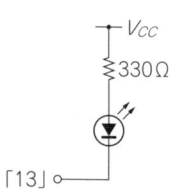

図3-12 同じ「13」からLEDをつなぐ
13の出力が"L"のときLEDが点灯する．

● スケッチの実行のようす

　スケッチのアップロード時には，Arduinoのマイコン・ボード上にある通信確認用のTX，RXのLEDが点滅を繰り返して，スケッチのプログラムをPCからArduinoのマイコン・ボードに書き込みます．Arduino ProやLilyPad ArduinoなどのUSBポートをもたないArduinoのマイコン・ボードは，別途USB-シリアル変換ボードを使用します．このUSB-シリアル変換ボードにもTX，RXのLEDが図3-11に示すように搭載されています．このUSB-シリアル変換ボードのTX，RXのLEDの点滅でスケッチのアップロードが行われているかを確認することができます．

　スケッチのアップロードのためのLEDの点滅が終わった後，しばらくするとディジタル・ポート13に接続されたLEDが1秒間隔で点滅を開始します．ここまでで，一連のBlinkというサンプル・スケッチを実際に動かすところまでが確認できました．

◆ LEDの点滅時間を変えてみる

　delay()関数の引数の値を1000から500に変更して再度アップロードしてみてください．LEDの点滅時間が変化するのが確認できます．Arduinoはこのように簡単にプログラムの結果を確認し，必要に応じて変更した結果もすぐに確認することができます．

　また，図3-12に示すようにLEDの接続方法を変更して点滅の状態を確認してみてください．HIGHのときの待ち時間とLOWのときの待ち時間を変えるとLEDがどちらで点灯しているかの確認が容易になります．

3-2 サンプル・スケッチを動かしてみる　|　35

Column…3-1　進化を続けるArduino

　Arduino IDEは最初のバージョンArduino-0001が，2005年8月25日に公開されてから23回バージョンアップが行われ，2011年11月9日にArduino-0023が公開されました．これまでバージョンアップのたびに改善が施され，現在に至っています．その中で，2011年11月30日に新たなバージョンがArduino 1.0として公開されました．

　0001から0023までの改定をもとに，Arduino 1.0から再出発して，大きく発展する予感を感じます．

● 今までの利用者にも違和感がない変更だが大きな発展に通じるR3

　Arduino Unoの登場まで，ハードウェアの目立った改定はありませんでしたが，Arduino Uno R3で，従来のArduinoとしっかり互換性を保ちながらより高性能なArduinoとの発展の可能性を持った変更が加えられました．従来からの利用者にとっては従来と同じように利用できます．一方，今後発展が想定される高性能マイコンとのシールドの拡張性と互換性を確保するために，従来と互換性を保ちながらピン・ソケットのピン数の増強が行われました．

● Arduino Uno，Arduino Leonardo

　Arduino Leonardo（執筆時には発売されていない*）はUSB機能を内蔵したATmega32U2を採用し，USB-シリアル変換のモジュールを不要とし，ピン・ソケット，DCジャックもはんだ付けしないで販売しコストが下げられます．Arduino Uno R3からディジタル・ピン・ソケットが8ピンから10ピンになり，I²CのアナログA入力のA₄，A₅のSCLとSDAが割り当てられました．電源のピン・ソケットも6ピンから8ピンになり，シールドがマイコン・ボードのVCCを3.3Vか5Vかを判別できるIOREFが用意されました．

● Arduino DUE

　Arduino DUE（執筆時には発売されていない*）にはARMのCortex-M3コアをもったAtmel社のSAM3UEという高性能な32ビット・マイコンが搭載されています．クロックも16MHzから96MHzへと大幅な高性能化が図られ，メモリもフラッシュ・メモリが256Kバイト，SRAMが50Kバイトと桁違いの拡大が図られます．そのため，入門用の安価なArduinoで対応できない開発が生じても同じコンセプトの上位機種を採用することで容易に移行できるようになります．将来いろいろな夢を抱えた初心者も安心してArduinoに入っていけます．

※

　本書のスケッチはArduino 1.0とArduino Uno R3，Arduino Uno，Arduino Duemilanove，その他の互換機で動作確認しています．スケッチのキャプチャなどは原則Arduino 1.0のものを使用し，参考例として一部旧バージョンで示しましたがArduino 1.0でも動作確認しています．テスト回路は各種のArduinoのボードで示されていますが，どのボードを使用しても動作します．

（＊）出荷前の情報を元にしています．

[第4章]

決められた入出力ポートだが逆に使いやすい
アナログ入出力もスケッチが用意されていて使い方は簡単

　本章では，Arduinoのアナログ入力として，センサからの出力の代わりにボリュームを用いて，0Vから電源電圧まで変化する電圧を読み取り，この変化した電圧に対応した出力をLEDに加えてアナログ入出力のテストを行います．

　続いて，アナログ入力の具体例として温度の測定を行います．そのため，正確に電圧を測定するための基準電圧の設定方法について確認し，半導体温度センサを実際に接続して温度を測定します．その後，応用例として湿度を測定するための乾湿球温度計を作ります．

4-1　アナログ入力とアナログ出力

4-1-1　マイコン・ボードとブレッドボードでテスト

　Arduinoのアナログ入力ポートからは，0～数Vの連続的に変化するアナログ電圧を容易に読み取ることができます．読み取ったアナログ・データは，Arduinoに用意されているスケッチにて，加減乗除はもとよりもっと高度な関数の計算処理も行うことができます．そのため，いろいろなセンサを

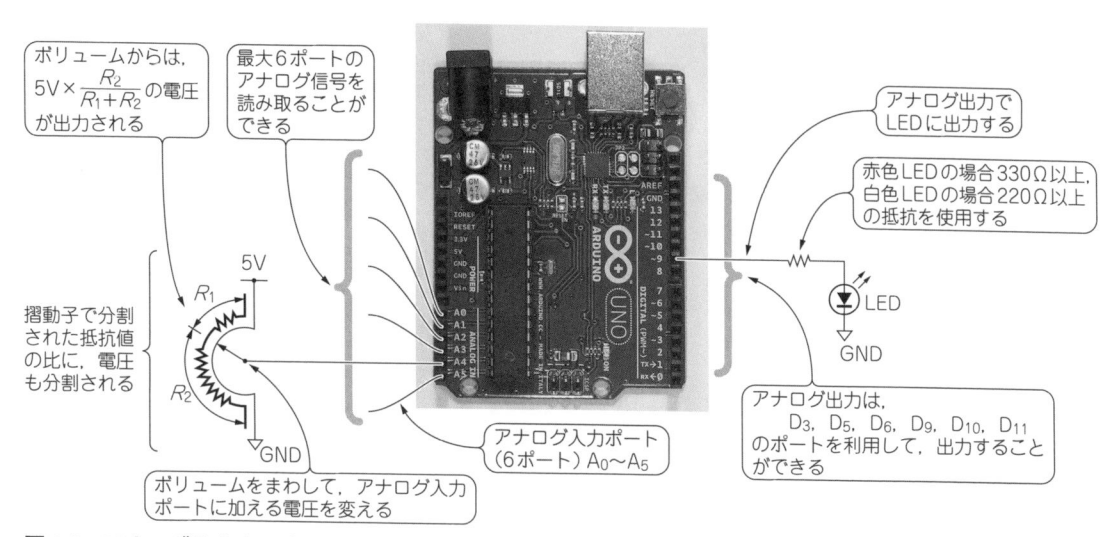

- ボリュームからは，$5V \times \dfrac{R_2}{R_1+R_2}$ の電圧が出力される
- 最大6ポートのアナログ信号を読み取ることができる
- アナログ出力でLEDに出力する
- 赤色LEDの場合330Ω以上，白色LEDの場合220Ω以上の抵抗を使用する
- 摺動子で分割された抵抗値の比に，電圧も分割される
- ボリュームをまわして，アナログ入力ポートに加える電圧を変える
- アナログ入力ポート（6ポート）A_0～A_5
- アナログ出力は，D_3, D_5, D_6, D_9, D_{10}, D_{11} のポートを利用して，出力することができる

図4-1　アナログ入出力の確認

アナログ入力analogRead()は
入力するポートを指定すると，結果
が関数の値として戻される

```
ard040010
void setup(){
}
void loop(){
  analogWrite(9,analogRead(0));
}
```

Setup()には，
何も記述しない

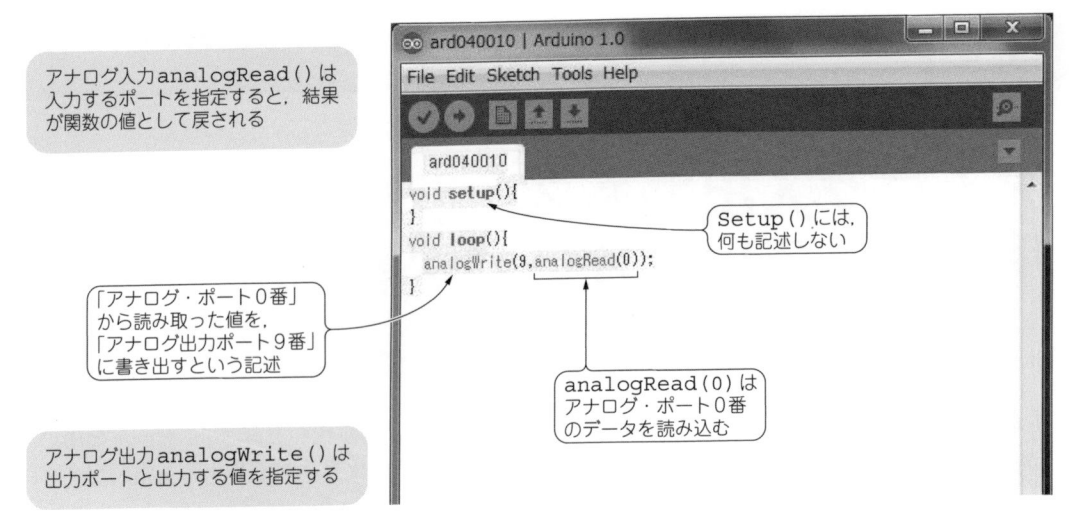

「アナログ・ポート0番」
から読み取った値を，
「アナログ出力ポート9番」
に書き出すという記述

analogRead(0)は
アナログ・ポート0番
のデータを読み込む

アナログ出力analogWrite()は
出力ポートと出力する値を指定する

図4-2　アナログ入出力のスケッチ

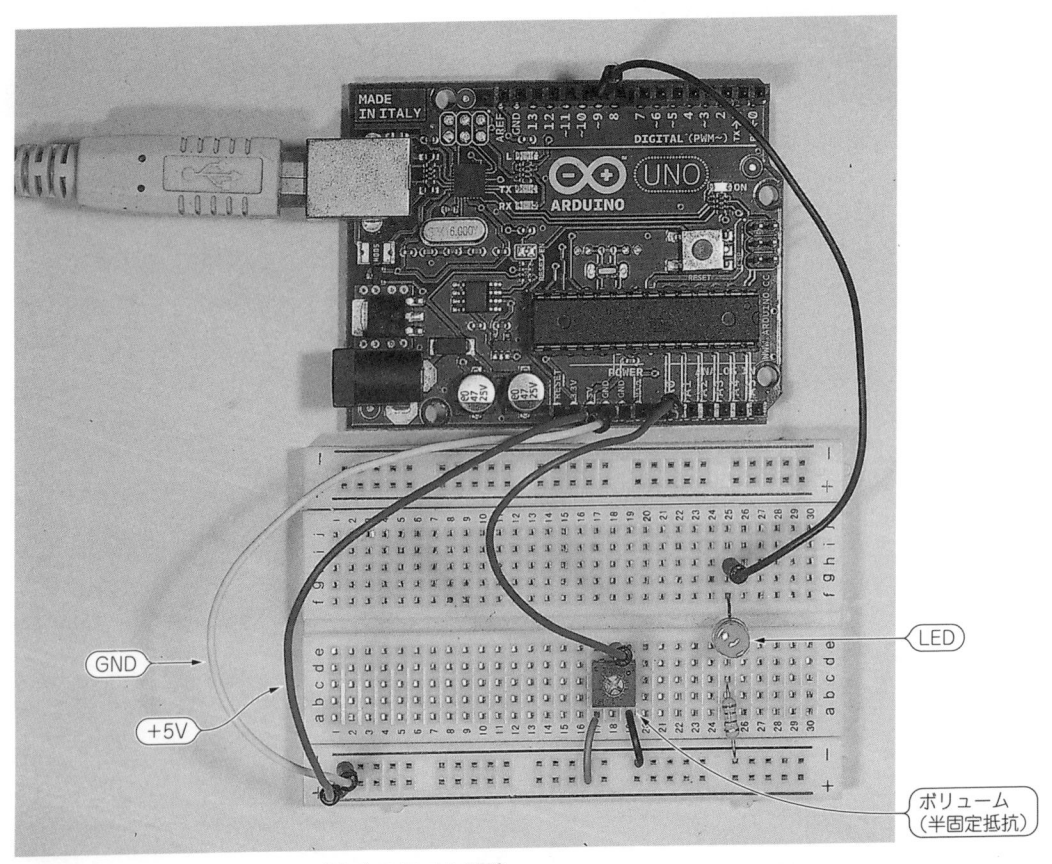

GND
+5V
LED
ボリューム
（半固定抵抗）

図4-3　アナログ入力，アナログ出力のテスト回路

接続し計測処理が行えます．

アナログ入力の働きを理解するために，ボリュームをアナログ入力源としてテストします．このボリュームの変化に応じた電力をArduinoのアナログ出力からLEDに供給してみます．Arduinoのアナログ入力ポートに**図4-1**に示すようにボリュームを接続します．LEDは「PWM」の表示のあるディジタル・ポート9に接続します．マイコン・ボードの準備はこれで完了です．

4-1-2　アナログ入力，アナログ出力のスケッチ

スケッチは，**図4-2**に示すような非常に簡単なものになります．スケッチをアップロードして，ボリュームを回すとLEDの明るさがどのようになるかを確認します．

◆ アナログ入力ポート，アナログ出力ポートの初期設定は必要ない

アナログ入力とアナログ出力ポートは，ディジタル・ポートと異なって初期設定の必要はありません．そのため，このテストのためのスケッチは初期設定のためのsetup()関数には何も命令は記入されていません．

setup()，loop()のこの二つの関数は，中身に実行する命令がなくても必ず用意しなければなりません．処理する内容がないからと省略すると，コンパイル時にsetup()関数が定義されていないなどのエラーが生じコンパイルが完了しません．

◆ ボリュームを回してアナログ入力電圧を変化させる

図4-3に示すように，ボリュームとリード線をつなぎ，LEDを小型のブレッドボードにセットしてテスト回路を完成させます．テスト回路のArduinoに**図4-2**に示したスケッチをアップロードしてからアナログ入力のテストを行います．

ボリュームを回すと，アナログ入力ポートの電圧が0Vから電源電圧の5Vまで変化します．ボリュームの出力電圧を0VにするとLEDは消灯します．ボリュームを回して電圧を上げていくに従いLEDの明るさが上昇します．ボリュームの出力を0～5Vまで増加する間に4回くらい明るさが変化します．

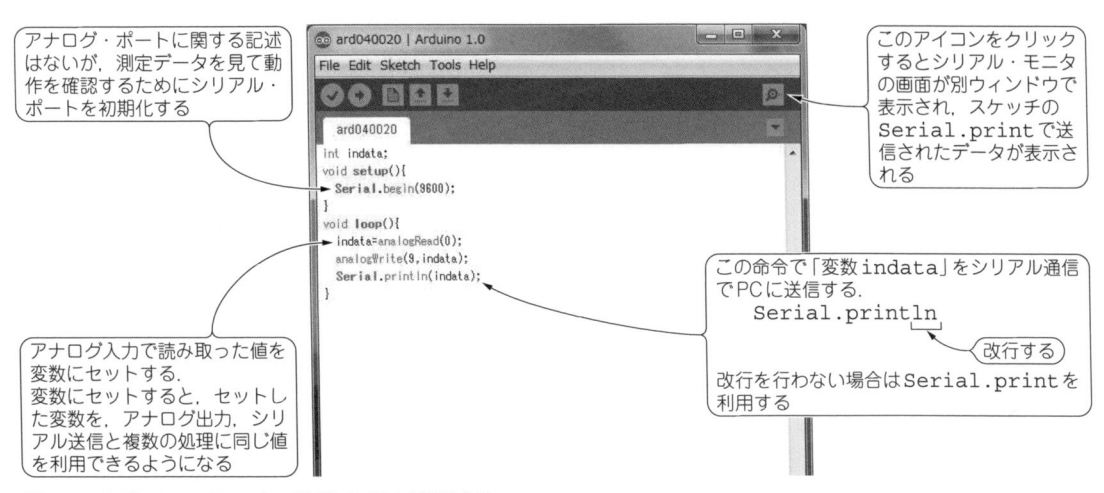

図4-4　シリアル・モニタで変数の値を確認する

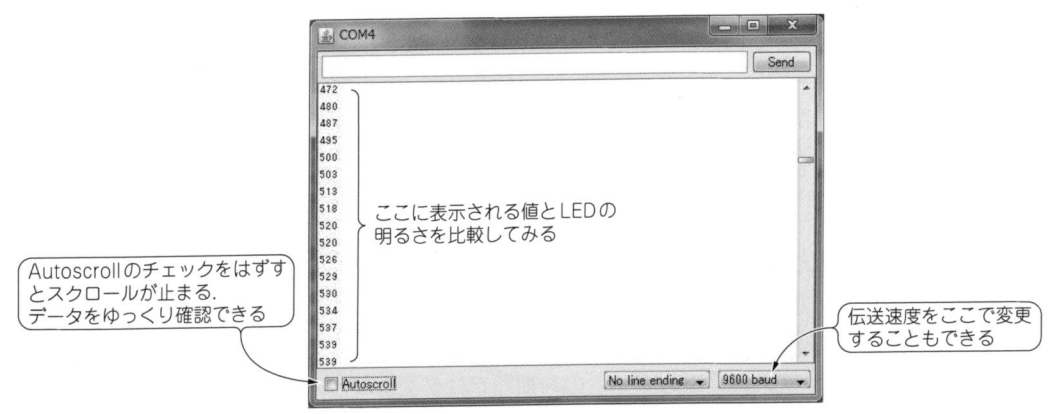

図4-5 シリアル・モニタに送られた値を確認する

4-1-3 シリアル・ポートでPCにデータを送信する

前項のアナログ入力で入力されたデータがどのような値なのか，出力されたデータがどのような値なのかを確認します．図4-4に示すように，Serial.print()を利用するとスケッチ内の任意の変数をPCのシリアル・モニタに表示することができます．ここではアナログ・ポートから読み取った値を整数indataに格納し，この値をアナログ出力ポートへ書き出すのと合わせてSerial.print(indata);でPCに送信しPCのモニタで確認します．

シリアル通信で送信されたデータは，図4-5に示すPC側のシリアル・モニタ画面でその値を確認できます．

4-1-4　256，512，768前後で明るさが変わる

アナログ入力データの読み取り値が256，512，768を超えたあたりでLEDが消灯します．ボリュームの分解能がそれほど大きくないので，正確にこれらの値にボリュームの出力を調整できませんが，この3点の近辺で明るさが変わるのが確認できるはずです．

これは，アナログ入力で入力された値が0～1023の10ビット（2^{10}）で表される範囲のデータとなるのに対し，アナログ出力は8ビット（2^8）で表される0～255の範囲の値となっているためです．そのため，アナログ入力データを1/4にしてアナログ出力に書き出せば，アナログ入力データの0～1023の値に1対1に応じた明るさの変化となり，ボリュームの最小値で消灯し，最大値で一番の明るさになります．

4-1-5　アナログ入力値から入力電圧を求める方法

アナログ入力の値は図4-6に示すように，入力ポートに加わる電圧を，基準電圧の1/1024の電圧値を0～1023倍まで順次整数倍した値と比較し，入力値と一致したときの倍数の値となります．基準電圧が電源電圧の5Vの場合，5V/1024で約4.88mVの単位で入力電圧の大きさを決めることができます．

基準電圧としてArduino内部の基準電圧を利用すると，1.1V/1024で1.07mV単位まで細かくアナログ入力電圧値を決めることができます．測定対象の電圧値に応じて基準電圧を選択できるようになっています（後述）．

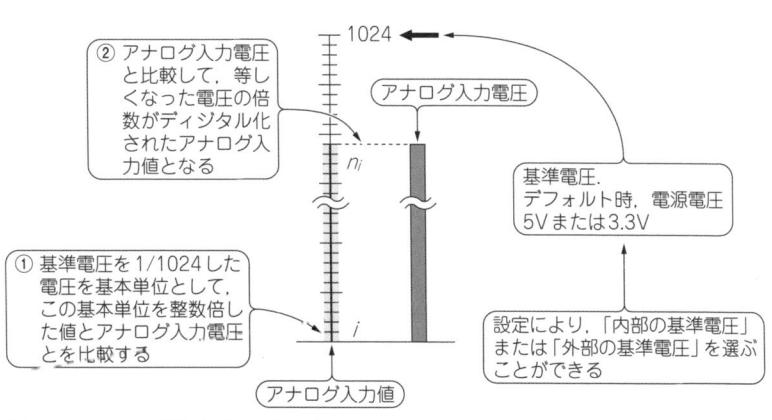

図4-6 アナログ入力値の求め方

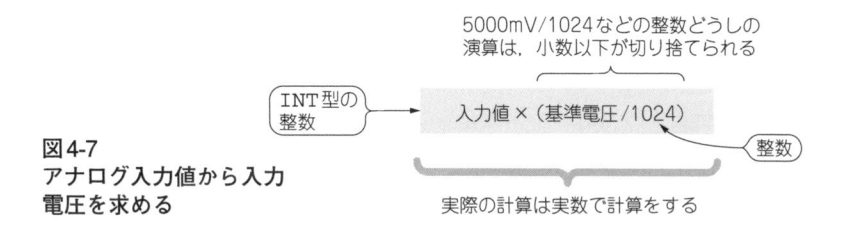

①基準電圧を1/1024した電圧を基本単位として，この基本単位を整数倍した値とアナログ入力電圧とを比較する

②アナログ入力電圧と比較して，等しくなった電圧の倍数がディジタル化されたアナログ入力値となる

アナログ入力電圧

基準電圧．デフォルト時，電源電圧5Vまたは3.3V

設定により，「内部の基準電圧」または「外部の基準電圧」を選ぶことができる

アナログ入力値

図4-7 アナログ入力値から入力電圧を求める

INT型の整数 → 入力値×(基準電圧/1024) → 整数

5000mV/1024などの整数どうしの演算は，小数以下が切り捨てられる

実際の計算は実数で計算をする

◆ アナログ入力値から電圧を求める

入力された整数値から元の電圧を求めるのは，図4-7に示す計算で行います．特にArduinoの場合はC言語の各種演算関数が利用できるため，センサからのアナログ入力値を基にセンサの出力電圧を求めるときも，少々厄介な計算をして導かなければならなくても苦労することなく求めることができます．

さらに，アナログ入力ポートが6ポートあるので，アナログ出力の複数のセンサを容易に利用することができます．

4-2 アナログ出力はPWMと呼ばれる方法で出力

アナログ出力の出力信号は，0Vから電源電圧に近い値の電圧までの任意の電圧が出力されます．図4-3に示したArduinoのD_9のアナログ出力ポートの電圧をテスタやディジタル・マルチメータで測定しながら，ボリュームを回してLEDの明るさを調整すると，LEDの明るさに応じて電圧が変化しているのが確認できます．

ボリュームをLEDが暗くなる方向にいっぱいに回すと，LEDは消灯して出力電圧が0Vになります．反対に回すと，電圧が少しずつ上がっていきます．合わせてLEDも光りだします．LEDはテスタの読み取り値が0.2Vくらいの出力でも少しですが光りだしています．

◆ 順方向電圧1.7VのLEDが0.2Vのアナログ出力で光りだす

Arduinoのアナログ出力を最小レベルから増加させ，その出力電圧をアナログ・テスタなどで測定すると0Vから少しずつ連続して増加していきます．順方向電圧が1.7Vでそれ以下の電圧では電流が

流れず発光しない赤色LEDが，0.2Vくらいでわずかに光っています．これは，Arduinoのアナログ出力がテスタで測定された一定のレベルの電圧の直流電圧を出力しているのではなく，図4-8に示すようなパルスの出力となっているためです．そして，出力の大きさはHIGHの時間とLOWの時間の比率で平均出力電圧が所定の電圧になるように制御されています．

このような方法で出力を制御する方法はPWM（Pulse Width Modulation）と呼ばれ，LEDの明るさを調整したように照明の制御のほかに，モータの制御やヒータの制御などいろいろな場面で利用され，機器の効率化に大きな成果を上げています．

このPWMでは電源をスイッチングして制御しているので，LEDにはほぼ電源電圧が加わります．したがって，わずかな電力しか加えない場合でも順方向電圧以上の電圧が加わりLEDに通電します．加えたいエネルギーの量は，数値データで遮断時間と通電時間の比率を決めて制御しています．Arduinoの場合，通電の遮断時間の比率は1/256の単位で決めることができます．

◆ 基本パルスは約490Hz

Arduinoでは，このPWMの基本となるパルスは約490Hzで，この区間を1バイトのデータで区分します．そのためONとOFFの比率は1/256の単位で区分することができます．図4-9には，10%から80%まで比率を変えたときの出力パルスをオシロスコープでモニタした結果を示します．

◆ 異なった電源電圧などの場合

Arduinoの出力に流すことができる電流は多くても20mAくらいで，電源電圧は6V（最大定格）以上を加えられません．そのため，より大きなパワーのデバイスや機器を制御するためには，図4-10

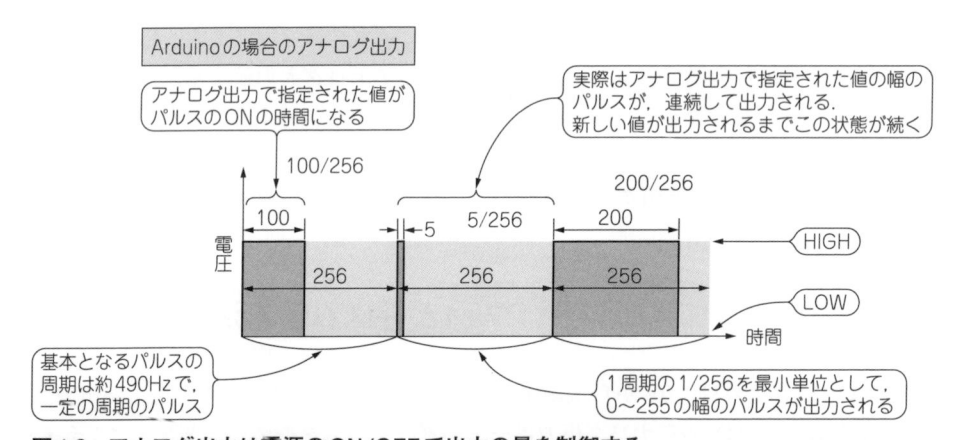

図4-8　アナログ出力は電源のON/OFFで出力の量を制御する

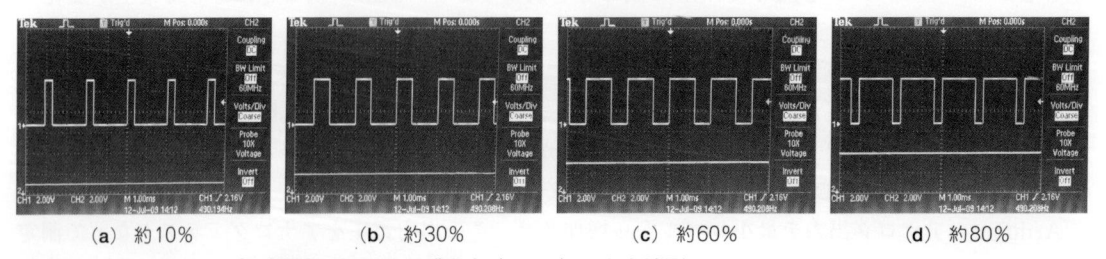

(a) 約10%　　(b) 約30%　　(c) 約60%　　(d) 約80%

図4-9　オシロスコープで観測したアナログ出力（PWM）の出力波形

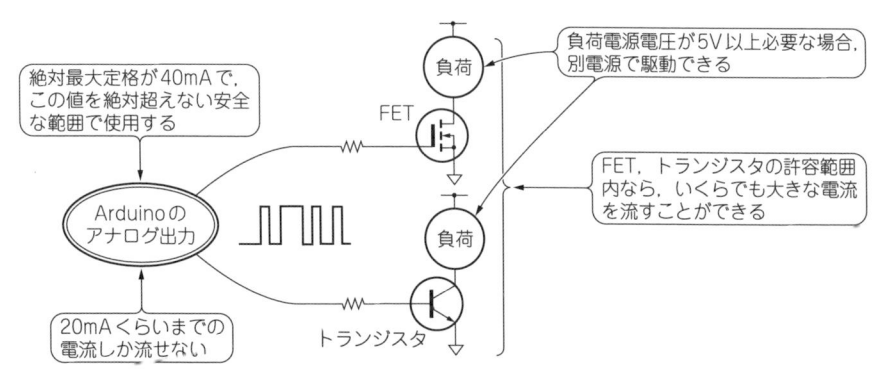

図4-10 アナログ出力をFETまたはトランジスタで増強する

に示すようにオープン・ドレイン（もしくはオープン・コレクタ）のドライブ回路などを追加します．このドライブ回路を追加することで，大容量の照明やモータなどの制御ができるようになります．

4-3 温度センサをはじめ多くのセンサが簡単に利用できる

4-3-1 温度の測定

温度センサはいろいろなタイプのセンサがあります．図4-11に示すように，半導体センサ，熱電対，その他にサーミスタなどがあります．半導体センサの多くは，直線性の良い電圧出力が得られます．

◆ 熱電対

熱電対の場合は，熱電対センサの零点補償など熱電対温度測定の処理を専用に行うICが用意されています．その専用のICを利用すると熱電対で測定した温度が，電圧出力またはディジタル値で出力されます．そのためマイコンでも容易に熱電対による計測ができるようになり，1000℃の炎の温度も測れるようになります．この熱電対はスイッチサイエンスからArduino用のSPIインターフェースの熱電対用のモジュールが発売されているので，SPIを扱う第7章で実際に動かしてみます．

◆ 半導体センサ

半導体センサとして，まずLM35DZを使用してみます．図4-12に示すように3本足の形状をしています．半導体センサはPN接合の温度による順方向電圧の変化を検出して測定します．そのため，上限は150℃までで，あまり高温の測定はできません．

◆ サーミスタ

高感度の温度測定素子として，そのうえ低価格なので産業用などではよく使われています．具体的な測定例を第11章で用意しました．

4-3-2 LM35DZを利用した温度測定

◆ LM35の出力電圧と温度の関係

LM35DZは図4-12に示すように，4～30Vの電源をGNDとV^+の電源端子に加えると，V_{out}にそのときの周囲の温度に応じた出力電圧が生じます．

φ1mmのステンレスのシーズにセットされた熱電対も各種用意されている

サーミスタ 103AT

半導体温度センサ LM35

熱電対温度センサ

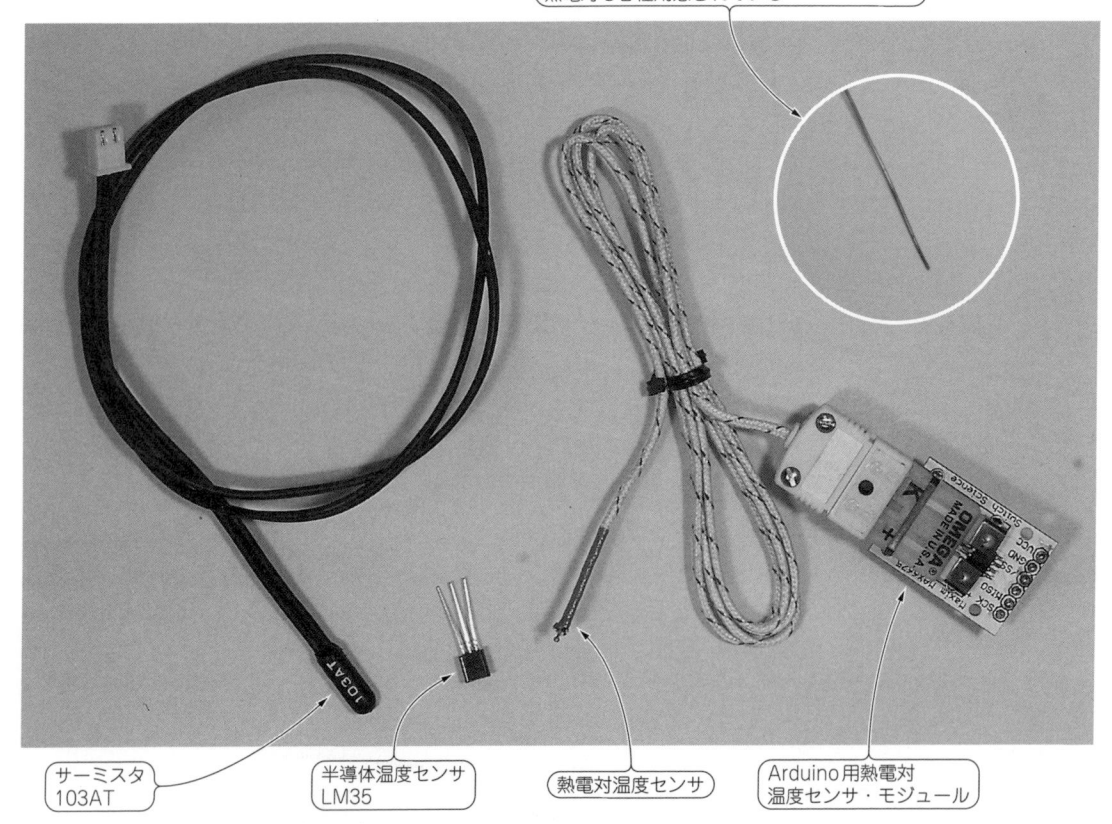

Arduino用熱電対温度センサ・モジュール

図4-11 本書で使用した各種の温度センサ

温度の変化と出力電圧の変化の割合は10mV/℃となります．また，マイナス電源がある場合は図4-12(b)に示すように，出力端子に50μAくらいの電流が流れるよう抵抗値を設定してマイナス電源に接続します．出力にマイナスのバイアスを加えると，−50〜150℃の範囲で0℃，0Vを原点とする，傾きが0.1℃/mV（100℃/V）の直線となります．

図4-12(a)で示すようにプラス電源だけで計測する場合は，2〜150℃までの範囲が測定範囲で，出力電圧は0Vから1.5V（1500mV）となります．

アナログ入力から温度を求め，シリアル通信でPCに結果を送信するスケッチは図4-13に示すようになります．

(VCC/1024)＊indata/0.01（V/℃）……… 測定値から温度を求める式．VCCはV^+の実測値．

(VCC/1024)でアナログ入力の値の1当たりの電圧を計算します．この値にアナログ入力値を掛ければアナログ入力ポートに加わった電圧（V）となります．CONST float VCC=5.03で電源電圧は実数型の定数として定義してあります．5.03は，テスタで実際に測った値です．実行結果を図4-14に示します．測定値の間隔は0.51℃の間隔となっています．これはアナログ入力でA-D変換する

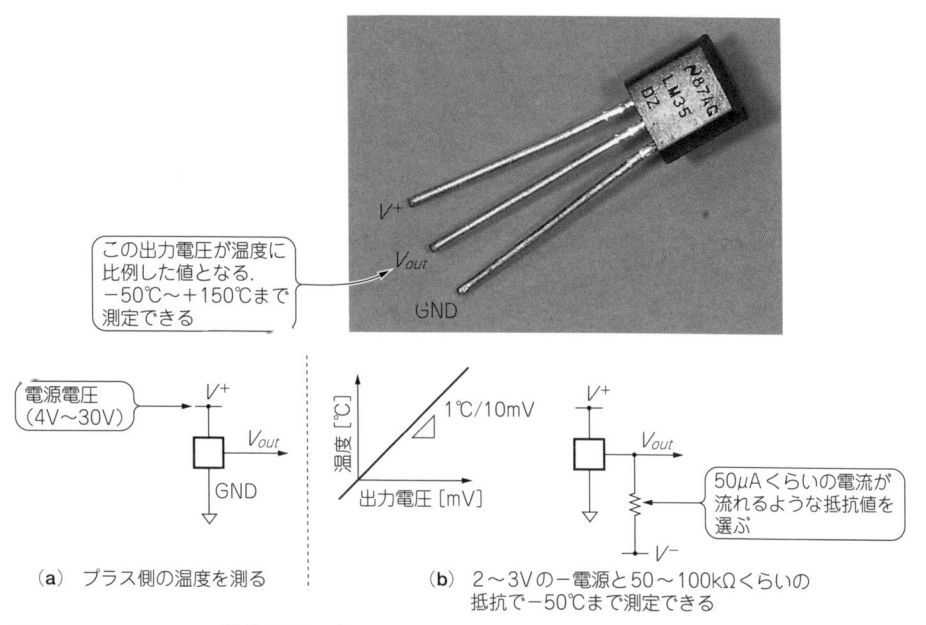

図4-12 LM35DZの機能と使い方

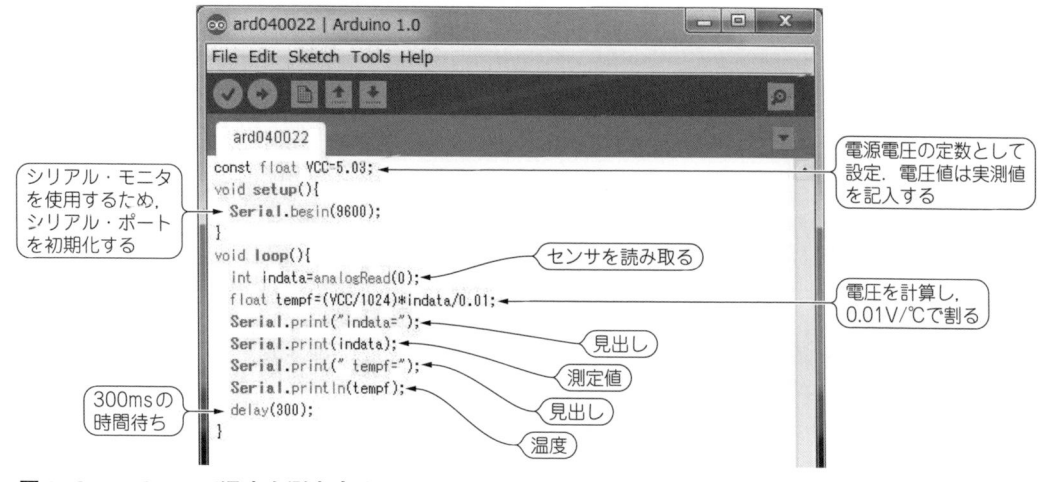

- この出力電圧が温度に比例した値となる．−50℃〜+150℃まで測定できる
- 電源電圧（4V〜30V）
- 1℃/10mV
- （a）プラス側の温度を測る
- （b）2〜3Vの−電源と50〜100kΩくらいの抵抗で−50℃まで測定できる
- 50μAくらいの電流が流れるような抵抗値を選ぶ

図4-13 LM35DZで温度を測定する

- シリアル・モニタを使用するため，シリアル・ポートを初期化する
- 電源電圧の定数として設定．電圧値は実測値を記入する
- センサを読み取る
- 電圧を計算し，0.01V/℃で割る
- 見出し
- 測定値
- 見出し
- 温度
- 300msの時間待ち

```
const float VCC=5.0;
void setup(){
  Serial.begin(9600);
}
void loop(){
  int indata=analogRead(0);
  float tempf=(VCC/1024)*indata/0.01;
  Serial.print("indata=");
  Serial.print(indata);
  Serial.print(" tempf=");
  Serial.println(tempf);
  delay(300);
}
```

基準電圧がArduinoの電源電圧5Vを使用しているため，分解能が荒いためです．より細かい温度の変化を検出するには，基準電圧を温度センサの出力に近い値にすることで実現できます．

4-3-3 基準電圧

基準電圧は複数の方法が選べ，図4-15に示すように「電源電圧」，「内部の基準電圧」，「外部の基準電圧のデバイス」を利用する方法が用意されています．

外部の基準電圧も，図4-16に示すように多様な基準出力電圧を得られるデバイスが入手できます．

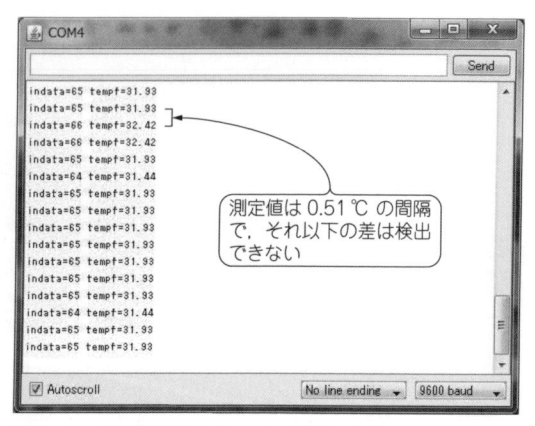

図4-14 温度測定スケッチの実行結果

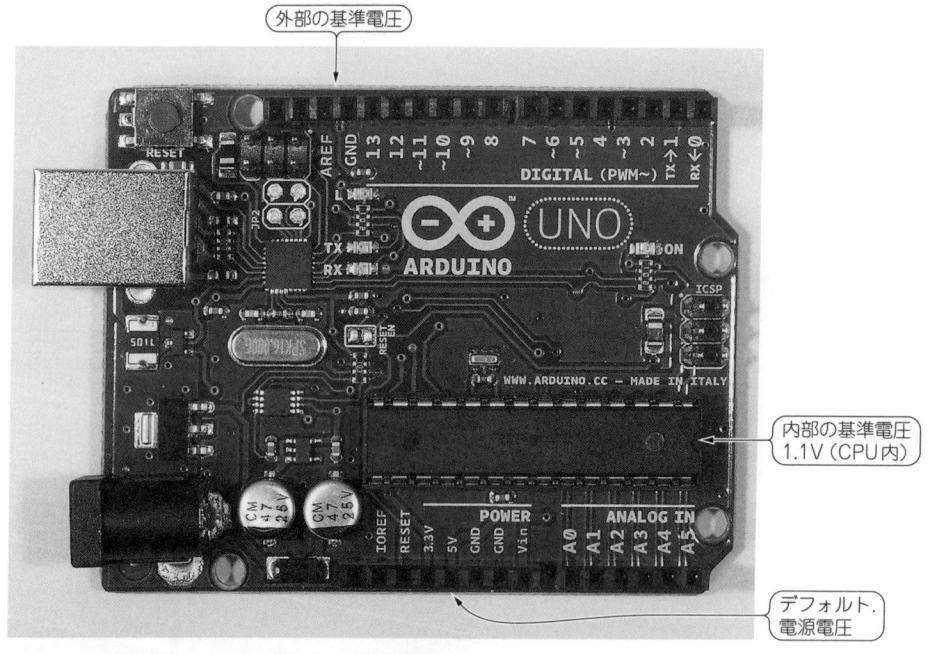

(吹き出し: 測定値は 0.51℃ の間隔で，それ以下の差は検出できない)

図4-15 Arduinoのアナログ入力の基準電圧
3種類の基準電圧が用意されている．

(ラベル: 外部の基準電圧／内部の基準電圧 1.1V（CPU内）／デフォルト，電源電圧)

これらの基準電圧は，ArduinoのAREF端子に接続してアナログ入力ポートの入力電圧をディジタル値に変換する際の基準電圧となります．
　この外部の基準電圧を利用するためには，
```
analogReference(EXTERNAL);
```
と指定します．電源電圧と無関係なマイコンの内部基準電圧（1.1V）を使用する場合は，
```
analogReference(INTERNAL);
```

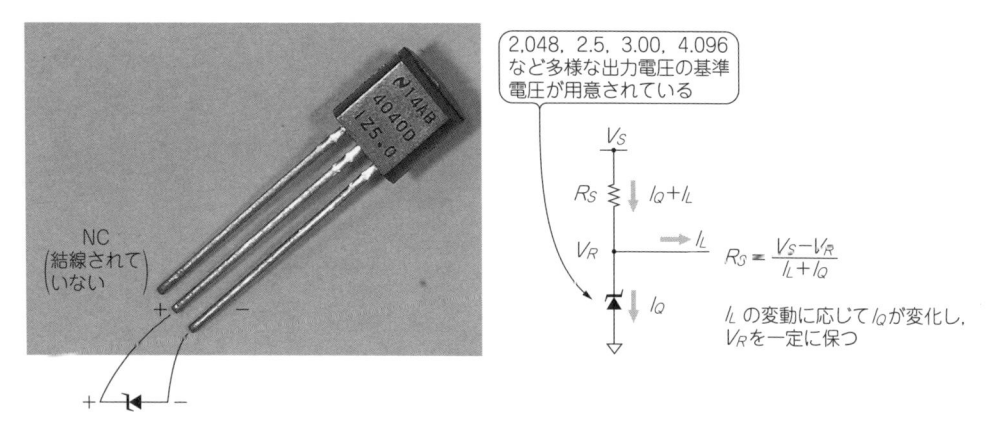

図4-16 外部基準電圧に使うLM4040 高精度マイクロパワー・シャント型基準電圧デバイス

デフォルトの電源電圧を基準電圧とする場合の設定は，次のようになります．

　　analogReference(DEFAULT);

電源電圧を基準電圧とするときは，analogReferenceを設定する必要はありません．電源投入後のArduino初期化処理後はデフォルトで電源電圧が基準電圧となっています．analogReference(DEFAULT)は，ほかの基準電圧を使用した後に電源電圧を基準電圧に戻す場合に使用します．

4-4　LM35DZを利用して湿度の測定を行う

LM35DZを二つ使用して**図4-17**に示すような，乾湿球湿度計を作ります．このアウグスト乾湿球湿度計は単に乾湿球湿度計と呼ばれ，小学校で湿度の測定に使用したものです．今回の測定では1～2%の湿度の誤差は無視できるので二つLM35DZの温度センサを並べ，一方のセンサにガーゼを巻いて水に浸して乾湿球湿度計を作ります．

4-4-1　湿度とは

湿度とは，**図4-18**に示すように，空気中の水蒸気の割合が，その温度での水蒸気の飽和状態の量に対してどれだけのパーセンテージかを示します．湿度が100%の場合それ以上水蒸気の蒸散が生じないので，洗濯物からも水分の蒸発はなく，乾くことはありません．

湿度が100%では湿球からの蒸発はありません．そのため湿球の温度は気温と同じ乾球の温度と同じになります．湿度が下がると湿球の周囲のガーゼから蒸発が起こり蒸発潜熱を奪って湿球の温度が下がります．湿度が下がるほど，この乾球と湿球の差が大きくなります．

◆ 乾湿球湿度計で湿度を求めるには

乾球，湿球の温度から湿度を求める方法は，気象庁が作成した「気象観測の手引き」に従いました．この気象観測の手引きは気象庁のホームページからダウンロードして入手することができます．気象庁のホームページ＞気象の知識＞気象観測・気象衛星＞気象観測ガイドブック＞気象観測の手引き〔PDF 2,469KB〕でたどり着けます．

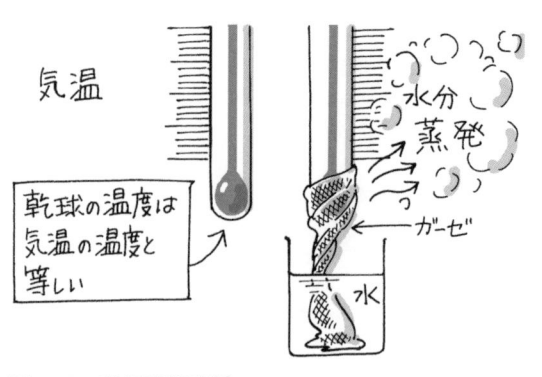

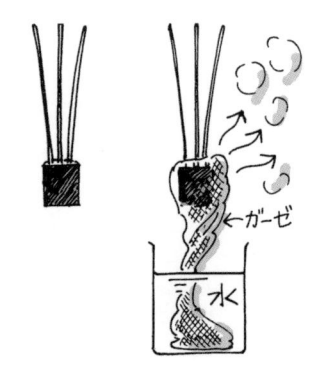

図4-17　乾湿球湿度計　　　　　　　　　　　図4-18　LM35で作る乾湿球湿度計

表4-1　通風しない乾湿計用湿度表

乾球 (t)	乾球と湿球の温度差 $(t-t')$															
	0.0	0.5	1.0	1.5	2.0	2.5	3.0	3.5	4.0	4.5	5.0	5.5	6.0	7.0	8.0	9.0	10.0
40	100	97	94	91	88	85	82	79	76	73	71	68	66	60	56	51	47
35	100	97	93	90	87	83	80	77	74	71	68	65	63	57	52	47	42
30	100	96	92	89	85	82	78	75	72	68	65	62	59	53	47	41	36
25	100	96	92	88	84	80	76	72	68	65	61	57	54	47	41	34	28
20	100	95	91	86	81	77	72	68	64	60	56	52	48	40	32	25	18
15	100	94	89	84	78	73	68	63	58	53	48	43	39	30	21	12	4
10	100	93	87	80	74	68	62	56	50	44	38	32	27	15	5	0	0
5	100	92	84	76	68	61	53	46	38	31	24	16	9	0	0	0	0
0	100	90	80	70	60	50	40	31	21	12	3	0	0	0	0	0	0
−5	100	87	73	60	47	34	22	9	0	0	0	0	0	0	0	0	0
−10	100	82	64	46	29	11	0	0	0	0	0	0	0	0	0	0	0

◆ 湿度の測定

　湿度は，乾球と湿球の温度差と乾球の温度から計算で求めることができます．しかし一般的には，表4-1に示す乾湿球湿度計に添付されている表から求めます．今回は気象庁の「気象観測の手引き」の32ページの「表4-4-1 通風しない乾湿計用湿度表（湿球が氷結していない場合）」を用いて求めます．

　この表を確認するとわかるように，湿度は乾球と湿球の値の差が大きな影響を与えます．しかし，センサには固有差がありその影響を大きく受けます．

4-4-2　湿度の計算を行う

　センサを5本使用し，同じ条件でモニタした結果が図4-19で，25.3～26.8℃の間でバラついています．

　基準になる温度計があればその温度計との偏差をそれぞれ測定し，測定データをこの偏差で補正します．昔は今のように電子式の温度計がありませんでしたから，温度計ごとに標準温度計との偏差のラベルが貼ってありました．

　ここでは同じ値を示すセンサを2本使用し，1本は乾球温度，もう1本は湿球温度を測ることとします．

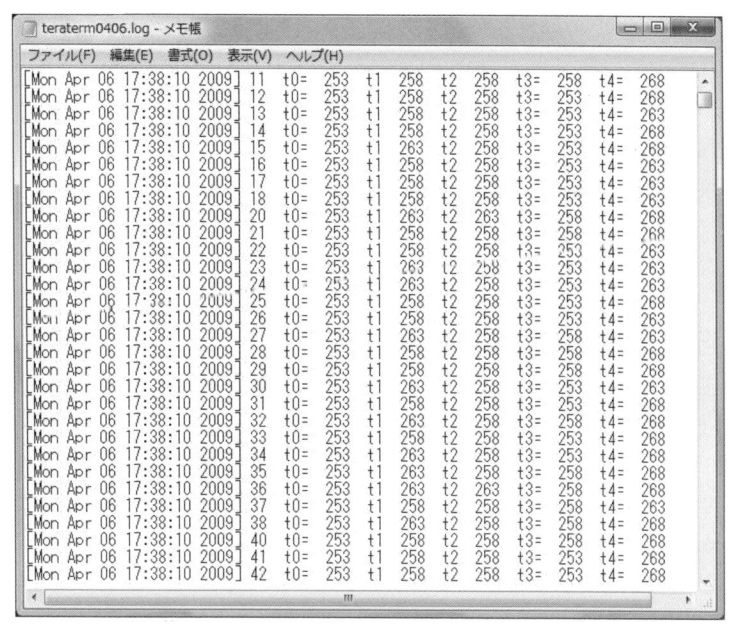

図4-19　5本のセンサのバラつきを調べる
比較した結果，t0とt3と表示されているデバイスをペアにして乾湿球温度計を構成した．

◆ 通風乾湿計（通気を伴う乾湿球湿度計）はほかの基準になる

　通気を伴う乾湿球湿度計は精度1%での測定が可能で，ほかのタイプの湿度計の較正にも利用されています．気象庁の「気象観測の手引き」にもこの通風乾湿計で湿度を求める計算についての説明があります．ただし，アウグスト乾湿球湿度計から湿度を求める計算式は「気象観測の手引き」には見当たりません．通風乾湿計では湿球温度からスプルングの式で水蒸気分圧を求めていますが，この式では通風していないときは湿度が少し高く評価されます．そのため，日本試験機工業会（JTM）規格の，恒温恒湿槽（室）の性能評価用乾湿計に用いられている乾湿計公式ペルンター（Pernter）式の0～0.5m/sの条件の係数を用いて計算します．

◆ アウグスト乾湿計の湿度の計算

　湿度の計算は，

① 乾球温度における飽和水蒸気分圧 P_s を乾球温度から求めます．

　　$P_s = 6.11 \times 10$累乗$(7.5 \times t_d/(273.3 + t_d))$

② 湿球温度における飽和水蒸気圧 P_{ws} を湿球温度から求めます．

　　$P_{ws} = 6.11 \times 10$累乗$(7.5 \times t_w/(273.3 + t_w))$

③ ペルンターの式で湿球温度における飽和水蒸気圧と湿球温度から現在の水蒸気圧 P_t を求めます．

　　$P_t = P_{ws} - 0.0012 \times 1013.25 \times (t_d - t_w) \times (1 + t_w/610)$

④ $P_t/P_s \times 100$ で相対湿度が求められます．

　　t_d ……乾球温度

　　t_w ……湿球温度

通風乾湿球計で2.5m/s以上の通風で使用するスプルングの公式では，水蒸気分圧は次のようになります．

$P_{tsp} = P_{ws} - 0.000662 \times 1013.25 \times (t_d - t_w)$

P_s……乾球温度の飽和水蒸気圧（hP）
P_{ws} …湿球温度における飽和水蒸気圧（hP）
P_t……ペルンターの式により求めた水蒸気圧（hP）
P_{tsp} …スプルングの式により求めた水蒸気圧（hP）

4-4-3　乾湿球湿度計の計算処理の組み込み

湿度の計算は小数点を伴うデータがあるので，変数は浮動小数点型としてfloatを指定します．湿度の計算にはt1とt3のセンサを使用するので，これら変数を浮動小数点型にします．また，vrefもlong型では計算途中で桁落ちしてしまいます．そのためfloat型にします．

最初に計算機科学の本を読んだときに，計算中の桁落ちのことが延々と説明されていてなんでこんなことが問題なのか実感がわかず興味をもてませんでした．しかし，実際の計算では，データの型を適切に指定しないと正しくない結果となってしまいます．

```
long    t0=0;
float   t1=0;    ←（湿球）
long    t2=0;
float   t3=0;    ←（乾球）
long    t4=0;
float   vref=1100;
int     tset=0;
```

> 温度特性の同じようなデバイスを選択して乾湿球温度計を構成した（t0，t3）．その後，特に意味はないが，乾湿球温度計の奇数No.のデバイス（t1，t3）になるように再接続した

計算内容に応じて，それぞれ設定を行いました．
初期化ルーチンでは，アナログ入力の基準電圧を内部の1.1Vの基準電圧にするために，

　　analogReference(INTERNAL);

と設定しています．

```
void setup()
{
  Serial.begin(9600); // シリアル・ポートの伝送速度9600bpsに
                      // 設定し，シリアル通信の初期化を行う
  analogReference(INTERNAL);
}
void loop()
{
  tset=analogRead(5);
  t0= analogRead(0);   // LM35DZからの温度のデータを読み取る
  t0=vref*t0/1024;
```

t1，t3については0.1℃単位の表示から1℃単位の表示に変換するため1/10しています．t1，t3はfloat型に設定してありますから，0.1℃の小数以下の値も表示されます．

```
t1=vref*analogRead(1)/1024/10;  // 読み取った値を10mV単位の値に変換する
t2=vref*analogRead(2)/1024;
t3=vref*analogRead(3)/1024/10;
t4=vref*analogRead(4)/1024;     // 測定結果をSerial.printで出力する
```

t_d……乾球温度……t3
t_w……湿球温度……t1

また，ps, pst, pt, ptsは実行部でも型定義ができるので，次に示すように式の左辺で型定義も行っています．ptsは通風乾湿計の場合の計算式で求めた値で，HM2はこれにより計算した相対湿度です．参考のため計算しました．

```
    float ps = 6.11*pow(10,(7.5*t3/(237.3+t3)));
                                            // ps ：乾球温度の飽和水蒸気圧
    float pst = 6.11*pow(10,(7.5*t1/(237.3+t1)));
                                            // pst：湿球温度の飽和水蒸気圧
    float pt = pst - 0.0012*1013.25*(t3-t1)*(1+t1/610);
                                            // pt ：ペルンターの式による水蒸気圧
    float pts=pst-0.000662*1013.25*(t3-t1);
                                            // pts：スプルングの式による水蒸気圧
    int   HM =(pt/ps)*100;      // HM ：相対湿度
    int   HM2 =(pts/ps)*100;    // HM2：通風時の相対湿度
```

計算結果をモニタするために求めた値などをSerial.printで書き出しています．

```
    Serial.print("   t0=   ");  // わかりやすいように温度の見出しを出力
    Serial.print(t0);           // t0の温度を送信
    Serial.print("   t1   ");   // データの区切りのためのスペースを追加し出力
    Serial.print(t1);           // t1の温度の値を出力
    Serial.print("   t2   ");   // 温度の見出し
    Serial.print(t2);           // mVに変換した値．0.1℃単位の温度表示を転送
    Serial.print("   t3=   ");
    Serial.print(t3);
    Serial.print("   t4=   ");
    Serial.print(t4);
    Serial.print("  ps   ");
    Serial.print(ps);
    Serial.print("  pt   ");
    Serial.print(pt);
    Serial.print("   HM   ");
    Serial.print(HM);
    Serial.print("  pts   ");
    Serial.print(pts);
    Serial.print("   HM2   ");
    Serial.print(HM2);
    Serial.println();           // 改行，行送りを出力
    delay(1000);                // 時間待ち．ここでは1秒待っている
}
```

```
long  t0=0;
float t1=0;
long  t2=0;
float t3=0;
long  t4=0;
float vref=1100;
int tset=0;
void setup()
{
  Serial.begin(9600);  // シリアルポートの伝送速度9600bpsに設定しシリアル通信の初期化を行う
  analogReference(INTERNAL);
}
void loop()
{
  tset=analogRead(5);
  t0= analogRead(0); // LM35DZからの温度のデータを読み取る
  t0=vref*t0/1024;  //
  t1=vref*analogRead(1)/1024/10;  // 読み取った値をmV単位の値に変換する
  t2=vref*analogRead(2)/1024;  //
  t3=vref*analogRead(3)/1024/10;  //
  t4=vref*analogRead(4)/1024;  //測定結果をシリアルプリントで出力するfloat ps = 6.11*pow(10,(7.5*t3/(237.3+t3)));
  float ps = 6.11*pow(10,(7.5*t3/(237.3+t3)));
  float pst = 6.11*pow(10,(7.5*t1/(237.3+t1)));
  float pt = pst - 0.0012*1013.25*(t3-t1)*(1+t1/610);
  float pts=pst-0.000662*1013.25*(t3-t1);
  int  HM =(pt/ps)*100;
  int  HM2 =(pts/ps)*100;
  Serial.print("  t0=  ");    // 分かり易いように温度の見出しを出力
  Serial.print(t0);           // t0の温度を送信
  Serial.print("  t1  ");     // データの区切りのためのスペースを追加し出力
  Serial.print(t1);           // t1の温度の値を出力
  Serial.print("  t2  ");     // 温度の見出し
  Serial.print(t2);           // mVに変換した値、0.1℃単位の温度表示を転送
  Serial.print("  t3=  ");    //
  Serial.print(t3);           //
  Serial.print("  t4=  ");    //
  Serial.print(t4);           //
// Serial.print("  tset=  ");
// Serial.print(tset);
  Serial.print("  ps  ");
  Serial.print(ps);
  Serial.print("  pt  ");
  Serial.print(pt);
  Serial.print("  HM  ");
  Serial.print(HM);
  Serial.print("  pts  ");
  Serial.print(pts);
  Serial.print("  HM2  ");
  Serial.print(HM2);
  Serial.println();            // 改行、行送りを出力
  delay(1000);                 // 時間待ちここでは1秒待っている
}
```

このスケッチのテストはArduino-0013のバージョンで行っている。そのため、シリアル・モニタはエディタの下のペインに表示されている。ツールバーもArduino 1.0と少し異なっている。
バージョンアップでは新しい便利な機能が追加されているが、基本的なコンセプトはしっかり踏襲されているので困ることはあまりない。

```
t0=  214  t1  20.73  t2  223  t3=  23.31  t4=  230  ps  28.63  pt  21.23  HM  74  pts  22.74  HM2  79
t0=  214  t1  20.73  t2  224  t3=  23.42  t4=  230  ps  28.82  pt  21.09  HM  73  pts  22.67  HM2  78
t0=  214  t1  20.73  t2  223  t3=  23.31  t4=  230  ps  28.63  pt  21.23  HM  74  pts  22.74  HM2  79
```
←モニタ出力

図4-20 湿度計のスケッチと実行結果

Arduino IDEに入力したスケッチと，モニタ（図の下の黒いエリア）した結果を**図4-20**に示します．湿度が74%くらいになっています．IDEが旧バージョンのため，モニタはエディタの下の黒いエリアに表示されています．

4-4-4　計算の精度

スケッチで扱う変数の種類により，表現できる数値の上限と下限が決まります．計算途中で上下限の範囲を超えると正しい結果が得られなくなります．

今回の例では，アナログ入力の基準電圧をmV単位の値でvref=1100と設定しています．LM35DZのセンサからの入力は0～1023までの値となります．室温が20℃くらいだとするとセンサからの出力電圧は200mV近辺になります．アナログ入力ポートから読み取られた値はおおよそt0=186です．

計算式は，

温度＝t0＝vref×t0/1024

となります．この式に実際の値を入れると，

t0＝1100×186/1024

左側から順番に計算されるから，

＝204600/1024

となり，204600はintで定義される16ビットの整数の上限の32767をオーバしてしまいます．そのためにvrefをlongと4バイトの32ビットで表現される整数を指定すれば2,147,483,647までの値を格納できるので，計算はオーバフローしません．

数を数えたり，お金の計算で収支を1円の単位まで正確に一致させるような計算を行う場合は整数を使用するのですが，蒸気圧を求める計算などで係数が小数以下6桁の値や累乗の計算などを行う場合は，floatで定義する浮動小数点型のデータを使用します．

◆ 浮動小数点型のデータは変換誤差がある

t1，t3は湿度計算に使用するので浮動小数点型にします．浮動小数点型のデータは，一般に利用される10進数でなく，2進数のデータとして処理されます．この10進数から2進数に変換する際に誤差が生じる場合があります．特に浮動小数点型のデータの比較の際，大小を比較する場合はよいのですが，一致するかを調べるときは＝ではなく誤差の範囲内で一致しているか確認する必要があります．多くの場合はその値を超えるか，以下かの判定で間に合います．

4-5　プラス電源だけでマイナスの温度も測れるLM60を使用すると

LM35はマイナス側の温度を測定するためにマイナス電源を必要としますが，このLM60は＋電源のみで，－40～125℃までの温度が計測できます．V^+の端子に2.7～10Vの電源を加え，温度に応じた出力電圧がV_oから得られます．温度係数は6.25mV/℃となり，温度と出力電圧の関係は次のようになります．

$V_o = 6.25\,[\mathrm{mV/℃}] \times T\,[℃] + 424\,[\mathrm{mV}]$

したがって，出力電圧から温度は次のように計算できます．

$V_o = (+6.2\,[\text{mV/℃}] \times T\,[\text{℃}] + 424\,[\text{mV}]$

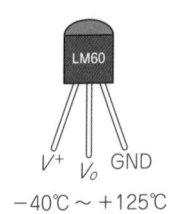

温度 T [℃]	標準的出力 V_o [mV]
+125	+1205
+100	+1049
+25	+580
0	+424
−25	+268
−40	+174

−40℃ ~ +125℃

図4-21　LM60のピン配置と出力特性

$T\,[\text{℃}] = (V_o\,[\text{mV}] - 424\,[\text{mV}])/6.25\,[\text{mV/℃}]$

形状も図4-21に示すように3本足のトランジスタと同じ形状となっています．LM35と同じ外形ですが，計算式は異なります．アナログ入力ポートからの入力データを電圧値に変換し，センサの出力電圧が得られます．

また，湿度の計算式もLM35とは異なりますが，同様に扱えます．

Column…4-1　炎の温度を測る

高温を測るためには熱電対が使われます．使用例は第7章で解説しています．図4-Aはローソクの炎の温度を測っているところで，モニタに出力したようすを図4-Bに示します．

図4-A　ローソクの炎

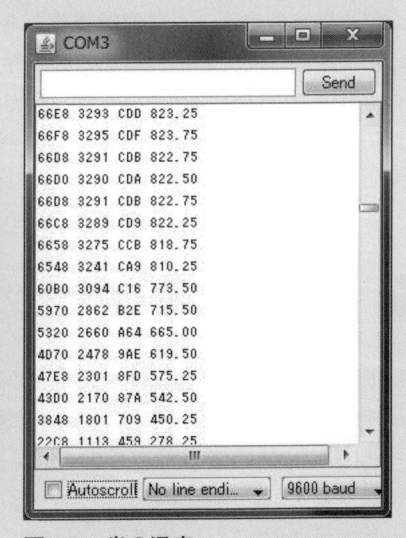

図4-B　炎の温度

[第5章]

スタンドアロンで動かすときには必需品

測定結果をLCDに表示する

　ArduinoをPCから切り離して単独で動作させるときの表示装置として，各種のLCDモジュールが利用できます．最近はインターフェースもパラレルのものからシリアル，I^{2}Cと多様なモデルが入手できるようになっています．16文字2行表示のパラレル・インターフェースのものが入手しやすく，表示のためのソフトウェアが標準で用意されていて使いやすくなっています．本書では，このモジュールを中心に利用します．

5-1　Arduinoからデータを出力するLCDモジュール

　Arduinoに接続できるLCDモジュールも図5-1に示すようにいくつか用意されています．基本的にはこれら16文字2行のLCDモジュールは，Arduinoの標準ライブラリに用意されている`LiquidCrystal Library`を利用すれば，容易にLCDに出力することができるようになります．
　表示できるのは英数文字ですから，プログラム開発時のデータや変数の確認，測定データの表示などに利用できます．

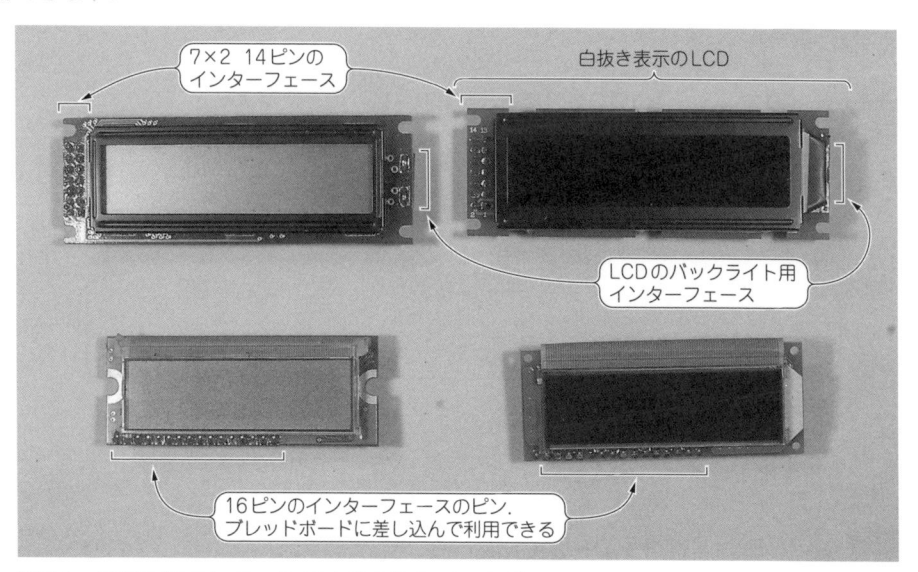

図5-1　各種市販されている16文字2行のLCDモジュール

5-2　ArduinoとLCDモジュールの接続方法

　LCDのモジュールは原則，図5-2に示すように8ビットのデータ信号線，データ/コマンドの読み書きの制御を行う3本の制御線，V_{CC}とGNDの2本の電源ラインと輝度調整のV_oの入力が必要になります．

　信号線を節約するために，8ビットのデータを4ビットごと2回に分けて受け渡しするモードが用意されています．基本的な仕様は共通なので，このライブラリを使用したスケッチの使い方がわかれば，いろいろな応用スケッチの中で便利に利用できます．

◆ モジュールの種類によっては電源のピン配置が異なる

　信号ピン，電源などのピンの種類は各モジュール同等ですが，ピン配置がLCDモジュールの型番によって微妙に異なり，電源のプラス・マイナスのピン番号の割り当てが反対になっているものがあります．そのことに気づかず電源を逆接続してモジュールを壊してしまったこともあります．

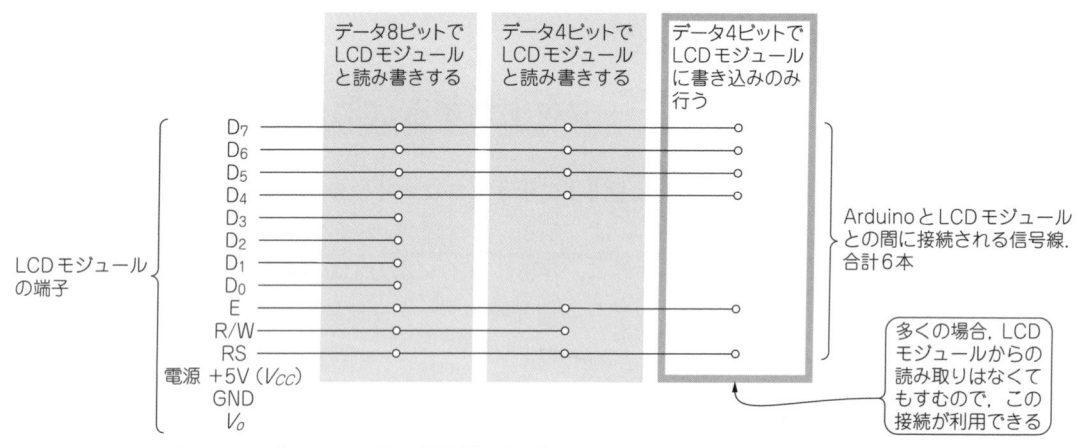

図5-2　ArduinoとLCDモジュールの間の信号線の接続には3通りの方法がある

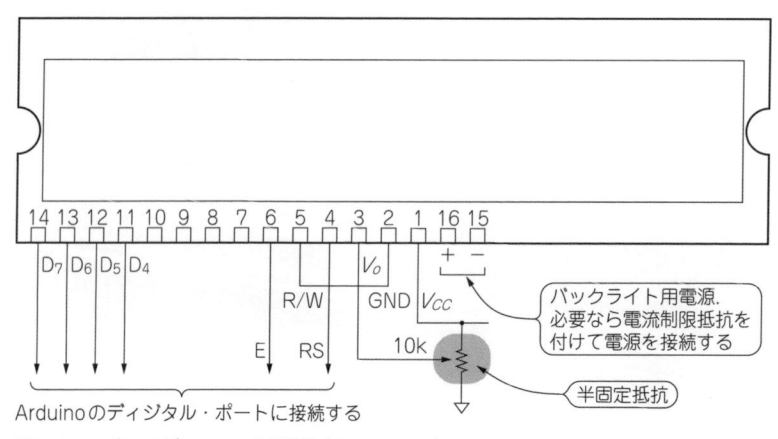

図5-3　LCDモジュールの配線（SD1602H1）

◆ データ読み書きの信号線も省略できる

　データの表示だけであれば，LCDモジュールからのデータやステータスの読み取りを行わなくても済みます．制御信号のうちR/W信号をGNDに接続しておけばLCD側で常時書き込みになり，図5-3に示すようにArduinoからの制御信号をRS（Register Select）とE（Enable）の2本に減らすことができます．

◆ Arduinoのディジタル端子が6ポートから11ポート必要

　LCDモジュールからのデータおよび制御信号線を，Arduinoのディジタル・ポートに接続します．具体的な接続方法は図5-2に示すように数種類のパターンがあります．ディジタル・ポートは14ポートしかないので，一番多い使用方法ではディジタル・ポートを11ポートも使用してしまって，ほかの用途に利用できるディジタル・ポートが3ポートしか残らなくなります．

　LCDモジュールのコントローラもこのことに対応するために，8ビットのデータを4ビット2回に分けて送受信するモードが用意されています．この方法を用いるとディジタル・ポートが7ポート余ります．また，ライブラリも改善されArduino IDE 0017からR/W信号を省略したモードが用意され，6ポート分のディジタル・ポートで接続できるようになりました．

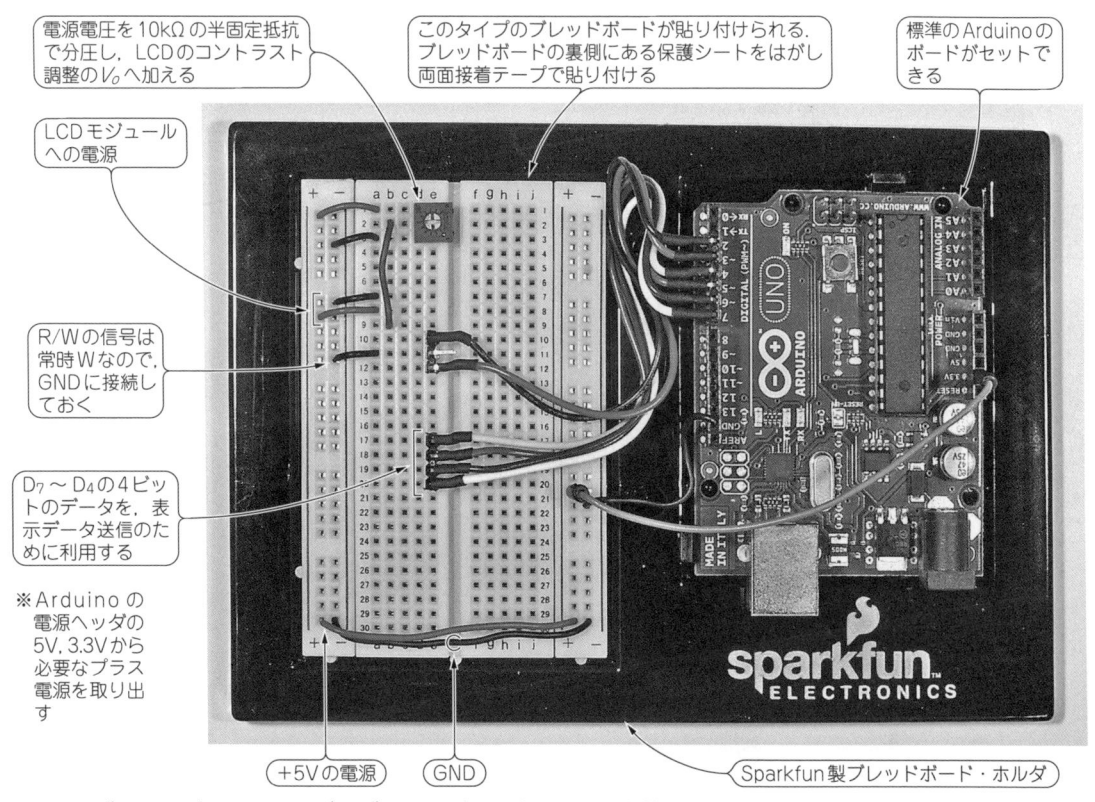

図5-4　ブレッドボード・ホルダにブレッドボードとArduinoを載せてテスト

● テストはLCDモジュールをブレッドボードにセットして行う

　SD1602HのLCDモジュールを使用すると，ブレッドボードにセットして使用することができます．ブレッドボードは図5-4に示すように，Sparkfun社のブレッドボード・ホルダにArduinoのボードと一緒にセットします．ArduinoとLCDモジュールの接続のケーブルは，図5-5に示すようにL型のピン・ヘッダにリード線をはんだ付けして作りました．6本のリード線は黒，赤，黄，緑，青，白と色分けしました．

　Arduino側は図5-6に示すように6ピンのL型ピン・ヘッダにケーブルをはんだ付けし，ディジタル・ポート2番～7番への接続を想定しています．LCDモジュール側は4ピンのL型ピン・ヘッダにD_4～D_7のデータ信号線，3ピンL型ピン・ヘッダの両側に図5-7の黒のリード線をRSの制御線に，赤のリード線をEの制御線にはんだ付けします．後でLCDモジュール側をはんだ付けしました．はんだ付け

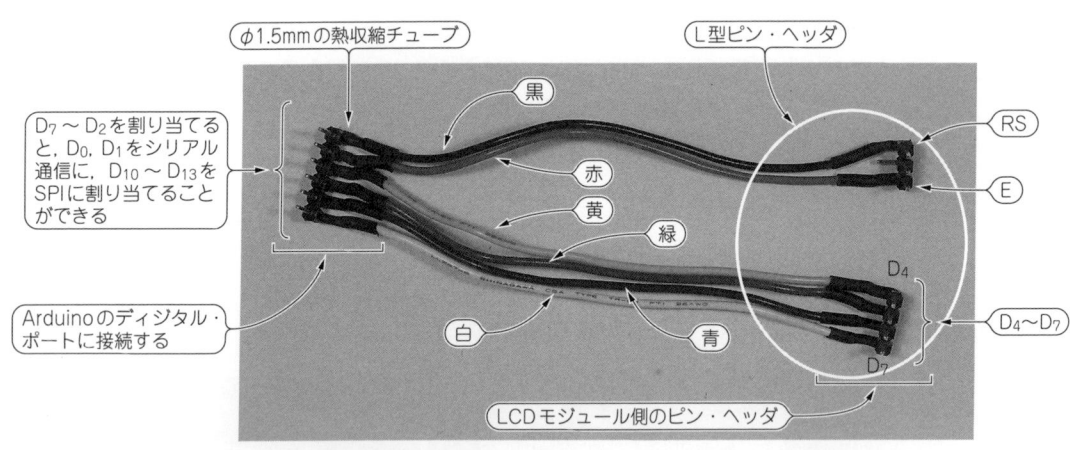

図5-5　製作したArduinoとLCDモジュール接続ケーブル

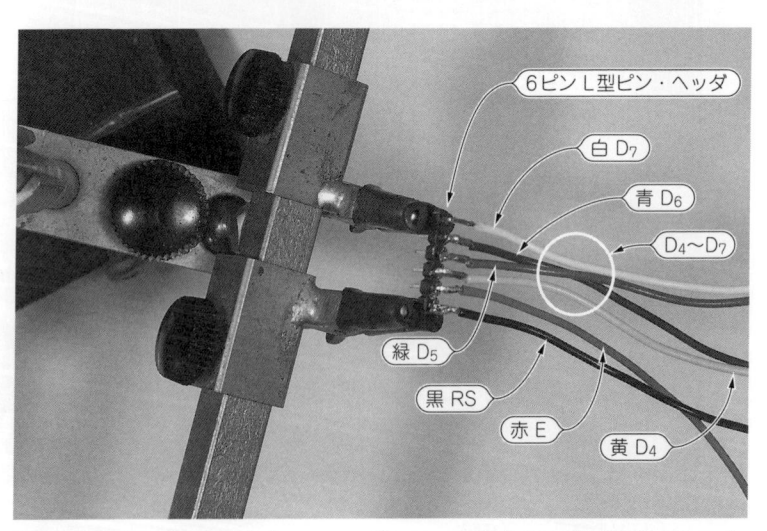

図5-6　Arduino側のL型ピン・ヘッダにリード線をはんだ付けするところ
拡大鏡付きヘルパーにセットすると作業しやすい．

の前に両端をおおうための2本の熱収縮チューブを忘れずに通しておきます．

　LCDモジュールをブレッドボードにセットして，図5-8に示すようにLCDの表示装置付きのArduinoテスト・キットが完成します．バックライトはあまり必要性を感じていないので，接続して

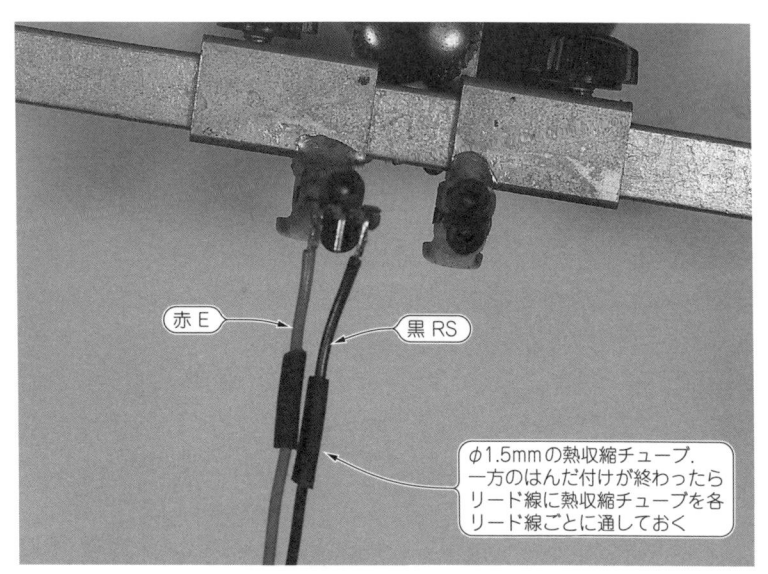

図5-7　LCDモジュール側の制御信号

図5-8　Arduinoに表示装置を追加したテスト環境

5-2　ArduinoとLCDモジュールの接続方法

いません．必要な場合は，図5-3の説明にあるように電流制限抵抗を経由して15, 16端子にバックライト用の電流を流します．

LCDモジュールをブレッドボードにセットするときは，位置がずれないように注意してください．セットする位置がずれるとLCDモジュールを壊す場合があります．

5-3 LCDモジュール用のライブラリ

LCDライブラリに備わっている各機能の説明を章末のAppendix1に用意してあります．ここからは，その中の基本的な機能を利用して，温度の測定結果をLCDキャラクタ・ディスプレイに表示する手順を説明します．

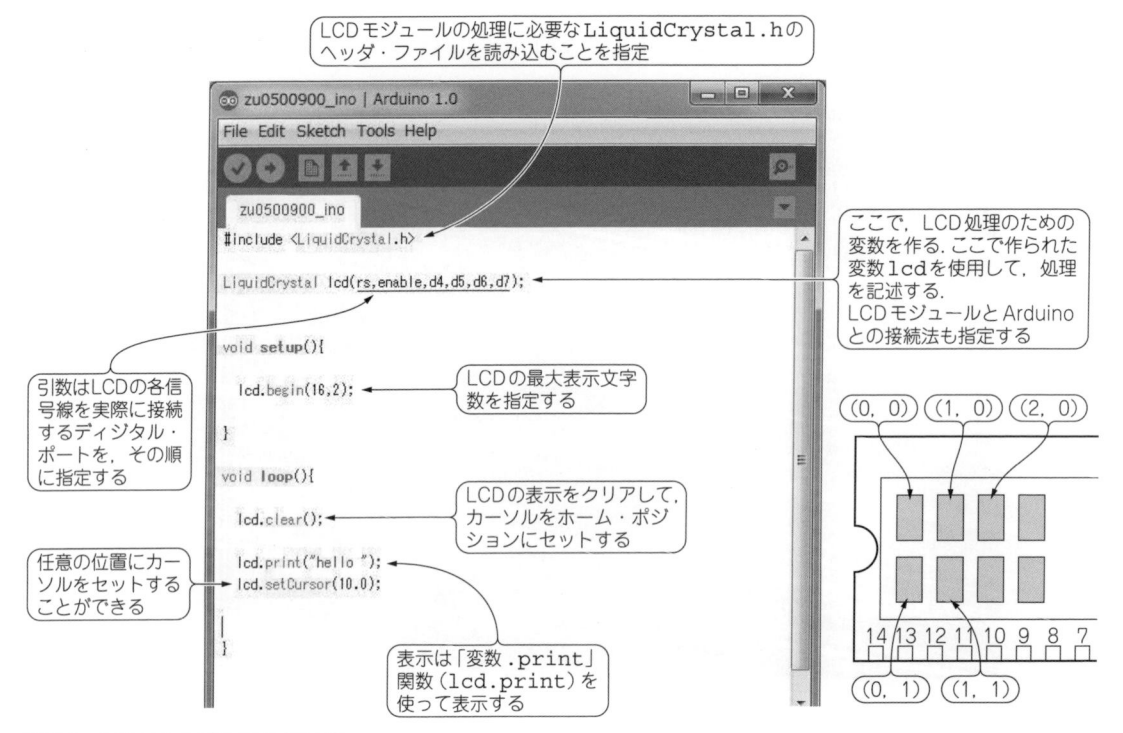

5-3-1 LCDライブラリの使い方の手順

図5-9には，LCDライブラリを使用して測定結果をLCDに表示する手順を示します．最初にLCDライブラリのヘッダ・ファイルを読み込みます．その後，LiquidCrystal()でLiquidCrystal型の変数を作成します．このとき，LCDキャラクタ・ディスプレイ・モジュールとArduinoとの配線の接続方法も決めます．次にlcd.begin()で表示範囲を決めます．"lcd"はLiquidCrystal()で作成されたLiquidCrystal型の変数です．

表示のクリアはlcd.clear()，変数，文字列の表示はlcd.print()，表示位置はlcd.

図5-9 LCDライブラリの使い方

setcursolで行うことができます．

　具体的な例として，第4章で行ったLM35による温度センサの測定結果をシリアル・モニタ経由でPCに表示したスケッチを，LCDキャラクタ・モジュールに表示するように変更します．

5-3-2　LM35の計測データをLCDに表示するスケッチ

　図5-10にArduinoに接続されたLM35のセンサの出力から温度を計算し，LCDモジュールに表示するスケッチを示します．スケッチは，図5-9で示したLCDを利用する手順に従い，具体的なスケッチにしました．

① `#include <LiquidCrystal.h>`は，LCDモジュールを利用するためのヘッダ・ファイルの読み込みの指令を記述します．これはメニューバーのSketch>Import Library＞LiquidCrystalを選択すると，`#include <LiquidCrystal.h>`のディレクティブ（指令）が挿入されます．

② モジュールとの接続方法を，`LiquidCrystal lcd(2,3,4,5,6,7);`で指定します．データ信号4本，制御信号2本の計6本の信号線で接続します．2～7の数字はArduinoのディジタル・ポートの番号です．2…rs制御信号，3…enable制御信号，4～7…d4～d7のデータ信号に対応しています．またこの指令で作成された変数lcdと，その変数に対する具体的な処理begin，printなどと組み合わせてLCDモジュールに対する書き込み処理などを行います．

③ `lcd.begin(16,2);`でLCDへの表示範囲を16桁，2行と設定します．ここでは表示桁数，表示行数を指定しています．`setCursor(5,1)`のカーソルの位置をセットする場合は座標で指示します．座標の原点は左上隅の0，0なので，0桁から15桁，0行から1行が座標で示される範囲です．

④ LM35の読み取り精度を上げるために，アナログ入力の基準電圧をデフォルトの電源電圧から1.1V

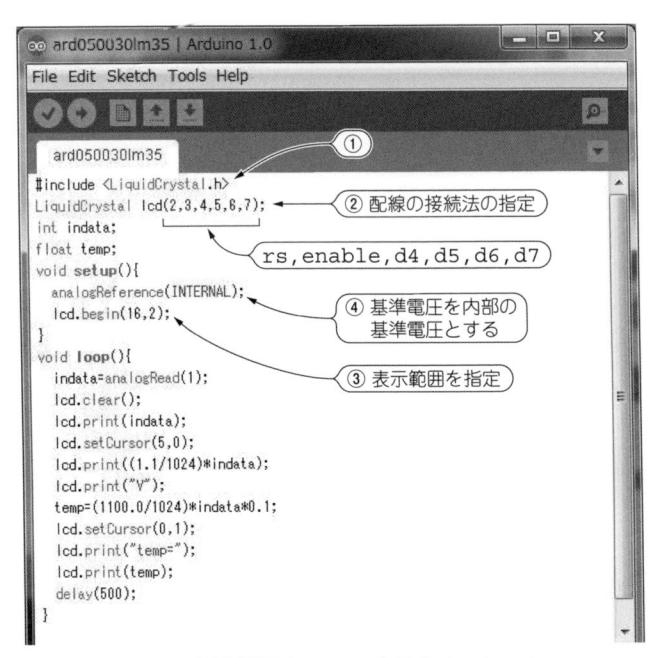

図5-10　LM35の測定結果をLCDに表示するスケッチ

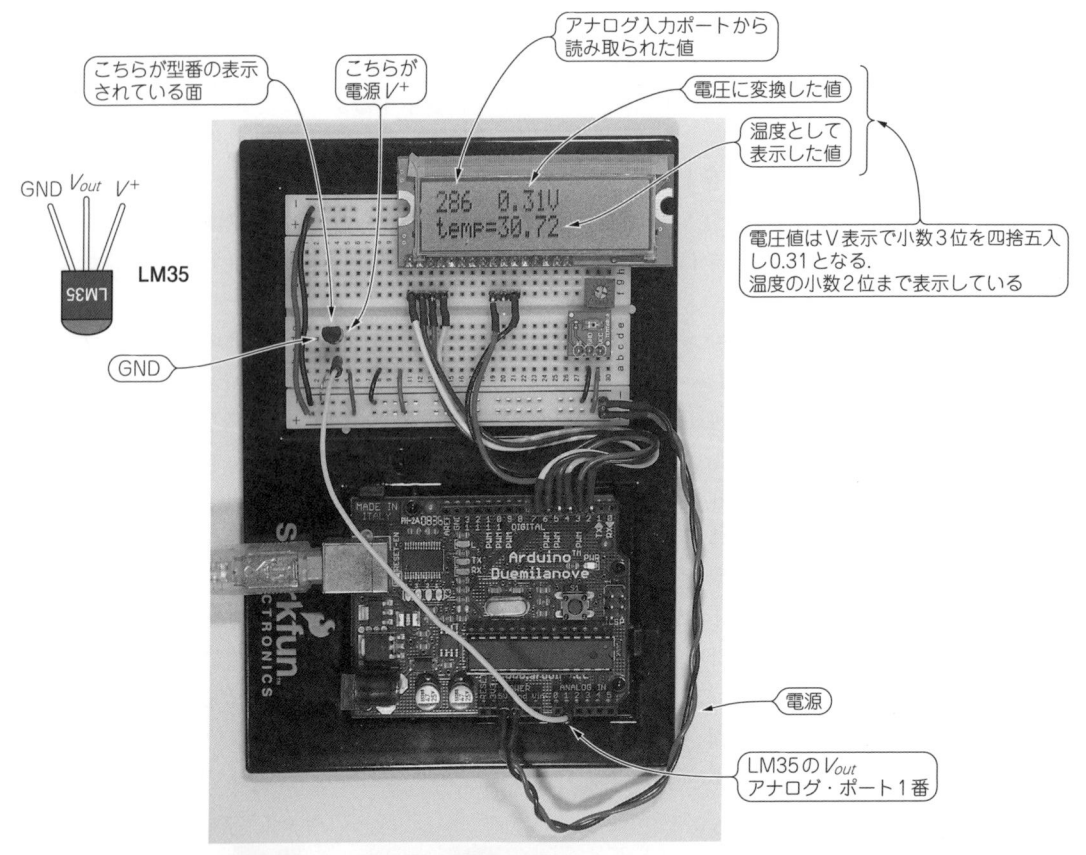

図5-11 LM35の測定結果をLCDに表示する配線

の内部基準電圧に変更するために，setup関数でanalogReference(INTERNAL);の命令を記述してあります．
　ここでは，基準電圧としてArduinoの内部の基準電圧を使用するので，温度は次の式で求まります．
　(1100.0/1024)*indata*0.1
　後は，表示をクリアして，次に書き込むカーソルの位置を上段の左端にセットするlcd.clear()，変数，文字列を表示するlcd.print()，次の表示位置を指定するlcd.setCursor()の各関数を利用して目的を達成しています．このスケッチを利用して，LM35の測定結果をLCDへ表示したようすを図5-11に示します．

5-4　LM35DZを利用して湿度の測定結果をLCD表示する

　第4章でLM35DZを二つ使用して湿度を測定した結果についても，結果をLCDに表示するように変更します．図5-12に変更したスケッチを示します．図5-13に測定結果を表示したようすを示します．また，図5-14にはセンサ部分のようすを示します．

```
#include <LiquidCrystal.h>           ← ヘッダ・ファイルを読み込む
LiquidCrystal lcd(2,3,4,5,6,7);
float t1=0;
float t3=0;
float  vref=1100;
int tset=0;
void setup()
{
  Serial.begin(9600); //
  analogReference(INTERNAL);
  lcd.begin(16,2);
}
void loop()
{
  t1=vref*analogRead(1)/1024/10;  //  ← wet 湿球
  t3=vref*analogRead(3)/1024/10;  //  ← dry 乾球
  float ps = 6.11*pow(10,(7.5*t3/(237.3+t3)));
  float pst = 6.11*pow(10,(7.5*t1/(237.3+t1)));      湿度の計算
  float pt = pst - 0.0012*1013.25*(t3-t1)*(1+t1/610);
  float pts=pst-0.000662*1013.25*(t3-t1);
  int  HM =(pt/ps)*100;   ← 相対湿度
  int  HM2 =(pts/ps)*100;
  lcd.clear();
  lcd.print("D=");
  lcd.print(t3);
  lcd.print(" W=");
  lcd.print(t1);
  lcd.setCursor(0,1);   ← 2行目左端にカーソルをセット
  lcd.print(pt);
  lcd.print("/");
  lcd.print(ps);
  lcd.print(" ");
  lcd.print(HM);
  lcd.print("%");
  Serial.print("  t1  ");   //
  Serial.print(t1);         //
  Serial.print("  t3= ");   //
  Serial.print(t3);         //
  Serial.print("  ps  ");
  Serial.print(ps);
  Serial.print("  pt  ");
  Serial.print(pt);
  Serial.print("  HM  ");
  Serial.print(HM);
  Serial.print("  pts   ");
  Serial.print(pts);
  Serial.print("  HM2  ");
  Serial.print(HM2);
  Serial.println();
  delay(1000);
}
```

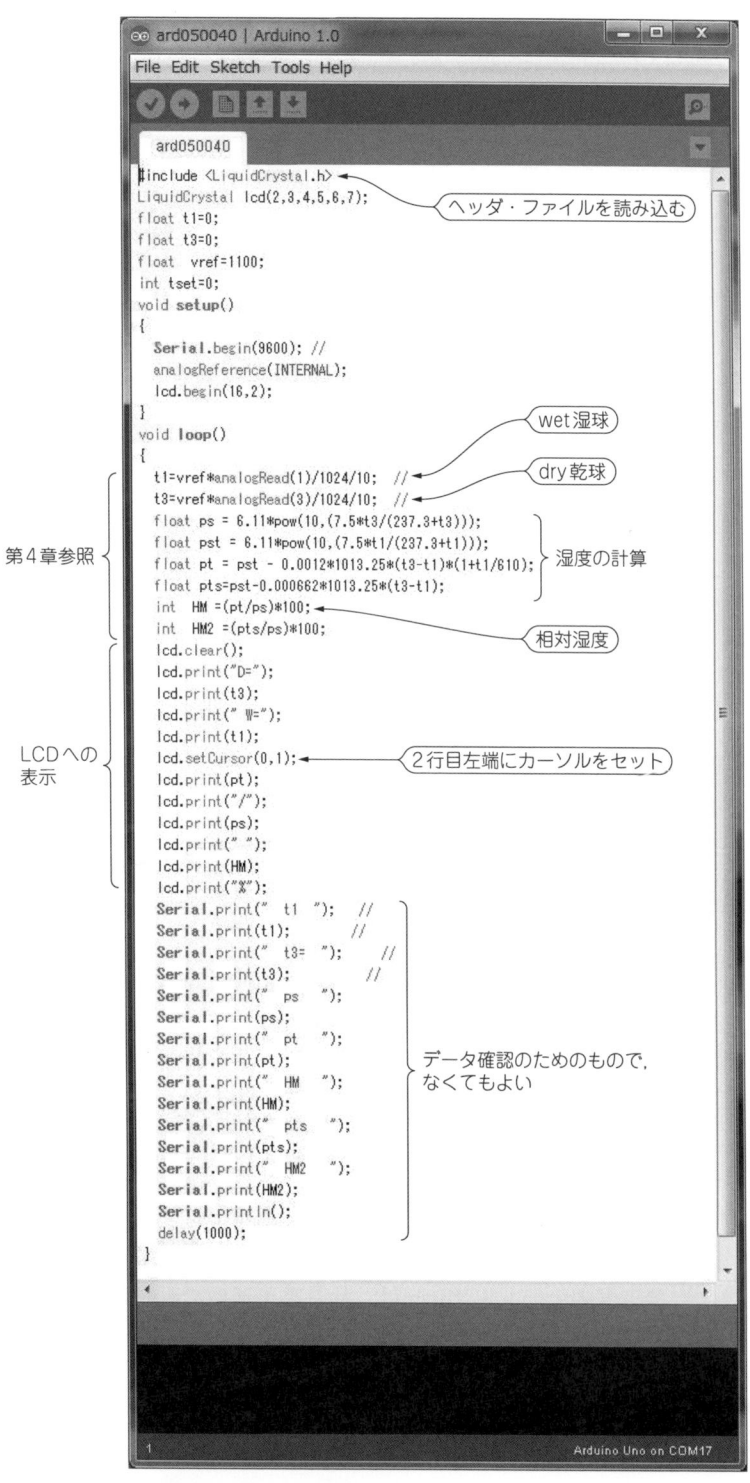

第4章参照（湿度の計算部分）
LCDへの表示
データ確認のためのもので，なくてもよい

図5-12　湿度を計算で求めるスケッチ

図5-13の写真の吹き出し:
- 湿球用LM35のコネクタ.アナログ・ポート1に接続している
- 乾球用LM35のコネクタ.アナログ・ポート3に接続している
- 乾球の温度
- 湿球の温度

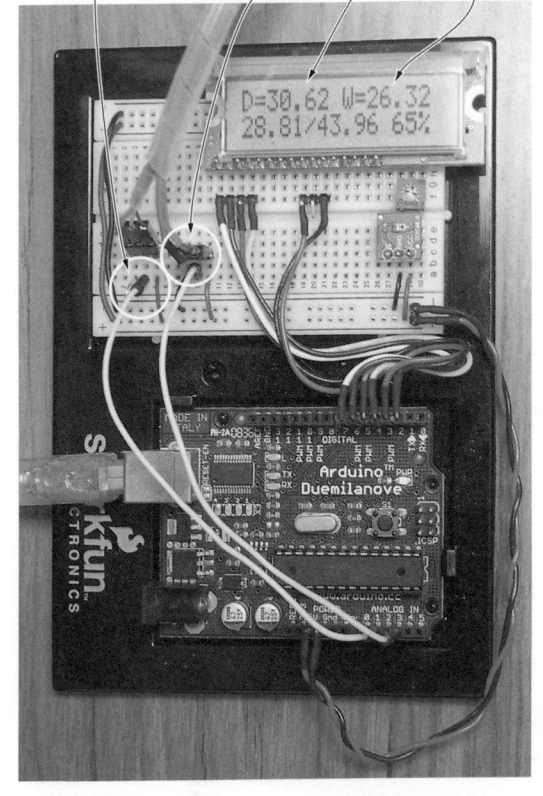

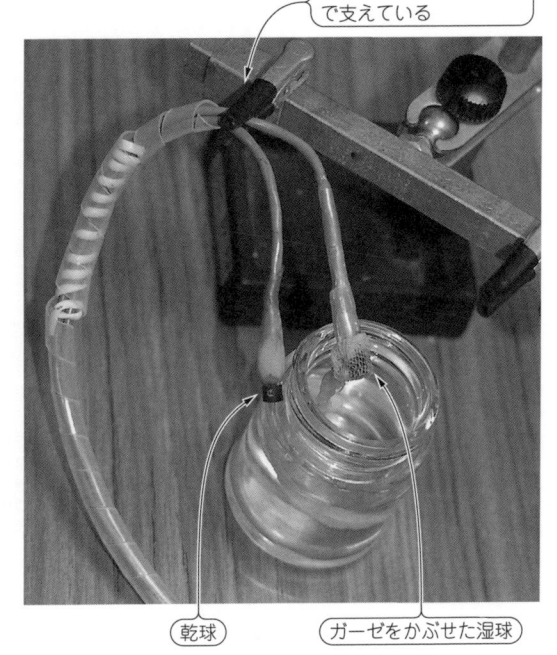

図5-14の写真の吹き出し:
- テストのためにスタンドで支えている
- 乾球
- ガーゼをかぶせた湿球

図5-14 ガーゼで包んだ湿球と乾球をスタンドで支えた

図5-13 湿度を求めるテスト回路
LM35の接続は電源とGNDの接続を間違えないようにする.

5-5 温度センサで温度をチェックし,AC電源をON/OFF(ヒータを制御)

　温度センサが利用できるようになり,LCDモジュールに表示もできるようになりました.**図5-15**に示すように,半固定抵抗で設定した値と温度センサからの入力値と比較してAC電源のON/OFFを行うことを考えました.

　ディジタル・ポート8番に,AC電源を制御するソリッドステート・リレーを接続します.半固定抵抗で電源をON/OFFする温度に対応する電圧を設定し,温度センサからの入力電圧値と比較します.その結果でディジタル・ポート8番の出力をON/OFFし,接続されたソリッドステート・リレーをON/OFFします.ソリッドステート・リレーは,秋月電子通商で販売している20Aくらいの,放熱器なしでも数A程度のAC電源を制御できるものを使用します(**図5-16**).

● AC100Vの回路にカバー

　ACソリッドステート・リレーにはAC100Vのリード線がはんだ付けしてあるので,不用意に接触しないようにプラスチックのプリンのカップでカバーしてあります(**図5-17**).

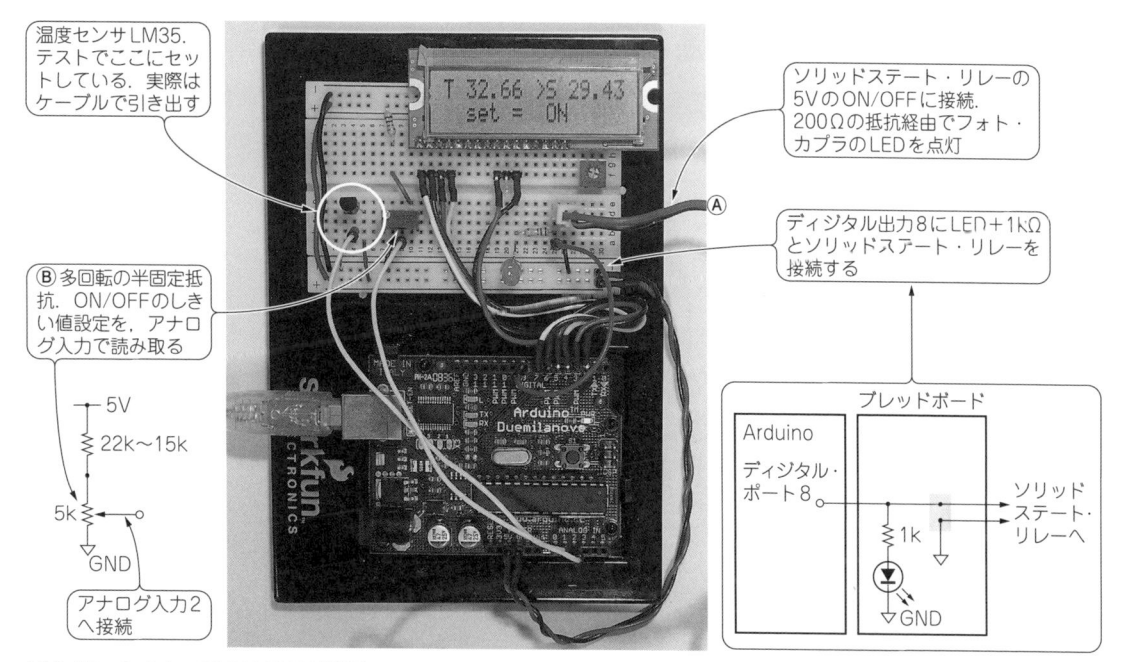

図5-15 ArduinoでON/OFF制御

温度センサLM35. テストでここにセットしている. 実際はケーブルで引き出す

ソリッドステート・リレーの5VのON/OFFに接続. 200Ωの抵抗経由でフォト・カプラのLEDを点灯

Ⓑ 多回転の半固定抵抗. ON/OFFのしきい値設定を, アナログ入力で読み取る

5V
22k〜15k
5k
GND

アナログ入力2へ接続

ディジタル出力8にLED+1kΩとソリッドステート・リレーを接続する

ブレッドボード

Arduino
ディジタル・ポート8

1k
GND

ソリッドステート・リレーへ

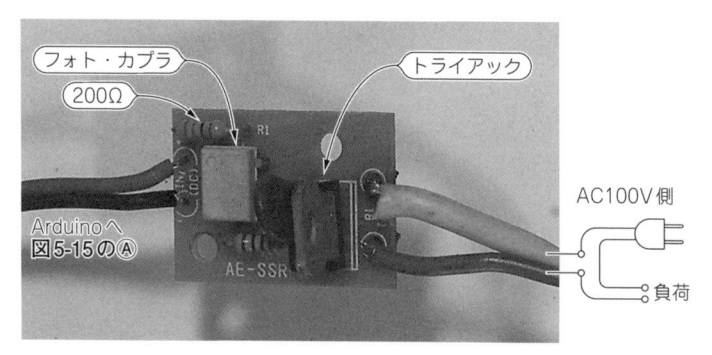

図5-16 ソリッドステート・リレーの接続

フォト・カプラ
200Ω
トライアック
Arduinoへ
図5-15のⒶ
AC100V側
負荷

図5-17 ソリッドステート・リレー回路は手をふれないようにカバーをかぶせた

　これらを製作すると, 例えば, 温泉卵を作るための温度コントロール, ハムの殺菌のための湯せんの温度コントロールなどいろいろな用途に利用できるようになります.

● **ヒータ制御のスイッチ**

　ヒータの制御は半固定抵抗 (**図5-15** Ⓑ) にセットされた設定値と温度センサから読み取った値とを比較し, その結果に応じてソリッドステート・リレーのON/OFFを行います (**図5-18**).

① 半固定抵抗から読み取った値をセットしたtsetの値と, アナログ入力ポート0に接続された温

5-5　温度センサで温度をチェックし, AC電源をON/OFF (ヒータを制御) | **65**

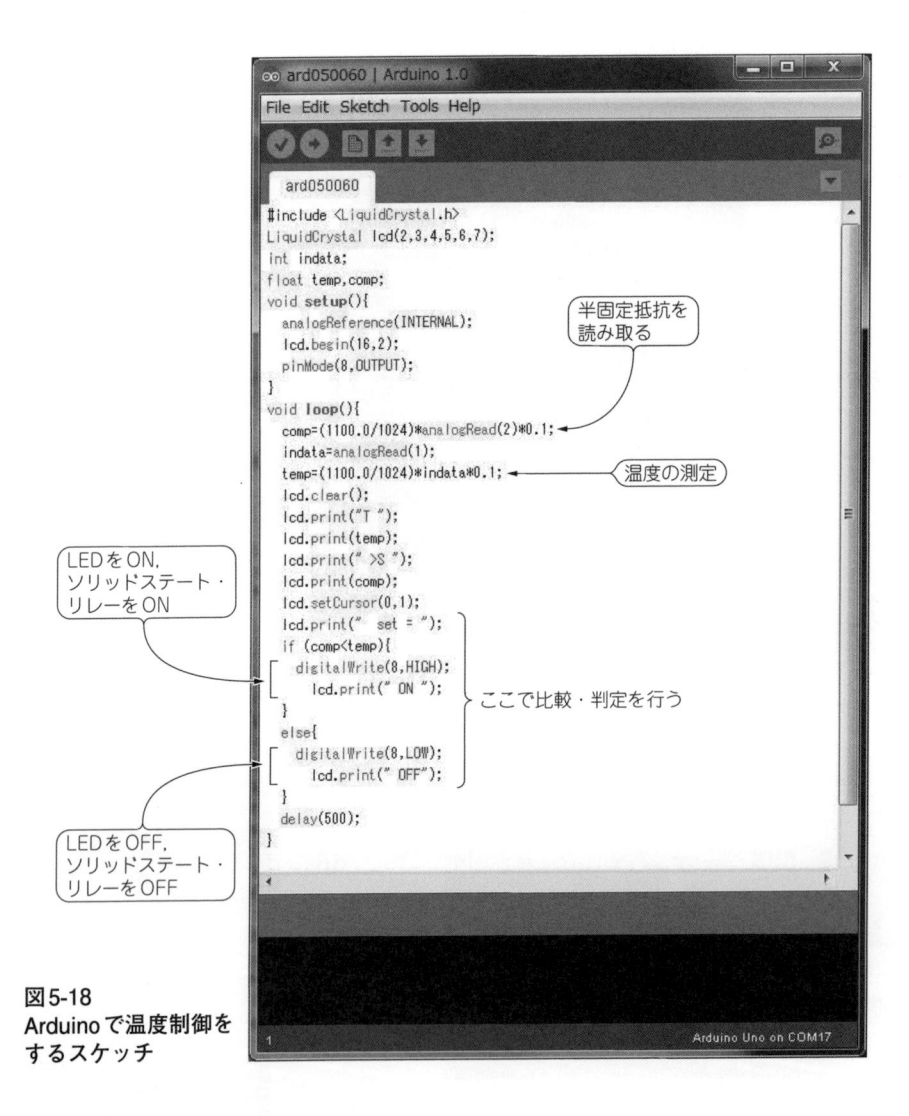

図5-18
Arduinoで温度制御をするスケッチ

度センサから読み取られた温度と，変換された値がセットされているt0とを比較します．

```
if(tset < t0)
```

② tset<t0 設定値より温度が高かった場合，リレーをOFFにします．あわせてディジタル・ポート13に接続されているLEDを消灯します．

```
{digitalWrite(8,LOW);
 digitalWrite(13,LOW);}
```

③ tset<t0でないとき，設定値より温度が低かった場合リレーをONにして，LEDも点灯します．

```
else
{digitalWrite(8,HIGH);
 digitalWrite(13,HIGH);}
```

以上でリレーのON/OFF制御が行えます．

Appendix1
LCDライブラリ

◆ LiquidCrystal型変数の生成

  `LiquidCrystal lcd(rs, enable, d4, d5, d6, d7)`

 lcdはLiquidCrystal型の新しく作られる変数名（インスタンス）です．この変数名とピリオドを，以下に説明する関数の頭に付加して機能を呼び出します．このAppendixでは上記の例で生成したlcdを例に説明します．実際のスケッチではLiquidCrystal()で定義した任意の名前の変数が利用できます．

 そして，パラメータで具体的なLCDモジュールとの配線の接続の情報を設定します．

 パラメータは，LCDモジュールを制御するために使われる，

  rs ……………… レジスタ選択
  rw ……………… リード／ライト
  enable ……… イネーブル

の制御信号とd0 ～ d7の8ビットのデータ信号を割り当てます．

 このパラメータは，

  最小の6本の配線 ……… rs, enable, d4, d5, d6, d7
  制御が3本計7本 ……… rs, rw, enable, d4, d5, d6, d7
  データ8本計10本 …… rs, enable, d0, d1, d2, d3, d4, d5, d6, d7
  最大11本の配線 ……… rs, rw, enable, d0, d1, d2, d3, d4, d5, d6, d7

8ビットのデータを4ビット・データに変換する処理はライブラリが処理するので，どのパラメータの設定の場合でもスケッチの使い勝手は同じで変わりません．

 Arduinoのディジタル・ピンは総数で14と限りがあるので，LCDモジュールとの接続は6本にするのが便利です．

◆ `begin()`

 LCDキャラクタ・ディスプレイの表示領域を示します．設定しない場合は16桁1行表示になります．次のように使用します．

  `lcd.begin(cols, rows)`

   パラメータのcolsは表示列（桁）数を，rowsは表示行数を指定する

◆ `clear()`

 LCDキャラクタ・ディスプレイの表示をクリアして，カーソルの位置を上段（1行目）左端にセットします．次のようにして使用します

  `lcd.clear()`

   lcdはLiquidCrystal型の変数，事前に定義が必要

◆ **home()**
　カーソルの位置をホーム・ポジション，上段の左端にセットします．表示はクリアされません．次のように利用します．
　　`lcd.home()`
　　　lcdはLiquidCrystal型の変数，事前に定義が必要

◆ **setCursor()**
　カーソルの位置を指定します．桁は0から15，行の位置は0から1で示しホーム・ポジションは(0,0)となります．
　　`lcd.setCursor(col, row)`
　　　col：列の位置，row：行の位置

◆ **write()**
　バイト・データを文字として表示します．データがint型などのように1バイトを超えるデータの場合，最下位のバイトが文字として表示されます．
　　`lcd.write(data)`
　　　data：文字として表示するバイト・データ，データは文字コードとして認識される

◆ **print()**
　データをそれぞれの型に応じて表示し，文字列データは文字列がそのまま表示され，文字列以外は値がテキスト表示の数値として表示されます．データはデフォルトでは10進数表示で表示されます．16進数表示，2進数表示などの表示方法の指定もできます．使用方法は次のようになります．
　　`lcd.print(data)`
　…文字列はそのまま文字列，データは10進表示で表示される．
　　`lcd.print(data, BASE)`
　…データはBASEで示された書式で表示される．
　　　data：LCDキャラクタ・モジュールに表示されるデータで，BASEの指示に従い，BINは2進表示，DECは10進表示，OCTは8進表示，HEXは16進表示となる

◆ **cursor()**
　次に書き出す位置を示すカーソルの位置を表示します．次のように使用します．
　　`lcd.cursor()`

◆ **noCursor()**
　カーソルの表示を見えないようにします．次のように使用します．
　　`lcd.noCursor()`

◆ **blink()**
　LCDのカーソルを点滅表示します．使用方法は次のようになります．
　　`lcd.blink()`

◆ **noBlink()**
　LCDのカーソルの点滅表示を停止します．使用方法は次のようになります．
　　`lcd.noBlink()`

◆ **`display()`**
noDisplayで表示停止していた表示を再開します．データやカーソルも表示します．
　　`lcd.display()`
◆ **`noDisplay()`**
LCDディスプレイの表示を停止します．データとカーソルのデータも保存され，display()表示が再開したときは表示内容も再表示されます．
　　`lcd.noDisplay()`
◆ **`scrollDisplayLeft()`**
表示されているテキスト，スペースを左側にシフトします．
　　`lcd.scrollDisplayLeft()`
◆ **`scrollDisplayRight()`**
表示されているテキスト，スペースを右側にシフトします．
　　`lcd.scrollDisplayRight()`
◆ **`autoscroll()`**
LCDの表示が自動的にスクロールするように設定されます．この設定を行うとLCDに書き込まれたデータが順番にスクロールされます．
　　`lcd.autoscroll()`
◆ **`noAutoscroll()`**
autoscroll()で設定された自動スクロールの機能を停止します．
　　`lcd.noAutoscroll()`
◆ **`leftToRight()`**
スクロール時のスクロールの方向を左から右に設定します．デフォルト時はこの設定です．
　　`lcd.leftTorRight()`
◆ **`rightToLeft()`**
スクロールの方向を右から左にします．
　　`lcd.rightToLeft()`
◆ **`createChar()`**
カスタム・キャラクタを設定することができます．最大8文字まで作成することができます．キャラクタのパターンは8バイトの配列で設定します．パターンは5×8ドットのピクセル・パターンとなります．
　　`lcd.createChar(num, data)`
　　　num ：作成されたカスタム・キャラクタのナンバ
　　　data：カスタム・キャラクタのピクセル・データ

[第6章]

2本線で複数のデバイスをつなげられて拡張性がよい

高機能シリアル通信 I²C

6-1 マイコンとディジタル・センサや通信モジュール・デバイス間のシリアル通信

　PCなどのCOMポートとの間で行われるシリアル通信以外にも，図6-1に示すような各デバイスとの間で行われるSPI，I²Cのシリアル通信があります．これらのシリアル通信機能についてもArduino IDEの標準ライブラリが用意され，これらの通信仕様の基本的な知識を得るだけで，Arduinoとこれらの通信を行うデバイスとデータのやりとりを行ったり，デバイスの制御を行うことができるようになります．ライブラリは章末のAppendix2で各機能について説明しました．

　本章では，I²Cの通信について確認し，具体的に複数のセンサ・デバイスを利用できるスケッチを作成します．

6-1-1　I²C（Wire）

　I²Cは，フィリップス社から提案されたクロック信号線とデータ信号線の2本の通信線を使用し，多数のデバイスが通信することのできる通信規格です．I²Cは，Inter-Integrated Circuitの頭文字IIC

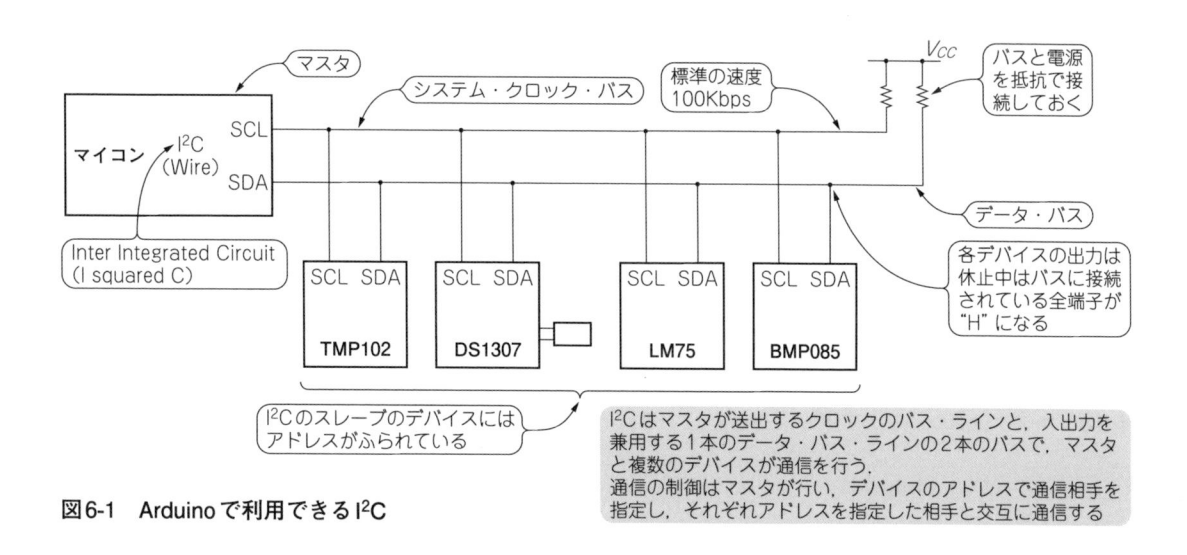

図6-1　Arduinoで利用できるI²C

がI二乗Cと表され，アイ・スケア・シーとも呼ばれます．また，Arduinoではこの通信方式をTWI（2線式通信）と呼び，そのライブラリはWireとなっていますが，I^2Cインターフェースの仕様と同じです．

◆ 送受信は1本の信号線で交互に通信する

I^2Cの通信線路は，図6-2に示すようにプルアップ抵抗により電源電圧に引き上げられています．I^2Cに接続されているデバイスは，「マスタ」とマスタに制御されて通信を行う「スレーブ・デバイス」に分かれます．データの信号線は1本ですが，データの送受信のタイミングを決めるクロック・ラインが別に1本用意されています．このクロックはマスタから出力され，スレーブが出力することはありません．

◆ スレーブにはアドレスが割り振られている

スレーブには7ビットのアドレスが割り振られます．I^2Cに対応したデバイスには，このアドレスが割り振られています．このアドレスはデバイスのデータシートで確認することができます．また，

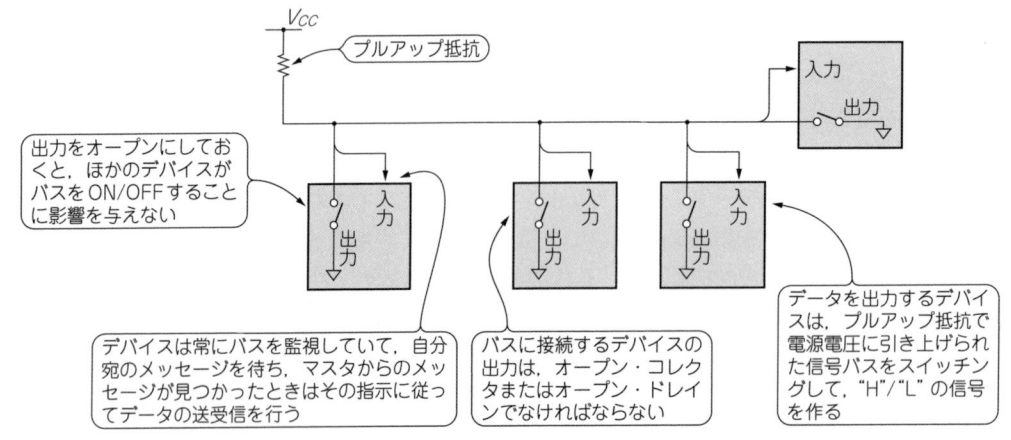

図6-2 I^2CでバスはワイヤードOR

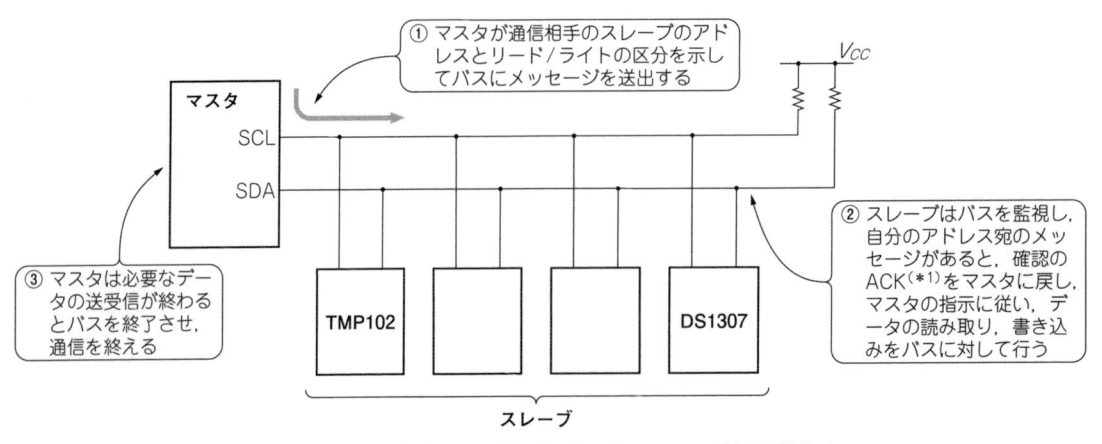

図6-3 マスタはスレーブのアドレスを指定してそれぞれ個別にスレーブと通信する

（*1） ACK（ACKnowledge）は，データ通信を行うときに送信したデータが正しく受信側で受け取ったことを送信側に送り返す処理のこと．

スレーブ・デバイスはピンの数が多くありませんが，その中でピン設定によって複数のデバイス・アドレスを設定できるようになっているものもあります．

スレーブ・デバイスには固有のアドレスが振られているので，バスの上に多くのデバイスをつないで利用できます．接続するデバイスの数が増えてもArduinoに必要なピン数は増えません．第7章で説明するSPIでは，I²Cより高速にデータのやりとりができますが，デバイスごとにセレクト信号が必要になるので，Arduinoにはたくさんの SPIデバイスをつなぐことができません．

◆ 通信はマスタとスレーブ間で行われる

図6-3に示すように，マスタからスレーブに送信先スレーブのアドレスを送信し，該当のアドレスをもったスレーブ・デバイスにマスタからのデータの受信またはマスタへのデータの送信を要求します．スレーブは常時バス上のデータを監視していて，自分宛のメッセージがあればその内容の指示に従い，マスタからのデータを受信したり，マスタへデータを送信します．

受信する場合，マスタからデータが送信されるので，指定されたスレーブはマスタからのデータを受信します．必要なデータの送信が終了したら，通信の終了がマスタから送信されます．受信側スレーブがマスタからの終了メッセージを受信すると，マスタからの受信セッションを終了し待機の状態に戻ります．

6-1-2　2本の信号線の組み合わせで通信手順を制御

I²Cでは図6-4に示すように，SDAとSCLが共にHIGH（"H"）のときはバスは解放されています．SCLが"H"の状態でSDAが"H"からLOW（"L"）に変わると，スタート・コンディションとしてI²Cのセッションが開始します．スレーブは，自分のアドレスが送信されてくるか監視を開始します．SCLの信号の"L"に合わせてSDAの信号を読み取ります．

通信処理が終わると，マスタはSCLが"H"のときにSDAを"L"から"H"にして，ストップ・コンディションとしてバスを解放します．

◆ 開始バイト

I²Cの開始は，マスタによるスタート・コンディションに続いてマスタから図6-5に示すように通

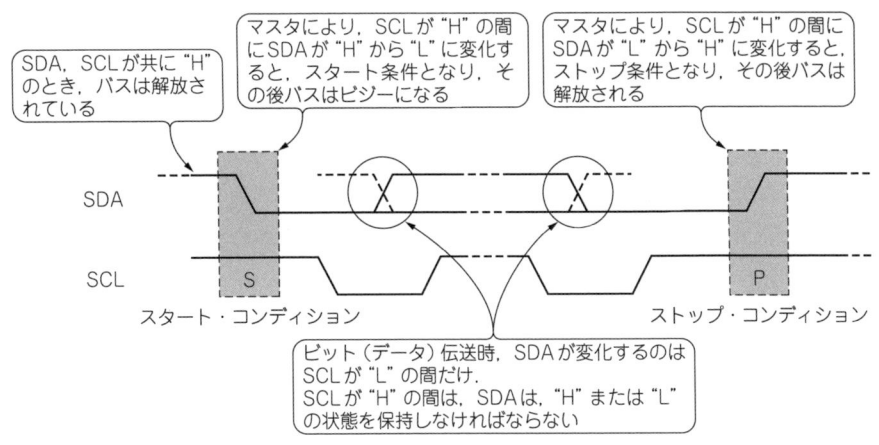

図6-4　スタート・コンディションとストップ・コンディション
I²Cの通信は，スタート・コンディションで始まり，ストップ・コンディションで終わる．

信相手のスレーブの7ビットのアドレスと，このデータの方向を示すR/$\overline{W}$のビットを組み合わせた1バイトのデータがバスに送信されます．アセンブラ・プログラムを作る場合は，アドレスとR/$\overline{W}$ビットを組み合わせた開始バイトの作成から始める必要がありますが，Wireのライブラリを使用するとスレーブのアドレスと読み書きのそれぞれの関数を用意することだけでスケッチが記述できます．

したがって，I²Cの基本的なやりとりさえ確認しておけば，細かなタイミングを考えることなくスケッチの作成であまり困ることはありません．

6-1-3　I²Cの送受信データの基本的なやりとり

I²Cの送受信データの基本的なやりとりは，図6-6に示すようになります．マスタからスレーブにデータを書き込むときは，図6-6(a)に示すようにスタート・コンディションに続いて開始バイト，データをマスタからスレーブに書き込みます．

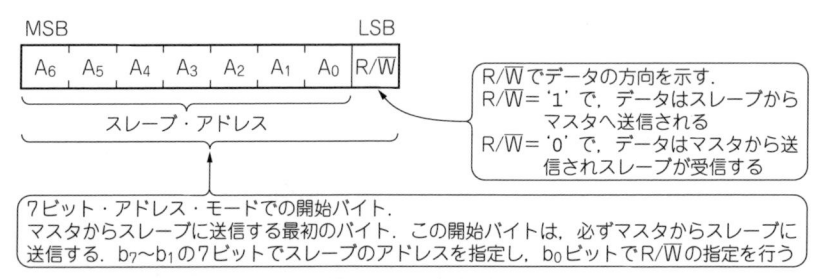

図6-5　I²Cで最初にマスタから送出される開始バイト

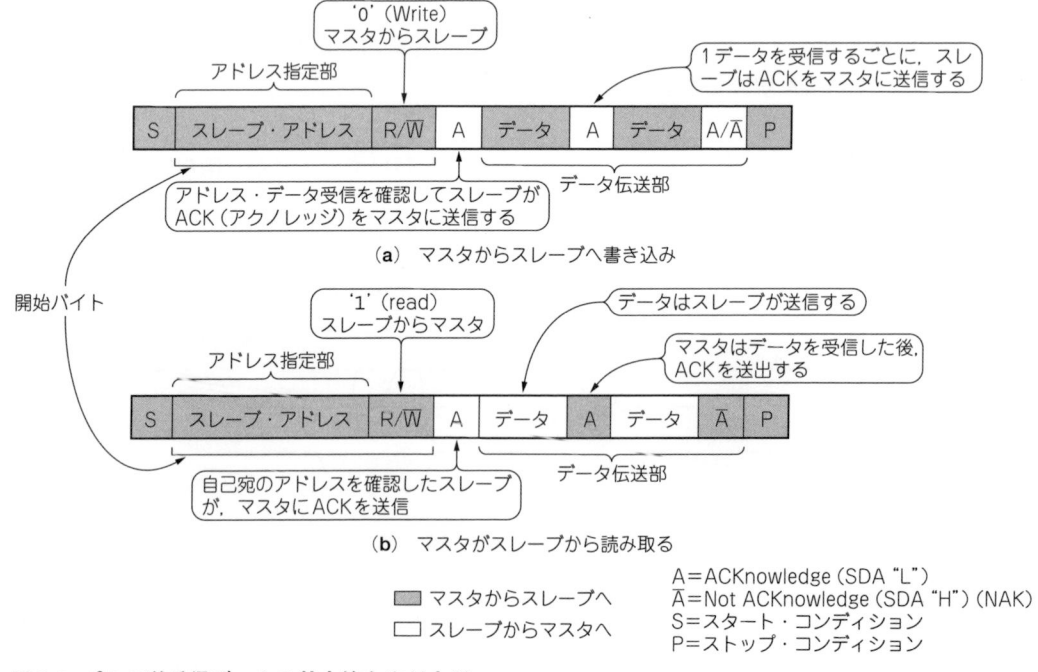

図6-6　I²Cの送受信データの基本的なやりとり

A＝ACKnowledge（SDA "L"）
$\overline{A}$＝Not ACKnowledge（SDA "H"）（NAK）
S＝スタート・コンディション
P＝ストップ・コンディション

◆ スレーブからのデータをマスタが受け取るとき

　マスタがスレーブからデータを読み込む場合は，図6-6(b)に示すようにアドレス指定部をマスタがバスに送信すると，バス上のアドレス指定部を監視し自分宛のメッセージを見つけたスレーブがマスタへデータを送信します．マスタから正しくデータが受信できたことを示すACKコードを受信するたびに次のデータを送信し，マスタからNAK(*2)コードが送られてくるまで続けます．

　この通信制御のため，マスタとスレーブのデバイス間で交換される制御データのビットごとの状態の確認などが必要になります．しかしArduinoのマイコン・ボードに採用されているマイコン・デバイスはこの厄介な処理を行う機能を内蔵していて，Arduinoのマイコン・ボードのアナログ・ポート4番と5番がI^2C（Wire）の信号ピンとして用意されています．また，Wireライブラリが用意されていますから，わかりやすいスケッチの命令を使ってI^2C（Wire）の処理が記述できます．

6-1-4　Wireライブラリを使用すると細かい手順は知らなくても済む

　Appendix2に示すWireライブラリの命令を使用すると，I^2Cのスケッチを容易に作成することができます．シンプルな例として，リアルタイム・クロックDS1307，温度センサTMP102からデータを読み取る方法を説明します．

6-2　I^2Cインターフェースでやりとりするリアルタイム・クロック

　最初に，ArduinoでI^2Cインターフェースをもつリアルタイム・クロックを使用する事例を説明します．正確な時刻がわかると，センサから取得したデータを記録するとき，日時とともに保存デバイスに書き込むことができます．

6-2-1　現在時刻を知るには

　PCを利用しているときは，PCに内蔵されたタイマで現在の時刻を知ることができます．Arduinoの本体はリアルタイム・クロックをもっていません．Arduinoで測定したデータを記録するには，何時測定したかも重要な記録事項です．そのため，測定時の時刻を知るための方法として図6-7に示すようないくつかの方法があります．

(1) PCと接続している場合
① 常時PCと接続していてPC側でデータも記録する場合は，PC側で時刻を付加して記録する．Arduinoは測定データを送信するだけで済む
② 測定時に，PCからの時刻のデータを読み取り，測定データに時刻を付加しArduinoのシステム側に保存することもできるようになる

(2) PCと接続していない場合
① リアルタイム・クロック・モジュール
　PCと接続していない場合は，Arduinoのシステム側にリアルタイム・クロックのモジュールを用意し，測定したデータに時刻データを付加し保存することができる

（*2）NAK（Negative Acknowledge）は，通信内容などにエラーがあり，要求が受けつけられないことを示す．

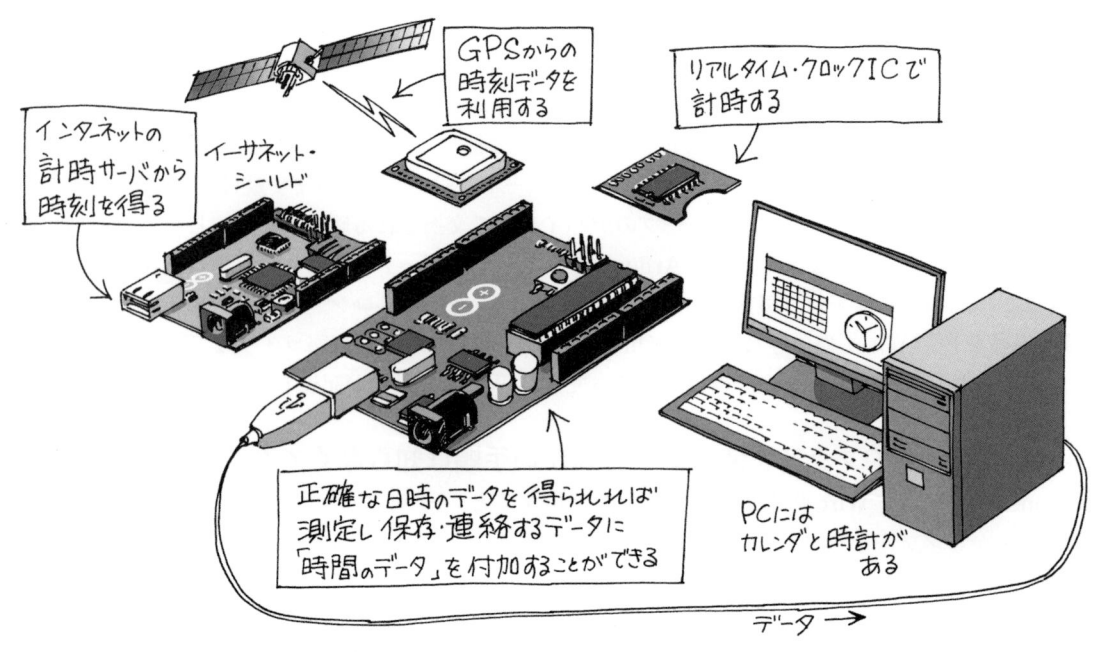

図6-7 PCで日付，時刻を得る方法

② GPS衛星から時刻を得る

　GPS受信モジュールを利用し正確な時刻を得る．位置の検出を行うのでなければ衛星の補足の数が少なくて済み，室内でも時刻データを得ることができる場合が多い

　これらの方法が考えられます．ここでは，次に示すリアルタイム・クロック・モジュールRTC1307を使用することにします．

　このモジュールはSparkfun製のモジュールで，DS1307というICを搭載しI^2Cのインターフェースをもっています．バックアップ電源としてCR1225電池を搭載しているので，長期（9年以上）にわたって，Arduino側の電源と無関係に時刻を刻むことができます．この他にもI^2CのインターフェースをもったArduino用のセンサも多くあるので，アナログ入力A_5，A_4の2本のピンで二つ以上のデバイスを接続できます．I/Oピンのあまり多くないマイコンでは助かります．

6-2-2　RTCモジュール（DS1307）

　RTCモジュールは，**図6-8(a)** に示すように8ピンのDS1307と水晶振動子で構成されています．このICは5Vの動作電圧で，主な仕様は**表6-1**に示すようになります．電源の5VとGNDの電源端子，SDA，SCLのI^2Cの端子と1Hz～32.768kHzのクロックを出力することもできるSQW端子が用意されています．

　このRTCモジュール基板の端子の穴は2.54mmピッチのピン・ヘッダが利用できるので，このモジュールにピン・ヘッダをはんだ付けし，ブレッドボードやユニバーサル基板で容易に利用できます．

　動作電源が5Vなので5V電源のArduinoと直接接続することができます．このリアルタイム・クロック・モジュールは共立エレショップまたはスイッチサイエンスなどから入手することができます．

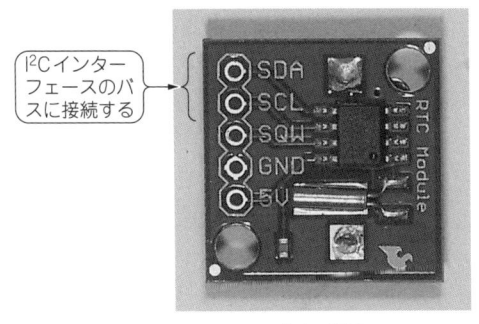

(a) 表面 　　(b) 裏面のバックアップ電池ホルダ

図6-8　DS1307と水晶振動子が実装されたRTCモジュール

表6-1　RTC1307の主な動作仕様

	min		max	
動作電源電圧（V_{cc}）	4.5V	～	5.5V	動作時
Logic 1（HIGH）	2.2V	～	V_{cc} − 0.3V	
Logic 0（LOW）	−0.5V	～	+0.8V	
バッテリ電圧	2.0V	～	3.5V	待機時
SCLクロック			100kHz	I^2Cクロック

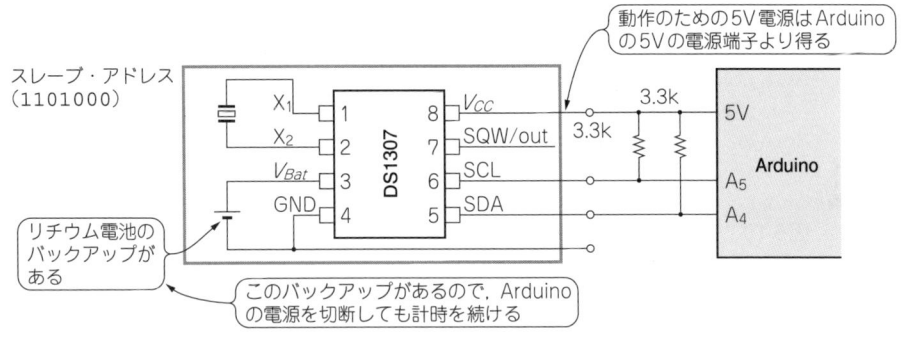

図6-9　ArduinoにDS1307を接続する

基板の背面には，図6-8(b)に示すようにCR1225のリチウム電池によるバックアップ電源も用意されています．

◆ **DS1307の設置方法**

　DS1307の動作電源電圧は5Vです．そのため標準の5V動作のArduinoとDS1307との接続は図6-9に示すようになります．Arduinoのアナログ入力ポート5番（SCL），4番（SDA）をDS1307のSCL端子，SDA端子に接続します．アナログ入力ポートですが，Wireライブラリを利用するときは，この二つのポートがディジタル信号でデータをやりとりするI^2Cのバスのポートとして割り当てられています．

　モジュールにピン・ヘッダをはんだ付けして，ブレッドボードにセットしてテストすることもできるようにします．使用するときは，仮配置でなくArduino用のユニバーサル基板を使用し，DS1307のリアルタイム・クロック・モジュールを取り付けるための5ピンのピン・ソケット，I^2Cバスのプルアップ抵抗3.3kΩ 2本を基板に取り付け，はんだ付けします．

このDS1307のリアルタイム・クロック・モジュールは電源電圧が5Vですから，信号線をつなぐときArduinoとの間にレベル・コンバータを挿入することなく接続することができます．3.3V電源のI²Cのセンサ類を追加する場合，例えば電圧レベル・コンバータのPCA9306を追加します（後述）．

6-2-3　DS1307の使い方

ArduinoとI²Cのスレーブ・デバイスとのデータの読み書きの方法について，DS1307を例に確認します．図6-10にスレーブからのデータの読み込みの基本的な手順を，図6-11にスレーブへデータを

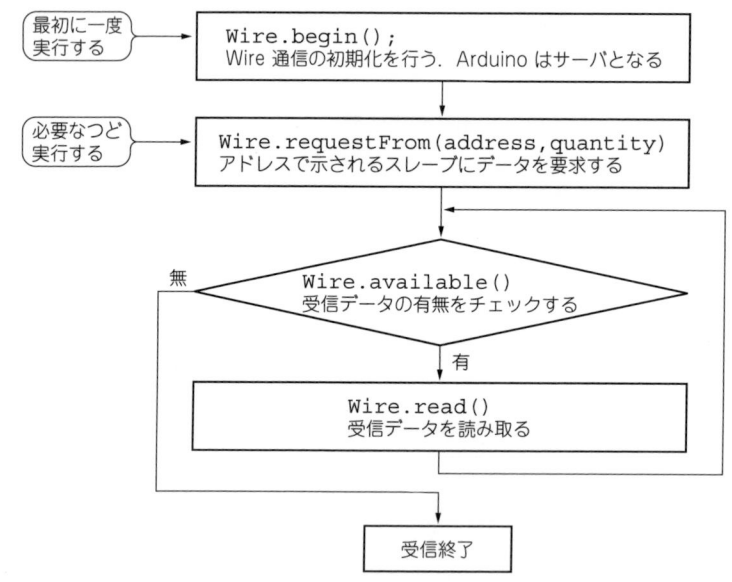

```
最初に一度         Wire.begin();
実行する          Wire通信の初期化を行う．Arduinoはサーバとなる

必要なつど        Wire.requestFrom(address,quantity)
実行する          アドレスで示されるスレーブにデータを要求する

              Wire.available()
    無 ←     受信データの有無をチェックする
                      ↓ 有
              Wire.read()
              受信データを読み取る

              受信終了
```

図6-10　スレーブからデータを読み込む

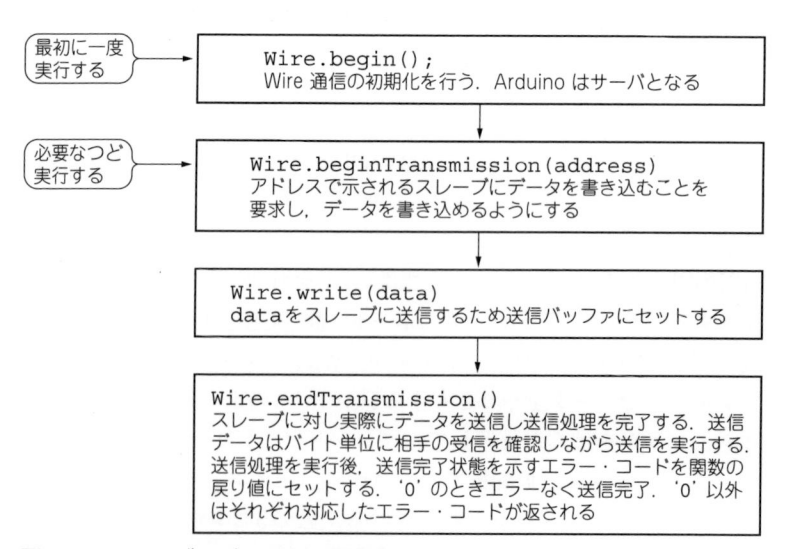

```
最初に一度         Wire.begin();
実行する          Wire通信の初期化を行う．Arduinoはサーバとなる

必要なつど        Wire.beginTransmission(address)
実行する          アドレスで示されるスレーブにデータを書き込むことを
                 要求し，データを書き込めるようにする

              Wire.write(data)
              dataをスレーブに送信するため送信バッファにセットする

              Wire.endTransmission()
              スレーブに対し実際にデータを送信し送信処理を完了する．送信
              データはバイト単位に相手の受信を確認しながら送信を実行する．
              送信処理を実行後，送信完了状態を示すエラー・コードを関数の
              戻り値にセットする．'0'のときエラーなく送信完了．'0'以外
              はそれぞれ対応したエラー・コードが返される
```

図6-11　スレーブへデータを出力する

出力する基本的な手順を示します．Wireのライブラリを使用する場合は，最初に`Wire.begin()`でWire通信の初期化を行う必要があります．この処理は`setup()`関数の中で行います．

◆ I²Cスレーブ・アドレス

DS1307のI²Cのスレーブ・デバイスとしてのアドレスは0x68（1101000）と定められています．このアドレスを指定して，データの書き込みのときは，

 `Wire.beginTransmission(address)`

と送信相手のスレーブにマスタからの送信準備を促し，`Wire.write(data)`で送信データ`data`をスレーブに対して送信します．

6-2-4 DS1307の内部メモリ

DS1307は内部に64バイトのメモリ・レジスタをもっていて，**表6-2**に示すように00〜07までのアドレスの8バイトに，秒，分，時，曜日，日付，月，年のデータとSQWのパルスの制御を行う制御データが割り当てられています．

◆ データの読み書き

DS1307のメモリ・レジスタの読み書きは，**図6-12**に示す手順によって行います．マスタからこのDS1307のメモリ・レジスタの読み書きの対象となるのは，DS1307内の「メモリ・レジスタのアドレス」を示すワード・アドレスが指し示すメモリ・レジスタです．

◆ メモリ・レジスタの設定

メモリ・レジスタの設定は，マスタからのI²Cの書き込みサイクルの最初に書き込まれたデータがワード・レジスタの値となります．具体的にスケッチで記述すると，次のようになります．

DS1307に対して，送信セッションを開始し，読み書きをしたいメモリ・レジスタのアドレスをワード・レジスタに書き込みます．

 `Wire.beginTransmission(デバイス・アドレス);`
  `Wire.write(ワード・レジスタ);`
  `Wire.endTransmission();`

マスタからの送信セッションが確立し，最初にDS1307に書き込まれたデータはメモリ・レジスタのワード・アドレスと解釈され，ポインタ・アドレスとして設定されます．続いて書き込み処理を行うと，ワード・アドレスが示すメモリ・レジスタにデータが書き込まれます．データを書き込むとと

表6-2 DS1307のレジスタ

アドレス	（値）	b_7	b_6	b_5	b_4	b_3	b_2	b_1	b_0
00	（00〜59）	CH	秒（10位）			秒（1位）			
01	（00〜59）	0	分（10位）			分（1位）			
02	（01〜12/00〜24）	0	12/24	時P/A(※)	時間(10)	時間（1位）			
03	（1〜7）	0	0	0	0	0	曜日		
04	（1〜28, 29, 30, 31）	0	0	日付（10位）		日付（1位）			
05	（01〜12）	0	0	0	月(10)	月（1位）			
06	（00〜99）	年（10位）				年（1位）			
07	制御データ	OUT	0	0	SQWE	0	0	RS_1	RS_0

※ 24時間表示：時間（10位）/12時間表示：PM/AM

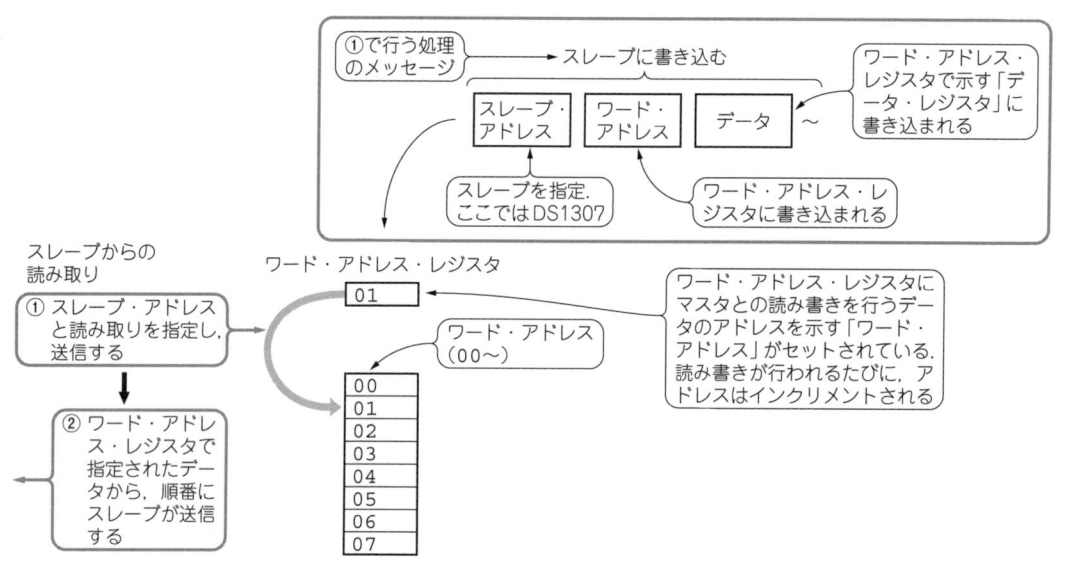

図6-12 DS1307のメモリ・レジスタの読み書きの手順

もにワード・アドレスはインクリメントされます．そのため，連続してデータを書き込むとメモリ・レジスタに順番にデータを書き込むことができます．

◆ メモリ・レジスタの読み取り

DS1307からデータを読み出すときも，同様にワード・アドレスが示すメモリ・レジスタの値が読み取られ，そのたびにワード・アドレスがインクリメントされます．特定の読み出すレジスタを指定する場合は，最初にワード・アドレスを書き込んでワード・アドレスの値を指定した値にしてから，その後に読み込み処理を行います．

6-2-5　DS1307のメモリ・レジスタの内容を確認する

DS1307を利用したリアルタイム・クロック・モジュールのArduinoへの接続を図6-9のように終えました．まず，DS1307のメモリ・レジスタの内容を読み取って確認してみます．

まず，ワード・アドレスを00に設定して，クロック，カレンダ・データのほかに出力クロックの制御データも含めて8バイトのデータを読み出します．そして，読み取ったデータをシリアル通信でPCに送信し，Arduino IDEのシリアル・モニタで読み取ったデータの確認を行います．

そのためにスケッチを次のように作りました．

◆ Wireライブラリのインクルード，変数定義と初期化部

図6-13(a)にライブラリの読み込み，スレーブ・アドレスの設定，初期化処理の部分を示します．Sketch>Import Libraryで表示したリストからWireを選択し#include <Wire.h>の文を取り込みます．その後，DS1307のI^2Cのアドレスの値を定数DS1307_ADDRESS＝0x68と定義します．sec（秒）からyear（年）までと制御バイトの値を格納する変数を定義し，I^2Cのマスタとして初期化およびシリアル通信の初期化を行っています．

(a) ヘッダ・ファイルの読み込みと初期化

```
#include <Wire.h>
int DS1307_ADDRESS=0x68;int val=0;
byte  sec,minute,hour,day,week,month,year,ctrlb;
void setup(){
  Wire.begin();           ← I²C (wire) の初期化
  Serial.begin(9600);
}
```

(b) DS1307のレジスタを読む

```
void loop(){
  Wire.beginTransmission(DS1307_ADDRESS);  ┐
  Wire.write(val);                          │ 図6-12の①
  Wire.endTransmission();                   ┘
  Wire.requestFrom(DS1307_ADDRESS,8);
  sec=Wire.read();
  minute=Wire.read();
  hour =Wire.read();
  week=Wire.read();        図6-12の②
  day=Wire.read();
  month=Wire.read();
  year=Wire.read();
  ctrlb=Wire.read();
```

(c) DS1307のレジスタをシリアル通信で表示

```
  Serial.print("sec=");
  Serial.println(sec,HEX);
  Serial.print("minute=");
  Serial.println(minute,HEX);
  Serial.print("hour=");
  Serial.println(hour,HEX);
  Serial.print("week=");
  Serial.println(week,HEX);
  Serial.print("day");
  Serial.println(day,HEX);
  Serial.print("month=");
  Serial.println(month,HEX);
  Serial.print("year=");
  Serial.println(year,HEX);
  Serial.print("ctrlb=");
  Serial.println(ctrlb,HEX);
  delay(2800);
}
```

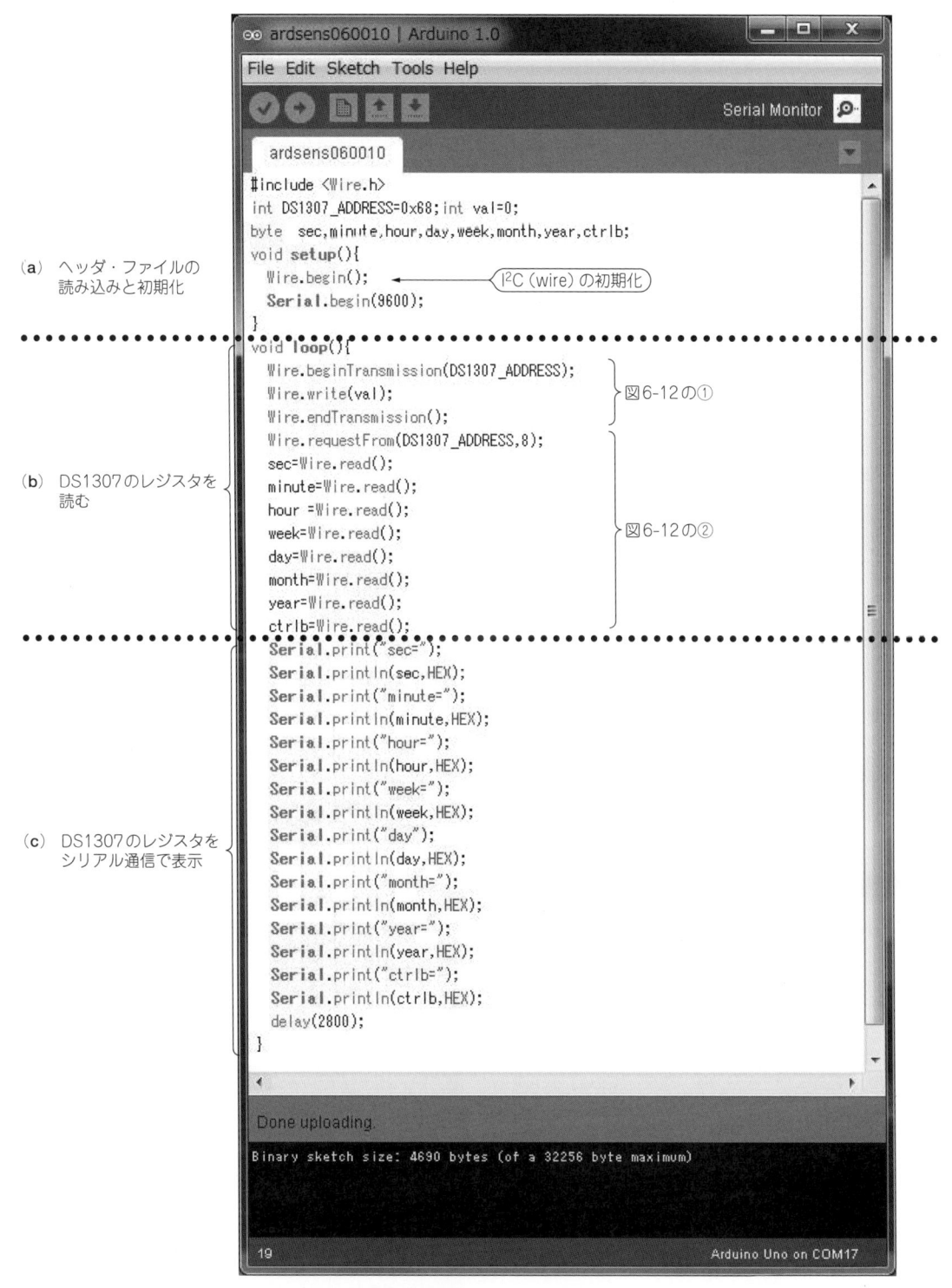

Done uploading.
Binary sketch size: 4690 bytes (of a 32256 byte maximum)

図6-13 DS1307のメモリ・レジスタの内容を確認するスケッチ

```
#include <Wire.h>
CONST int DS1307_ADDRESS=0x68; int val=0;
byte    sec,minute,hour,day,week,month,year,ctrlb;
void setup(){
  Wire.begin();
  Serial.begin(9600);
}
```

◆ データの読み込み

　図6-13(b)にDS1307からデータを読み込む部分のスケッチを示します．`Wire.beginTransmission(DS1307_ADDRESS)`から`Wire.endTransmission();`までの3行でワード・アドレスを00にセットし，次のデータの読み込み処理でメモリ・レジスタのアドレス00から読み込めるようになります．

　次の`Wire.requestFrom(DS1307_ADDRESS,8);`でSD1307に8バイトのデータをマスタ(Arduino)へ送信することを要求します．`sec=Wire.read();`から各変数にSD1307から読み取った値をセットします．8バイトのデータを読み取り終えるとスレーブとのセッションを終了します．

　読み込んだデータは，図6-13(c)に示すようにシリアル通信で見出しをつけて，シリアル・モニタに表示します．`Serial.println(sec,HEX);`のHEXは16進数表示を指定します．最後の`delay()`関数は，読み取り間隔を調整するために用意してあります．

　スケッチをアップロードして実行結果をシリアル・モニタに表示したようすを図6-14に示します．最初のバイトは0x80となっています．b_7のCH (clock halt) ビットが'1'でクロックが停止しています．そのため，0年1月1日0時0分0秒の初期値のまま時間が経過しても変化しません．

　クロックの停止を解除するために，`setup()`処理の中で次に示すCHをクリアするスケッチ文を追加します．

　1回目の`Wire.write(val);`はワード・アドレスの設定で，次の`Wire.write(val);`で

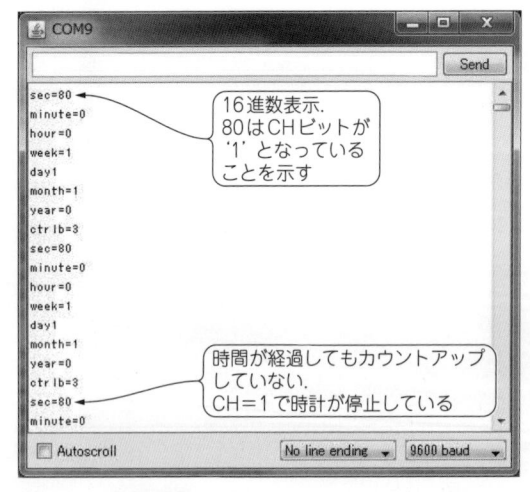

図6-14　実行結果 ―カウントしていなかった

図6-15　CH＝0にすると計時を始める

アドレス0x00メモリ・レジスタに0x00を書き込み，CHをクリアします．初期化ルーチンなので，秒の値もゼロ・クリアしてあります．

```
Wire.beginTransmission(DS1307_ADDRESS);
Wire.write(val);                // val=0
Wire.write(val);
Wire.endTransmission();
```

このスケッチをsetup()処理に追加し，Arduinoにアップロードして実行した結果を図6-15に示します．secの値がカウントアップしているのが確認できます．

6-2-6 時刻と日付を設定するDS1307のメモリ・レジスタの内容を確認する

次に，時刻と日付をそれぞれ設定するスケッチを関数として定義します．時刻の設定は，日付の設定より多く利用する機会がありそうなので，図6-16に示すようにそれぞれ別の関数とします．

これらの関数は図6-17に示す手順で処理を行います．シリアル・ポートからのデータの有無を確

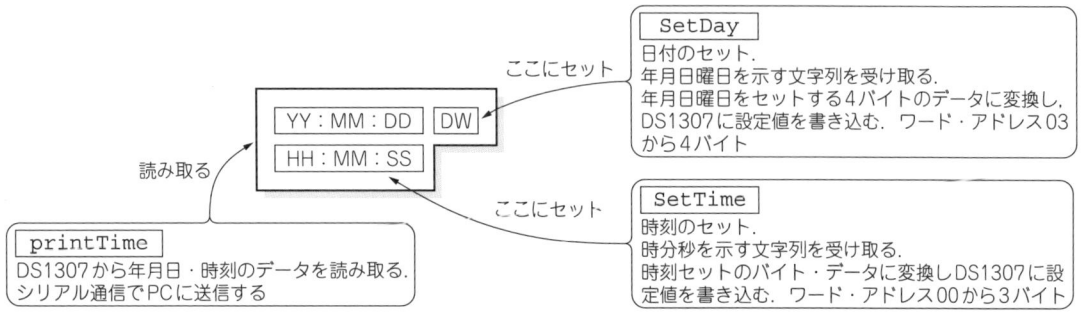

図6-16 リアルタイム・クロックのセットのための関数

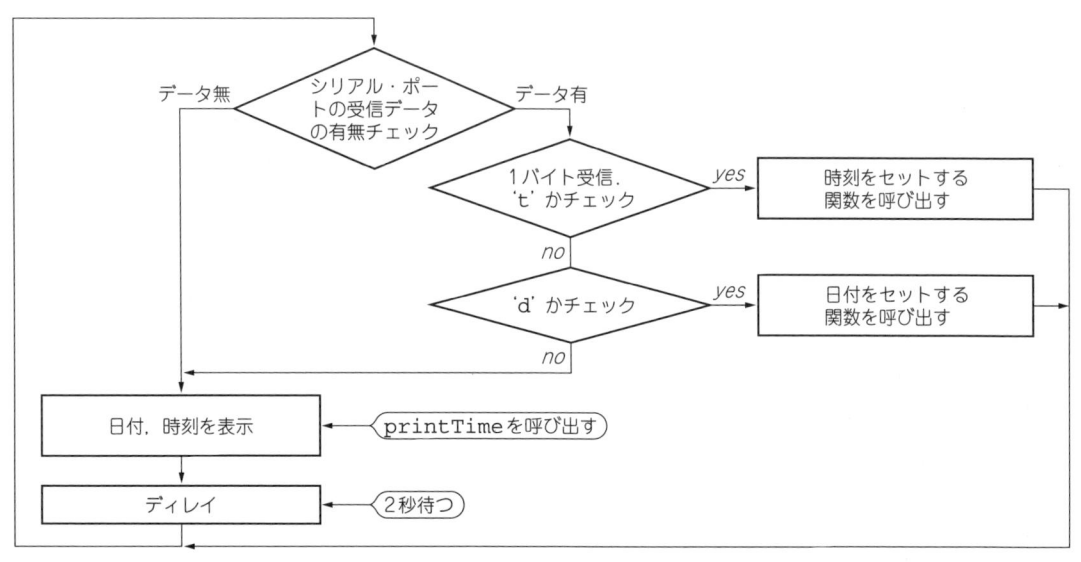

図6-17 リアルタイム・クロックの設定表示の処理フロー

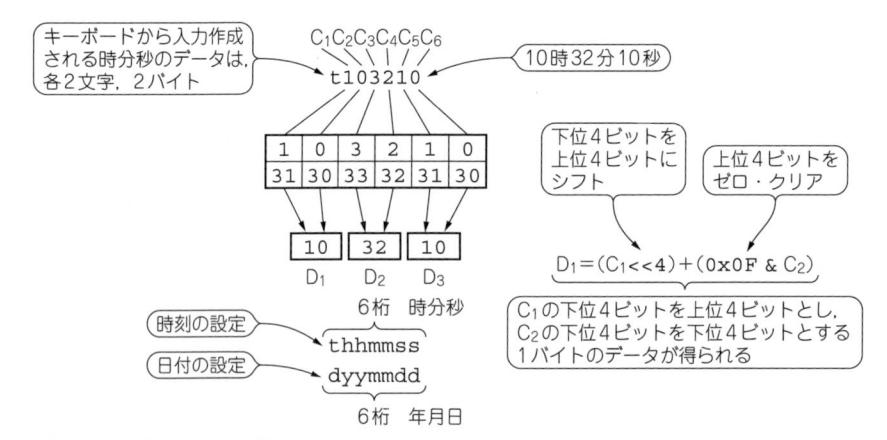

図6-18 時刻，日付の設定コマンド

認し，受信データがあればtかdの文字か確認し，これらの文字があればそれぞれの文字に対応した関数を呼び出します．受信文字がなければリアルタイム・クロックからデータを読み取って，表示する関数を呼び出します．その後，ディレイを置き最初に戻り，繰り返します．

◆ 時刻，日付はPCよりシリアル・モニタ経由で送信

　時刻，日付は**図6-18**に示すフォーマットでPCのシリアル・モニタから入力します．時間の場合はt，日付の場合はdの文字を先頭にコマンドとして付加します．シリアル・モニタからの受信データをチェックし，コマンドの文字を検出したら時刻セット関数，日付セット関数を呼び出します．コマンド以外の文字の場合は，何もしないで次に進みます．セットするデータのシリアル・ポートからの読み取りはそれぞれの関数の中で行います．

［例］
　　t153000 …… 15：30：00をセットする
　　d110528 …… 2011年5月28日をセットする

◆ 文字データを数値に変換する

　コマンドのチェックは，

```
if(Serial.read()="t")
```

でチェックすることができます．一方，シリアル・ポートから入力された時間の2バイトのデータ15は，'1'の文字コード0x31と'5'の文字コード0x35で構成されています．DS1307に設定する15時の設定値データは，1バイトの0x15となります．コマンドで指定されたそれぞれ2バイトの時分秒のデータは，1バイトのデータに変換する必要があります．そのため変換処理は次のようにします．

```
    byte   hour=(Serial.read() <<4);
           hour=hour + (Serial.read() & 0x0F);
```

同様に分，秒も次のように変換します．

```
    byte   minute=(Serial.read()<<4);
           minute=minute + (Serial.read() & 0x0F);
    byte   sec =(Serial.read()<<4);
           sec=sec+ (Serial.read()& 0x0F);
```

以上でセットされた時，分，秒の値は，4ビットごとに0～9の値が割り当てられたBCD[*3]コードでセットされた日時，時刻などのデータになります．そして，この値はDS1307の各メモリ・レジスタにセットする値として利用できます．

◆ 時刻をセットする関数

次に，時刻をセットする関数setTime()を示します．最初の6行のスケッチで時，分，秒のデータをシリアル・ポートから読み取ります．

```
void setTime(){
  byte hour=(Serial.read()<<4);
  hour=hour+(Serial.read() & 0x0F);
  byte minute=(Serial.read()<<4);
  minute=minute+(Serial.read() & 0x0F);
  byte sec=(Serial.read()<<4);
  sec=sec+(Serial.read() & 0x0F);
```

次の処理で，書き込むアドレスを00からはじめるように00を書き込みます．続いて設定データの値を書き込みます．

```
  Wire.beginTransmission(DS1307_ADDRESS);
  Wire.write(val);
  Wire.write(sec);
  Wire.write(minute);
  Wire.write(hour);
  Wire.endTransmission();
}
```

以上で，時刻の設定を終えます．

◆ 日付の設定

日付の設定も同様に行っています．関数名はsetDay()です．day_of_weekは曜日を示すコードで，1が日曜日で月曜日から順番に割り振られ土曜日が7になります．シリアル・ポートから設定データを読み取った後は，曜日の設定アドレス03を書き込み，その後，設定データをWire.write関数でDS1307に書き出します．

```
void setDay(){
  byte year=(Serial.read() << 4);
  year=year+(Serial.read() & 0x0F);
  byte month=(Serial.read() << 4);
  month=month+(Serial.read() & 0x0F);
  byte day=(Serial.read() << 4);
  day=day+(Serial.read() & 0x0F);
  byte day_of_week=(Serial.read() & 0x07);
  Wire.beginTransmission(DS1307_ADDRESS);
  Wire.write(0x03);
  Wire.write(day_of_week);
  Wire.write(day);
  Wire.write(month);
```

(*3) BCD：Binary corded decimal. 2進化10進表示.

```
    Wire.write(year);
    Wire.endTransmission();
}
```

◆ 日付時刻の表示を行う関数

　現在時点の日付，時刻を読み取りシリアル・ポートに表示する関数はprintTime()です．メモリ・レジスタの00のアドレスから表示データを読み取り，そのままHEX表示で表示しています．特に新しいことはありません．

```
void printTime(){
    Wire.beginTransmission(DS1307_ADDRESS);
    Wire.write(val);
    Wire.endTransmission();
    Wire.requestFrom(DS1307_ADDRESS,7);
    byte r_sec=Wire.read();
    byte r_minute=Wire.read();
    byte r_hour=Wire.read();
    byte r_day_of_week=Wire.read();
    byte r_date=Wire.read();
    byte r_month=Wire.read();
    byte r_year=Wire.read();
    Serial.print(r_year,HEX);
    Serial.print("/");
    Serial.print(r_month,HEX);
    Serial.print("/");
    Serial.print(r_date,HEX);
    Serial.print(" ");
    Serial.print(r_hour,HEX);
    Serial.print(":");
    Serial.print(r_minute,HEX);
    Serial.print(":");
    Serial.print(r_sec,HEX);
    Serial.print(" smtwtfs= ");
    Serial.println(r_day_of_week,HEX);
}
```

　この場合，HEXで表示していますから，BCDコードの設定データも同じ値に表示されます．時，分，秒の各値を通常の整数として扱う場合は，次のようにBCDコードからバイナリ・データに変換する必要があります．

　　bcd_data ……メモリ・レジスタから読み取った値
　　b_data ……… 変換されたバイナリ・データ
　　b_data=(bcd_data/16)* 10 + bcd_data&0x0F
　(bcd_data/16)* 10で10位の桁の値が求まり，bcd_data&16で1位の桁の値が求められます．

◆ メインのスケッチの部分

シリアル・ポートからの受信データを確認し，"t"，"d"かをチェックしています．コマンドを増やす場合は，if文とコマンドの処理を行う関数を追加します．

```
#include <Wire.h>
int DS1307_ADDRESS=0x68;int val0=0;
byte command;
```

ここに，上記のsetTime()，setDay()，printTime()の三つの関数を記述します．

```
void setup(){
  Serial.begin(9600);
  Wire.begin();
  Serial.flush();
}
void loop(){
  if(Serial.available()){
    command=Serial.read();
    if (command==0x74){              //  "t"=0x74
      setTime();
    }
    Serial.println(command);
    if (command==0x64){              //  "d"=0x64
      setDay();
    }
  }
  printTime();
  delay(2000);
}
```

図6-19 送信部にコマンドを入力

図6-20 コマンドが送信されリアルタイム・クロックの設定が変更された

6-2 I²Cインターフェースでやりとりするリアルタイム・クロック

◆ このスケッチの実行結果

このスケッチの実行結果を図6-19に示します．t171030のコマンドで時刻を17：10：30に設定します．

t171030を記入しSendボタンをクリックすると，図6-20に示すように時刻の設定が行われます．時刻を合わせておくと，バッテリでバックアップされているので，モジュールへの5Vの電源を落としてもクロックの時刻の再設定は必要ありません．

6-3　3.3V動作のI²Cインターフェース・デバイスの温度センサを追加する

I²Cのデバイスも，最近は3.3V動作で3.6V以上の電圧を加えることができないデバイスも多くなっています．そのため，5V駆動I²Cバスと3.3V駆動のI²Cバスを仲立ちするデバイスも登場しています．このI²Cのレベル変換を行うPCA9306を使用して，5V動作のI²Cデバイスと3.3V動作のI²Cデバイスを同時に動かしてみます．PCA9306はI²Cの5Vと3.3Vのバスの間に追加することで，バス間の信号の受け渡しが自動的に行われます．スケッチでは何もする必要はありません．ピン間0.5mmのPCA9306DC1，または0.65mmピッチのPCA9306DP1-Gを使用します．PCA9306をピッチ変換基板にはんだ付けする方法は，コラム6-1に説明しているのでそれに従ってください．

Arduinoと前の項で動作確認したリアルタイム・クロック・モジュール，PCA9306，3.3V動作の温度センサTMP102の配線は図6-21に示すようになります．この回路のTMP102，PCA9306，Arduinoの部分をブレッドボードに配線し，TMP102の動作を確認します．その後，DS1307の回路を追加し，異なる電源電圧のデバイスを共存させて動作を確認します．

6-3-1　I²Cのインターフェースをもったディジタル温度センサTMP102

TMP102はテキサス・インスツルメンツ（TI）から発売されているI²Cのインターフェースをもった温度センサで，パッケージは2mm角以下の超小型SOT563という形状です．手作業ではんだ付けしなくてもよいように，Sparkfunから図6-22に示すように10×12mmの基板に搭載し，2.54mmピッチのピン・ヘッダを取り付けられるようにしたモジュールが発売されています．図6-23に示すよう

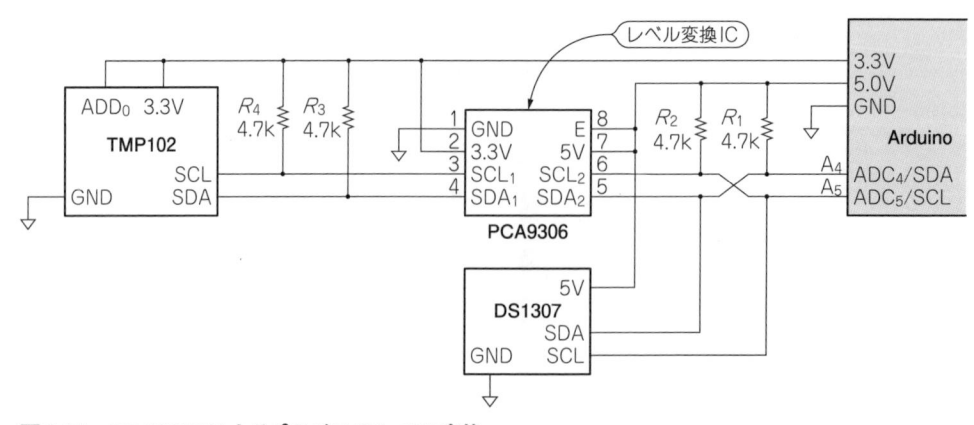

図6-21　PCA9306によるI²Cバスのレベル変換

に背面には端子の各機能が印刷されているので，こちらの面が上になるようにピン・ヘッダをはんだ付けしました．

図6-24に回路図を示します．電源のバイパス・コンデンサ，信号線のプルアップ抵抗（1kΩ）も付加されているので，はんだ付けが終わればすぐに使えるようになっています．

◆ 電源電圧は最大定格3.6V

TMP102のデータシートは，TI社のホームページから日本語のデータシートをダウンロードすることができます．それによると，動作電源範囲は1.4～3.6Vなので，5V動作のArduinoとは直接接続することはできません．最初のテストには，Arduino Proの3.3Vバージョンを使用します．SMBus用のアラート機能のための端子なども用意されていますが，今回は使用しません．

◆ TMP102のI²Cのアドレスの設定方法

I²Cバスは，クロック信号（SCL）とデータ信号（SDA）の2本の信号線を利用して，マスタとスレーブの間でデータの受け渡しを行います．マスタから，スレーブに対して通信開始するためにスレーブのアドレスを指定して通信の確立を要求します．

このTMP102のアドレスは，図6-25に示すようにADD$_0$ピンとほかのピンとの接続方法により，0x48～0x4Bの任意のアドレスに設定することができます．今回は，ADD$_0$をV^+に接続しアドレスを0x49に設定します．

図6-22
TMP102 I²C温度センサ・モジュール（部品面）

図6-23　TMP102モジュール（背面）
J$_1$，J$_2$はブレッドボードに差しておいてはんだ付けすると作業しやすい．

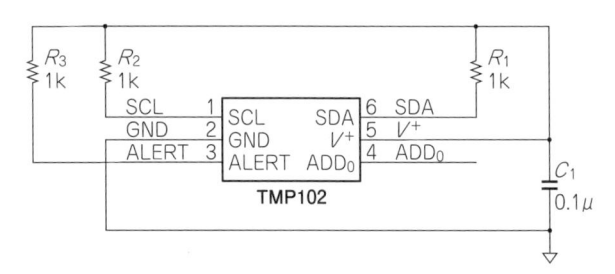

図6-24　TMP102モジュール内の配線

6-3-2 TMP102のレジスタ

　TMP102には，図6-26に示すように温度レジスタ，コンフィグレーション・レジスタ，アラートの下限温度，アラートの上限温度のレジスタが用意されています．このレジスタの選択はポインタ・レジスタに0x00～0x03の値を書き込み，選択します．このポインタ・レジスタの値は，一度設定されると新たに書き込まれるまで変更されません．また，電源投入後のデフォルトの値は温度レジスタに設定されます．

　TMP102に対して，マスタからデータを書き込むとき，スレーブ・アドレスに続く最初のバイトはポインタ・レジスタに書き込まれ，次のデータが書き込まれるレジスタのアドレスを示すポインタ・

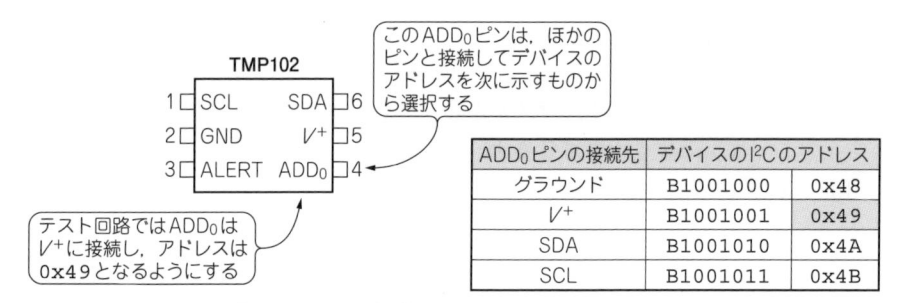

ADD_0ピンの接続先	デバイスのI^2Cのアドレス	
グラウンド	B1001000	0x48
V^+	B1001001	0x49
SDA	B1001010	0x4A
SCL	B1001011	0x4B

図6-25　TMP102のI^2Cアドレスの設定

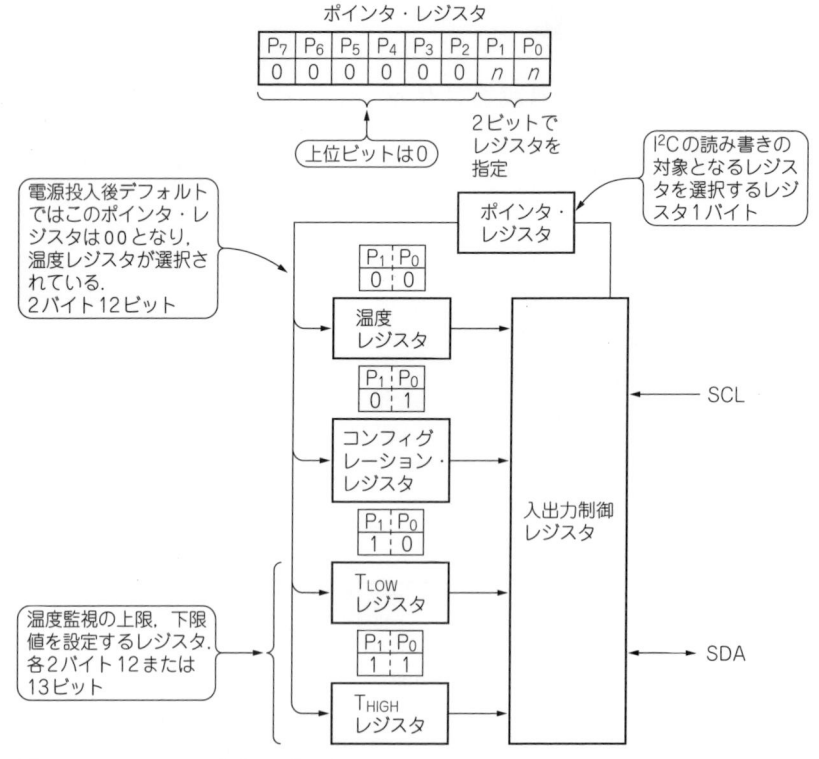

図6-26　TMP102の内部レジスタ

レジスタの値となります.

6-3-3 温度の読み出し

温度レジスタは読み取り専用です.そのため,温度の測定だけであれば電源投入後このTMP102のレジスタを読み出すだけで温度を知ることができます.温度データは図6-27に示すように12ビットのデータで,最初に読み出したバイトは上位8ビットで,次に読み出したバイトの上位4ビットが温度データの下位4ビットになります.

◆ アラート機能をもつI²Cインターフェース

このディジタル温度センサは,アラート機能をもったディジタル・センサです.このアラート機能は内部のレジスタで読み込むほかに,ALT端子に出力することもできます.このALT端子はSMBus(System Management Bus)のアラート機能に対応しています.

SMBusのアラート機能は,オープン・ドレインのALT出力をSMBusのアラート・ラインに接続します.アラートが発生するとこのラインを"L"にします.マスタはALTラインの"L"を検出するとアラート・コマンドをI²Cのバスに送信します.ALTをアクティブにしているデバイスは,このアラート・コマンドを検出してスレーブ・アドレスをマスタに返送します.アドレス・バイトのビット8にアラートの原因を反映させています.今回は,このアラート端子は使用していないので,接続はしていません.

メーカのWebからダウンロードできるTMP102のデータシートは18ページにわたり詳しい説明があり,このセンサを利用するためには大いに役立ちます.

6-3-4 TMP102から温度を読み取るスケッチ

ここでは,TMP102単独の動作テストを行うために,図6-28に示すように電源電圧が3.3VのArduino Pro 328 8MHzのボードを使用します.次の6-4項では,5V動作のSD1307と3.3V動作のTMP102をともに動かします.

配線は,図6-28に示すように小型のブレッドボードにTMP102をセットします.赤のリード線はプラスの電源でArduinoの3.3V端子から取り出しています.Arduino Proのアナログ入力5と黄色のリード線でI²CのSCLのバスに接続します.アナログ入力4とは橙色のリード線でI²CのSDAのバスに接続しています.

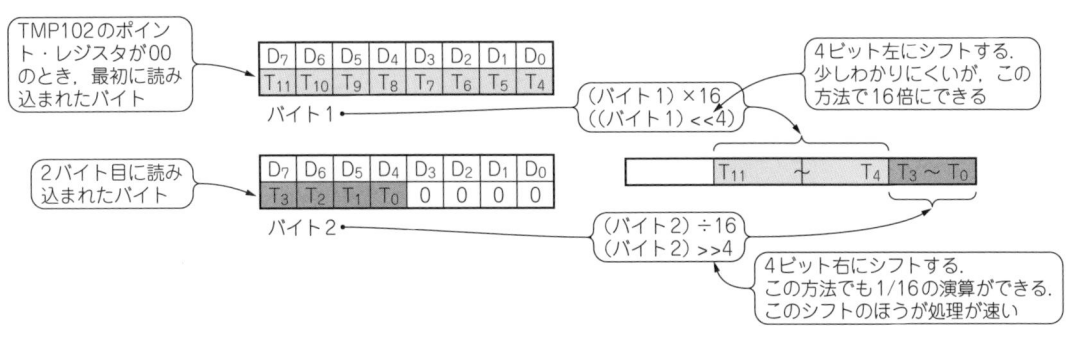

図6-27 TMP102の温度レジスタ

TMP102のADD$_0$と電源とを赤のリード線で接続し，TMP102のI²Cのアドレスを0x49としました．

◆ TMP102の温度の読み取り

温度を読み取るだけでしたら，電源を投入した後，マスタからデータの送信要求を出し，上位バイト，下位バイトの順番でマスタから読み出すことで温度のデータが得られます．

実際のスケッチを作成します．

最初に，Wireのヘッダ・ファイルを読み込み，必要な変数を定義します．

```
#include <Wire.h>
float   tmpdata;
int tmpin;
```

初期化ルーチンでは，シリアル通信の初期化とWire.begin()でWireによる処理の初期化を行います．

```
void setup(){
  Serial.begin(9600);
Wire.begin();
}
```

以上でsetup()関数の初期化処理を終え，メインの処理に移ります．

TMP102のデバイスが0x49なので，Wire.requestFrom(0x49,2);でTMP102に対して上位バイト，下位バイトの2バイトのデータの送信を要求します．

```
void loop(){
  Wire.requestFrom(0x49,2);
```

2バイトの温度データが受信バッファに受信するのを待ちます．

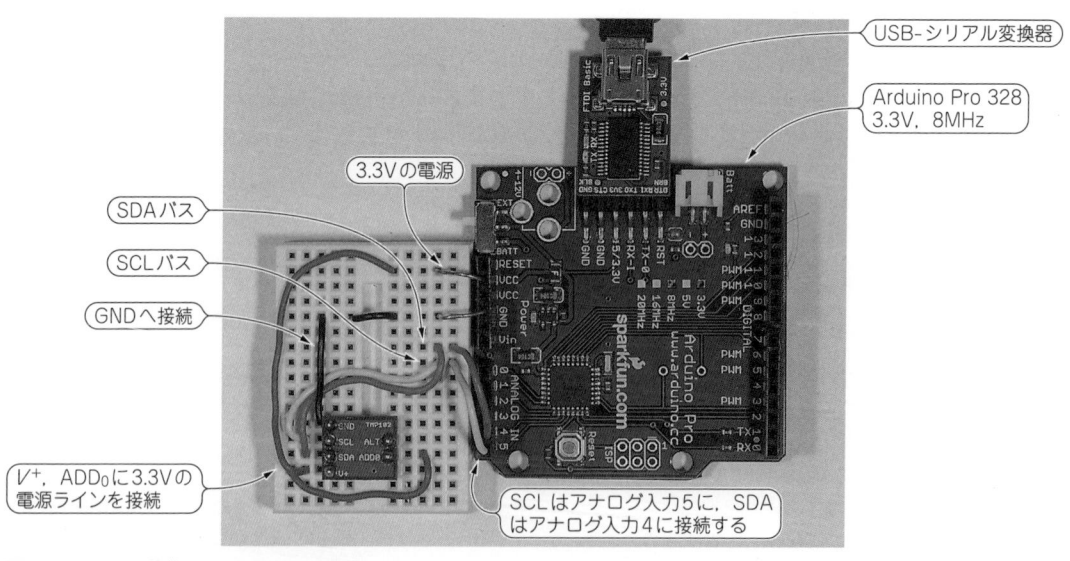

図6-28 3.3V動作のArduinoでテスト

```
while (Wire.available()<2){
  }
```

上位バイトを16倍して，4ビット上位方向にシフトします．下位バイトの上位4ビットを下位4ビットにシフトするため，16で除算し二つのデータを加算して温度データ（tmpin）を得ます．

```
tmpin=(Wire.read()<<4);
tmpin=tmpin+(Wire.read()>>4);
```

tmpinの最小ビットが0.0625℃に相当します．tmpinに0.0625を乗算して温度の値を得ます．

```
tmpdata=0.0625*tmpin;
```

測定結果をシリアル通信でPCに送信します．int型のtmpinは16進表示と10進表示で表示し，最後に温度に変換した値も表示しています．

```
Serial.print("tmp(HEX)=");
Serial.print(tmpin,HEX);
Serial.print(" tmpin(DEC)=");
Serial.print(tmpin,DEC);
Serial.print(" tmp C=");
Serial.println(tmpdata);
```

Wire（I²C）の通信を終了します．データを読み取った後のほうが適切かもしれません．

```
Wire.endTransmission();
```

表示が連続しないように1.5秒の時間待ちをしています．

```
delay(1500);
  }
```

実行結果を**図6-29**に示します．3.3V電源のArduinoでTMP102の動作を確認したので，次は，5V動作のArduinoにつないで，5V動作のI²CインターフェースのDS1307とともに動作確認を行います．

図6-29　TMP102による温度測定結果

6-4　5V，3.3V動作のI²Cインターフェース・デバイスを動かす

　図6-30にリアルタイム・クロックDS1307，温度センサTMP102，電圧レベル・コンバータPCA9306のモジュールをシールドに並べました．図6-31にそれぞれのモジュールをセットするピン・ソケットのようすを示します．配線は図6-21の配線図に従って行います．シールドの1/4Wの炭素皮膜抵抗は回路図のR_1，R_2のプルアップ抵抗です．図6-31にセットするPCA9306はピン間0.5mmのデバイスをピッチ変換基板にセットしたものです．その基板を図6-32に示します．図6-33にはピン間0.64mmのデバイスをピッチ変換基板にセットしたものを示します．0.64mmのほうが変換基板も入手が容易ではんだ付けも少しだけ楽です．

　リアルタイム・クロック・モジュールとTMP102のモジュールはピン・ヘッダとピン・ソケットで基板に差し込みます．PCA9306のモジュールは，Aitem-Lab社のSOP10-P5（8）変換ボードを使用して0.5mmピッチから2.54mmピッチに変換しました．0.65mmピッチのものと両方試してみました．具体的なはんだ付けの方法はコラム6-1を参照してください．

図6-30
電源電圧の異なる5V，3.3V動作のI²C
インターフェース・デバイスを動かす

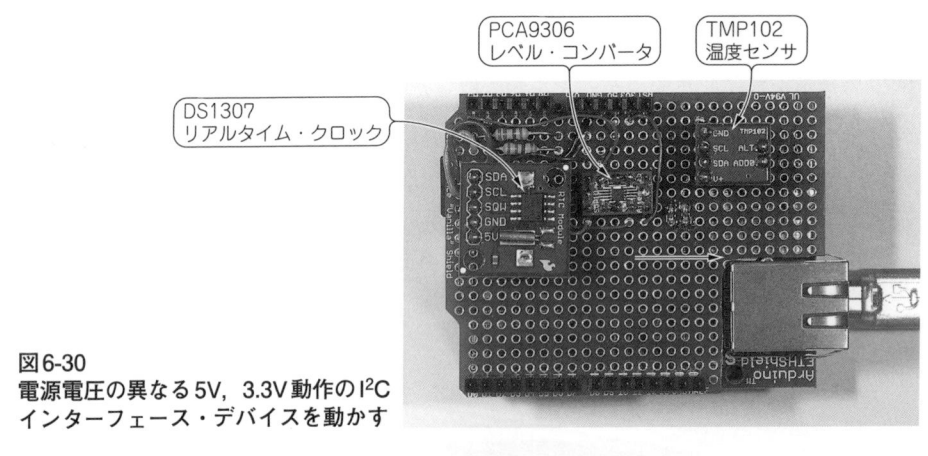

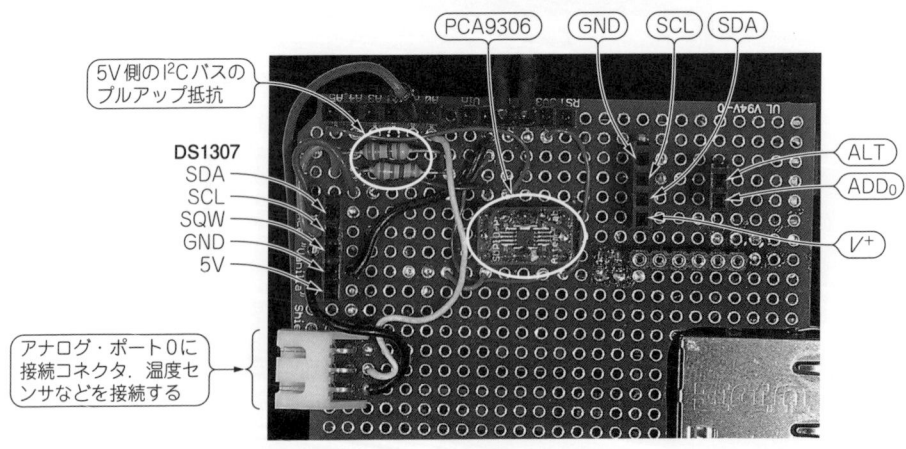

図6-31　各モジュールをセットするピン・ソケット

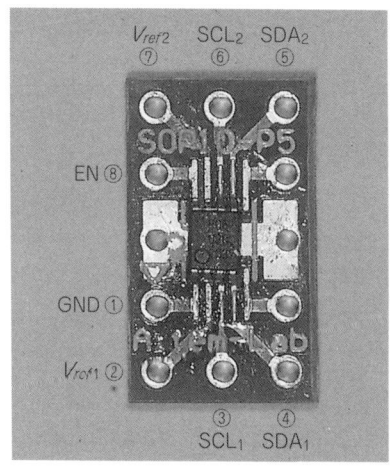

図6-32 変換基板にセットしたピン間0.5mmのPCA9306

図6-33 変換基板にセットしたピン間0.64mmのPCA9306

表面はAWG30のジュンフロン線で配線しましたが，3.3V側の配線はUEW線（ポリウレタン線）φ0.26mmを使用して裏面で配線しました．ポリウレタン線を使用したので，配線が交差しても絶縁されています．また，はんだゴテで加熱すると，被覆が燃えてはがれはんだ付けができるので，事前に被覆をむかずにはんだ付けすることができ便利です．

6-4-1 5V電源3.3V電源のI²Cバスの動作確認

DS1307用に作成したスケッチに初期化ルーチンのsetup()でWire.begin()のI²C(Wire)処理の初期化処理と，次に示すprintTemp関数を追加し，loop()関数を一部修正します．これで，5V動作のDS1307から日付と時刻，3.3V動作のTMP102から温度を読み取ることができることを確認します．

```
void printTemp(){
  Wire.requestFrom(0x49,2);
  while (Wire.available()<1){  }
  int tmpin=Wire.read()*16+Wire.read()/16;
  float tmpdata=0.0625*tmpin;
  Serial.print("tmp(HEX)=");
  Serial.print(tmpin,HEX);
  Serial.print(" tmpin(DEC)=");
  Serial.print(tmpin,DEC);
  Serial.print(" tmp C=");
  Serial.print(tmpdata);
  Serial.print("   ");
}
```

以上の関数を日時と時刻の表示の前に，また次に示すようにprintTime();の前にprintTemp();を追加しました．

```
void printDofW(byte day_of_week){
  switch(day_of_week){
  case 1:
    Serial.print("Sunday");
    break;
  case 2:
    Serial.print("Monday");
    break;
  case 3:
    Serial.print("Tuseday");
    break;
  case 4:
    Serial.print("Wednesday");
    break;
  case 5:
    Serial.print("Thursday");
    break;
  case 6:
    Serial.print("Friday");
    break;
  case 7:
    Serial.print("Saturday");
    break;
  default:
    Serial.print("error");
  }
}
```

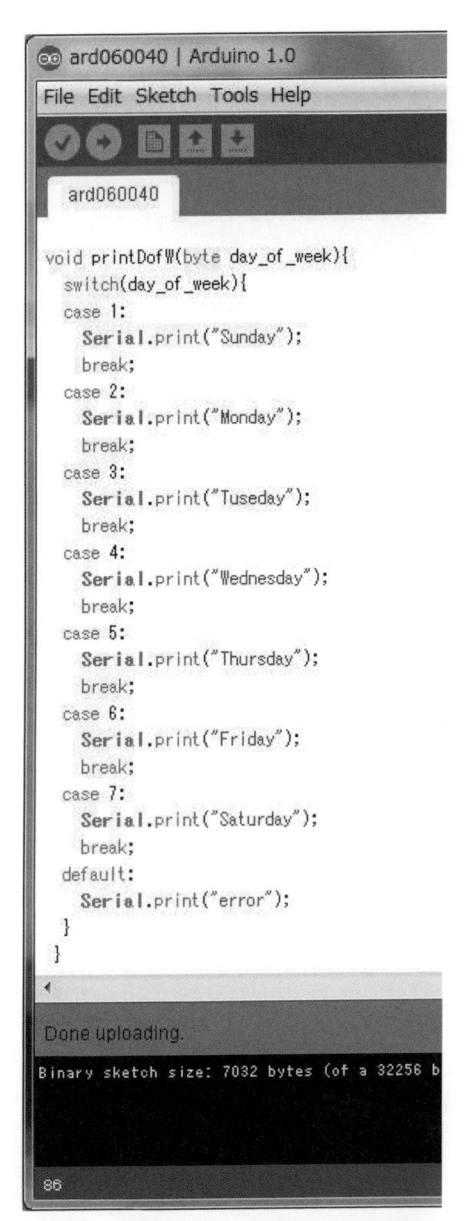

図6-34 曜日コードから曜日を求める関数

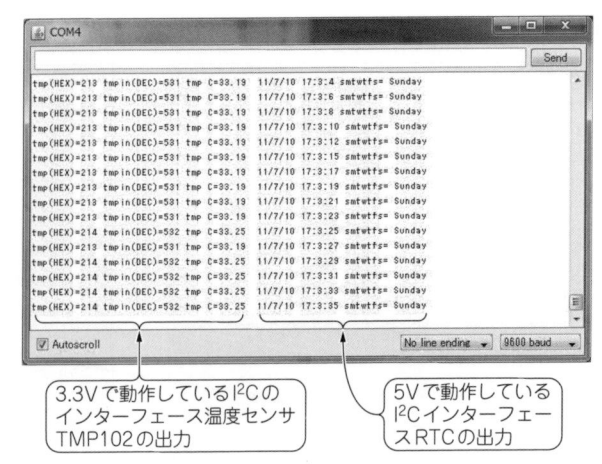

図6-35 3.3V動作の温度センサと5V動作のRTCの2種類を混在した回路で動作確認ができた

（3.3Vで動作しているI²Cのインターフェース温度センサTMP102の出力）
（5Vで動作しているI²CインターフェースRTCの出力）

```
void loop(){
  if(Serial.available()){
    command=Serial.read();
    if (command==0x74){
                                  // "t"=0x74
      setTime();
    }
    if (command==0x64){
                                  // "d"=0x64
      setDay();
    }
  }
  printTemp();
  printTime();
  delay(2000);
}
```

◆ 曜日のコードから曜日を求める

曜日は日曜日が'1'で土曜日が'7'のコードで設定されています．図6-34に示すこのコードから曜日を得て，シリアル・モニタに表示する関数を作りました．

この関数を，printTime()関数のSerial.println(r_day_of_week);をprintDofW(r_day_of_week);と置き換えて曜日を表示するようにしました．

リアルタイム・クロックの日付時刻の表示スケッチにこれらの変更を加え実行した結果を図6-35に示します．

これで，温度センサの読み取り値と測定時刻を得ることができるようになりました．

Column…6-1 できることがわかれば0.5mmピッチのはんだ付けも難しくない

◆ 0.5mmピッチの変換基板

Aitem-Labには図6-Aに示す0.5mmピッチ，10ピンTSOPに対応した変換基板があります．この基板を利用して，PCB9306DC1の0.5mmピッチVSSOPのI²Cレベル変換ICをはんだ付けすることにします．

このはんだ付けには，図6-Bに示す0.3mmの糸はんだ，フラックス（HAKKO，FS-200），はんだ吸い取り線，ピンセットとマスキング・テープを使用します．

最初に，ICの足と基板にフラックスを塗り，1mmくらいの幅に細く短冊状にしたマスキング・テープでICを基板に仮固定してはんだ付けを始めます．

0.5mmピッチの足にはんだ付けするのは特別に訓練した熟練の職人でなければできないと思っていました．しかし，手順とポイントをおさえ自分でもできるんだと信じると，思いのほか簡単にできてしまいます．

図6-A 変換基板

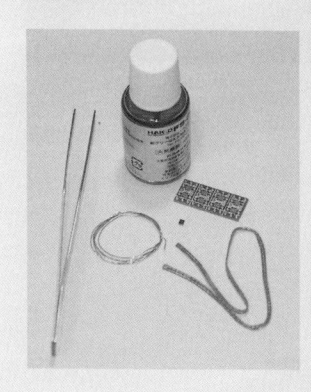

図6-B はんだ，フラックス（HAKKO，FS-200），はんだ吸い取り線，ピンセット

◆ 実際にはんだ付けをしてみる

今回使用する材料は図6-Cに示す，PCA9306DC1，足の間隔が0.5mmの表面実装タイプのIC，Aitem-LabのSOP10-P5の基板，基板にICを固定するためにマスキング・テープを1～2mmくらいの幅に切ったものを用います．下のほうの太いテープの上にある黒い四角のものがケースから取り出したPCA9306DC1です．この他に図6-Bに示した，はんだゴテ，フラックス，0.3mmの糸はんだが必要です．

◆ フラックスをICの足と基板に塗る

テープにICの背中を貼り付け，足を上に向けて固定します［図6-D(a)］．ICの足と，基板のはんだ付けする部分にフラックスを塗ります．HAKKOのFS-200はビンのふたに刷毛が付いていて便利です．

フラックスを塗った後は，次に示すようにパターンに合わせてテープで固定します［図6-D(b)］．ルーペなどで足のずれがないか確認し，微調整しながらICの足をパターンに合わせます．

最初に，一か所，もしくは［図6-D(c)］に示すように対角線上の二つのピンのはんだ付けを行い，再度ずれがないか確認します．

◆ はんだ付けのポイント

はんだゴテで，ICのピンを直接温めるとICがずれてしまいます．ICの足に触れない範囲でできるだけICの足に近い場所のパターンにはんだ

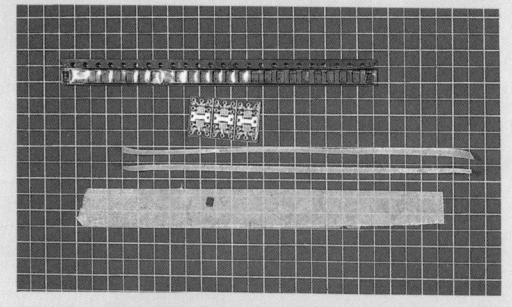

図6-C PCA9306DC1，SOP10-P5の変換基板，マスキング・テープ

Column … 6-1　できることがわかれば0.5mmピッチのはんだ付けも難しくない（つづき）

ゴテのコテ先を当て，パターンから温めます．コテ先と足の間にはんだを当てると，はんだが溶けてICの足とパターンの間にはんだが浸透します．1か所はんだ付けした後，ずれがないことを確認します．ずれた場合はんだを温めると調整できます．確認の後は，順番にはんだ付けしていきます．

◆ はんだが付き過ぎても困らない

図6-Eに示すように，はんだが付き過ぎてICの足がショートしても問題ありません．

◆ 多すぎたはんだは吸い取る

多すぎたはんだは，はんだ吸取器か図6-Fに示す銅線が網状に編まれたはんだ吸い取り線を，はんだの多すぎる部分に当て，はんだゴテを当てるとはんだが吸取られます．はんだを吸取ると，きれいに余分なはんだがなくなります．

◆ 導通をチェックする

はんだ付けを終えたら，基板の端子とICの足との間の導通をディジタル・マルチメータでチェックします（図6-G）．

はんだ付けを終え基板を分離したものを図6-Hに示します．基板は切れ目が入っていますので，手で折るだけで分離することができます．0.5mmピッチのはんだ付けもできると，何か以前からできていたような気になってしまいます．筆者は決して器用な方ではありません．安心して挑戦してください．

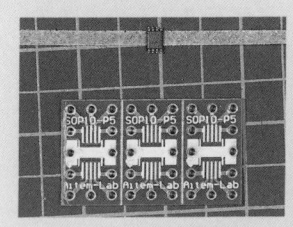

(a) テープにICの背中を貼り付け，足を上に向けて固定

(b) パターンに合わせてテープで固定

(c) 対角線上の二つのピンのはんだ付け

図6-D　はんだ付けの手順

図6-E　はんだが付き過ぎた

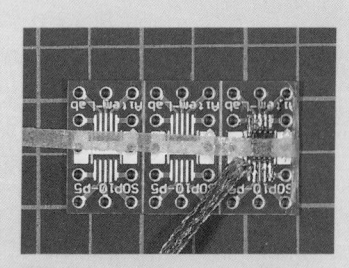

図6-F　はんだ吸い取り線で

図6-G　導通をチェック

図6-H　完成

Appendix2
Wireライブラリ

● 概要

このライブラリはI²C/TWIデバイスとの通信を可能にします．ArduinoボードのSDA（データ・ライン）はアナログ入力ポート4，SCL（クロック・ライン）はアナログ入力ポート5です．

I²Cアドレスには7ビットと8ビットのバージョンがあります．7ビットでデバイスを特定し，8番目のビットで書き込みか読み出しかを指定します．Wireライブラリは常に7ビットのアドレスを使用します．

Arduino Uno R3のボードからディジタル・ポートのピン・ソケットが8ピンから10ピンに拡張されました．追加された2ピンにも同じSCLとSDAがセットされています．

◆ **Wire.begin(address)**

Wireライブラリを初期化し，I²Cバスにマスタかスレーブとして接続します．

【パラメータ】

address：7ビットのスレーブ・アドレス．省略した場合は，マスタとしてバスに接続します．

【戻り値】

戻り値はありません．

◆ **Wire.requestFrom(address, quantity)**

マスタがスレーブのデバイスにデータを要求します．そのデータはavailable()とread()関数を使って取得します．

【パラメータ】

address ：データを要求するデバイスのアドレス（7ビット）
quantity：要求するデータのバイト数

【戻り値】

戻り値はありません．

◆ **Wire.beginTransmission(address)**

指定したアドレスのI²Cスレーブに対して送信処理を始めます．この関数の実行後，write()でデータをキューへ送り，endTransmission()で送信を実行します．

【パラメータ】

address：送信対象のアドレス（7ビット）

【戻り値】

戻り値はありません．

◆ **Wire.endTransmission()**

スレーブ・デバイスにbeginTransmission()とwrite()で用意された送信データを，送

信データがなくなるまで送信を繰り返し，送信を完了します．

【パラメータ】
　　パラメータはありません．

【戻り値】
　　0：成功
　　1：送ろうとしたデータが送信バッファのサイズを超えた
　　2：スレーブ・アドレスを送信し，NACKを受信した
　　3：データ・バイトを送信し，NACKを受信した
　　4：その他のエラー

◆ **Wire.write(value)**

スレーブ・デバイスがマスタからのリクエストに応じてデータを送信するときと，マスタがスレーブに送信するデータをキューに入れるとき使用します．マスタでは beginTransmission() と endTransmission() の間でこの関数が呼ばれます．

【パラメータ】
　　3通りの引数の取り方があります．
```
            Wire.write(value)
            Wire.write(string)
            Wire.write(data, quantity)
              value：送信する1バイトのデータ　(byte)
              string：文字列　(char *)
              data：配列　(byte *)
              quantity：送信するバイト数　(byte)
```

【戻り値】
　　戻り値はありません．

◆ **Wire.available()**

read()で読み取ることができるバイト数を返します．マスタ・デバイスでは，requestFrom()が呼ばれた後，スレーブではonReceive()ハンドラの中で実行します．

【パラメータ】
　　パラメータはありません．

【戻り値】
　　read()で読み取ることができるバイト数を返します．

◆ **wire.read()**

マスタがスレーブに対して，requestFrom()で送信要求を出しスレーブから送られてきたデータを読み込みます．

【パラメータ】
　　パラメータはありません．

【戻り値】
　　受信データが戻り値となります．

[第7章]

熱電対，SDカードを活用する

SPIインターフェース

本章では，最初にSPI通信について説明し，次にArduinoで用意されているSPI通信の方法を説明します．Arduino標準のライブラリでも，このSPI通信をサポートしています．ライブラリの説明の後，SPIインターフェースの熱電対センサとArduinoを接続して，炎の温度を測ってみます．

ArduinoのシールドやオプションパーツでSPI通信を利用している主なものを**図7-1**に示します．イーサネット・シールドを使用すると，イーサネット通信の制御を行うデバイスとArduinoとの通信ができ，ボードに搭載されているSDカードとの間でSPI通信により，データの読み書きができるようになります．

7-1　SPI通信の通信方法

SPI通信は，**図7-2**に示すようにMOSI，MISO，SCK，SSの合計4本の信号線によりシリアル通信

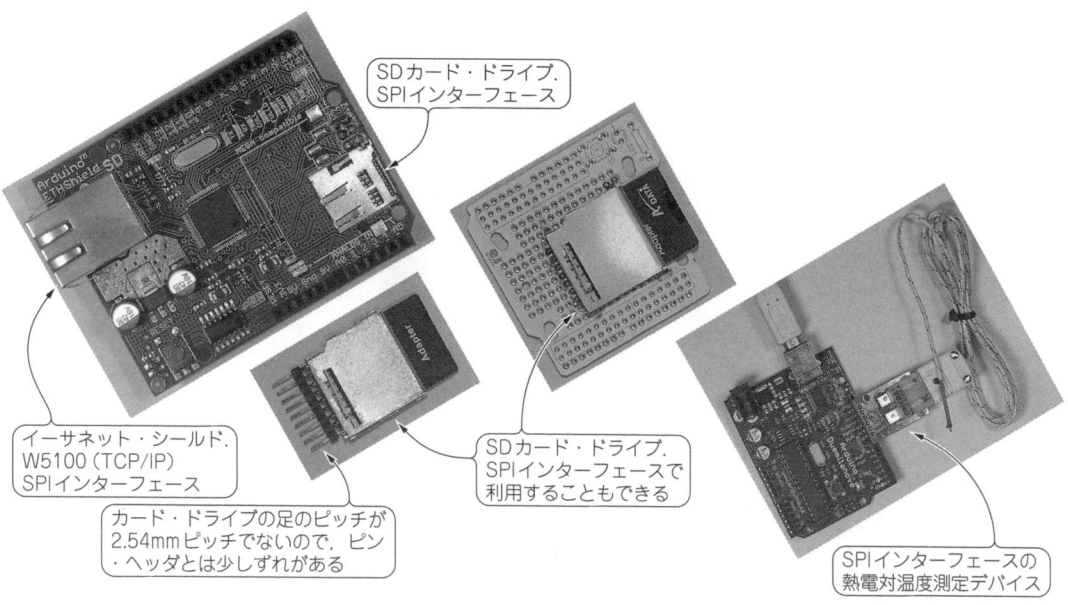

図7-1　Arduinoで利用できるSPIインターフェースをもったデバイス

を行います．ArduinoでSPI通信を行う場合は**図7-3**に示すようにSPIインターフェースの各信号線にそれぞれディジタル・ポートの13，12，11，10が割り当てられています．SSの10番ピン以外はそれぞれ専用のピンが割り当てられ，SPIインターフェースを利用するときはほかには利用できません．

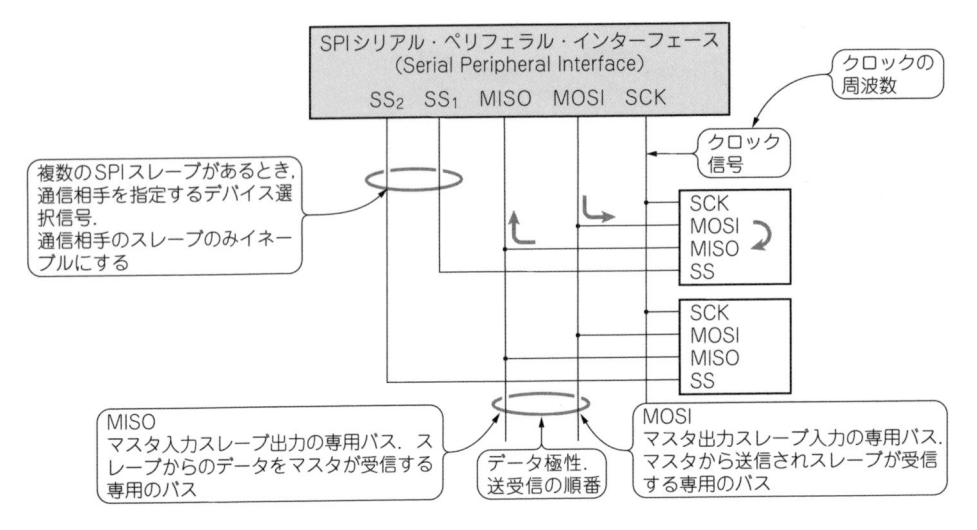

図7-2 SPI（シリアル・ペリフェラル・インターフェース）の通信手順

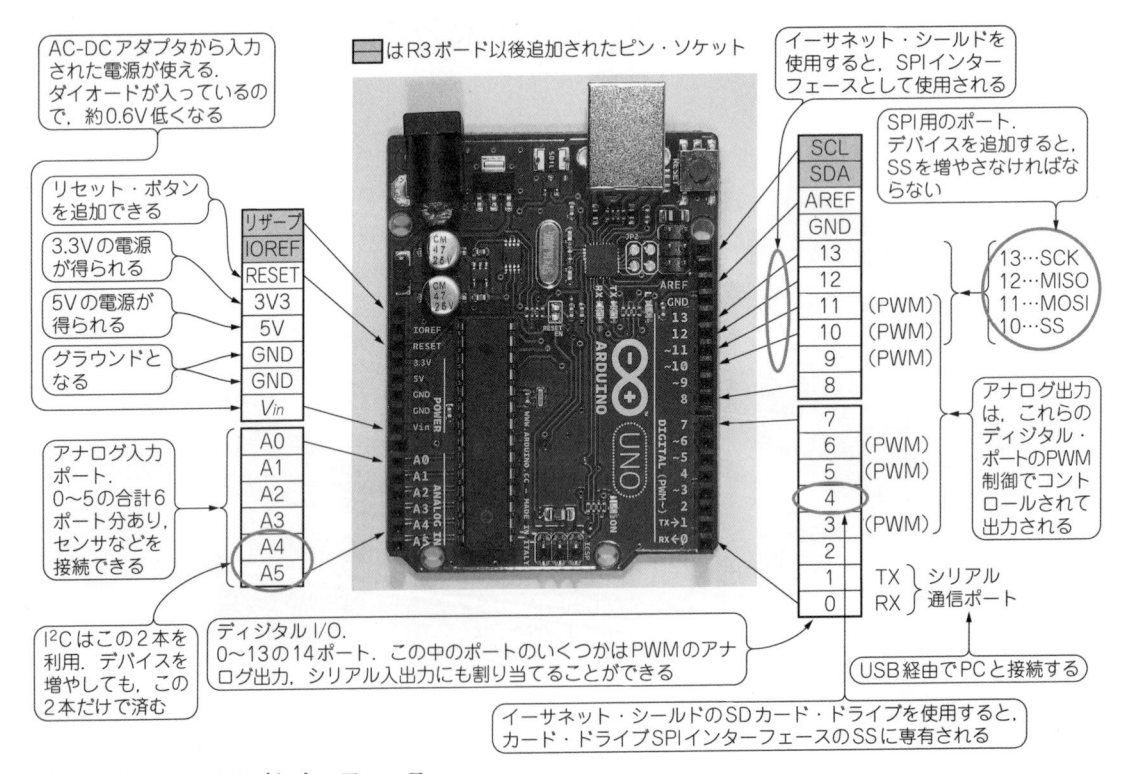

図7-3 ArduinoのSPIインターフェース

7-2 Arduino用の熱電対温度センサ（MAX6675 スイッチサイエンス）

150℃くらいまではLM35DZの半導体温度センサで測定できますが，オーブンの内部温度の測定や，てんぷらを揚げるときの油の温度，炎の温度の測定などを考えると200～800℃くらいの高温の温度測定が必要になります．このような高温の温度測定には熱電対がよく利用されます．

スイッチサイエンスのオリジナル商品として，このK型熱電対センサ・モジュール・キットが発売されています．このセンサ・モジュール・キットを利用すれば，オーブンの内部やローストビーフの温度を測定できます．

7-2-1 K型熱電対センサ・モジュール・キット

スイッチサイエンスのK型熱電対センサ・モジュール・キットには，MAXIM社のMAX6675と基板，電源バイパス・コンデンサ，K型熱電対用コネクタ，熱電対センサがセットになっています．図7-4は，このキットを組み立ててArduinoのディジタル・ポートに差し込んだものです．

MAX6675は冷接点補償熱電対/ディジタル・コンバータICで，熱電対からの信号電圧をディジタル変換してSPIのシリアル信号で送出します．Arduinoのディジタル・ポート13，12，11，10でSPIの制御信号に接続します．この接続では電源の供給はディジタル・ポート9番から－電源，ディジタル・ポート8番から＋電源を供給しています．これはテスト時の接続が簡単になり便利ですが，電源は電源回路から供給し，あまり余裕のないディジタル・ポートは，ほかの入出力に使うほうがベターです．

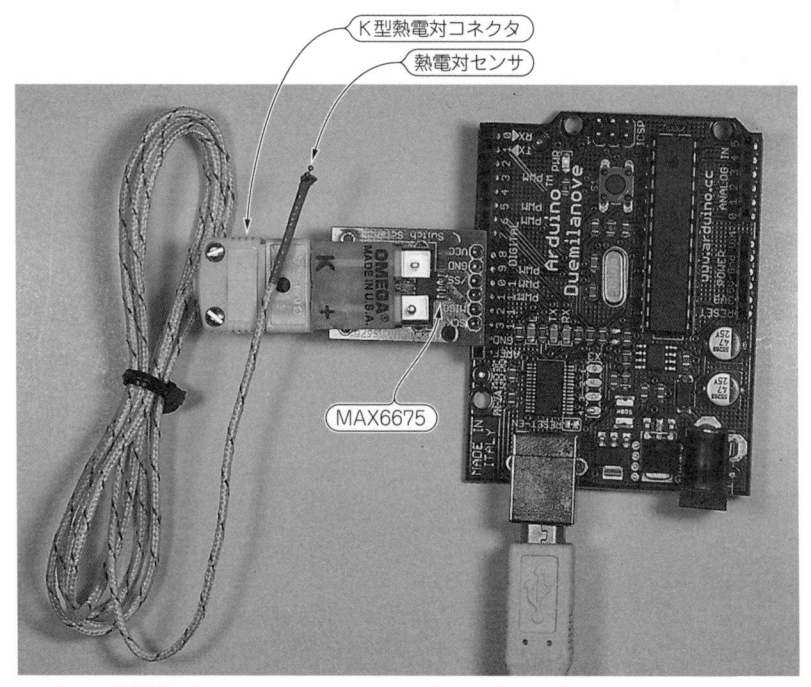

図7-4　K型熱電対センサ・モジュールを接続

◆ 製作とはんだ付け

　このキットには組み立て説明書は添付されていません．スイッチサイエンスのWebのサポート・ページに「K型熱電対温度センサモジュール（作り方）」，「MAX6675 K型熱電対温度センサのスケッチ」の説明およびサンプル・スケッチのページがあり，わかりやすく詳しい説明が書かれています．

　表面実装のコンデンサのはんだ付けは少し気合を入れる必要があります．スイッチサイエンスのWebの説明に従い，はんだ付けをしました．スケッチはSPIライブラリを使用するとサンプル・スケッチよりわかりやすいものになるので，筆者が用意したスケッチも示します．

◆ 少し厄介なコンデンサとICのはんだ付け

　はんだ付けは，図7-5に示すチップ・コンデンサとMAX6675のハーフ・ピッチ（1.27mm）表面実装の部品のはんだ付けを最初に行います．フラックスとφ0.3mmロジン入りのはんだ，部品固定用のマスキング・テープを用意すると何とかなります．

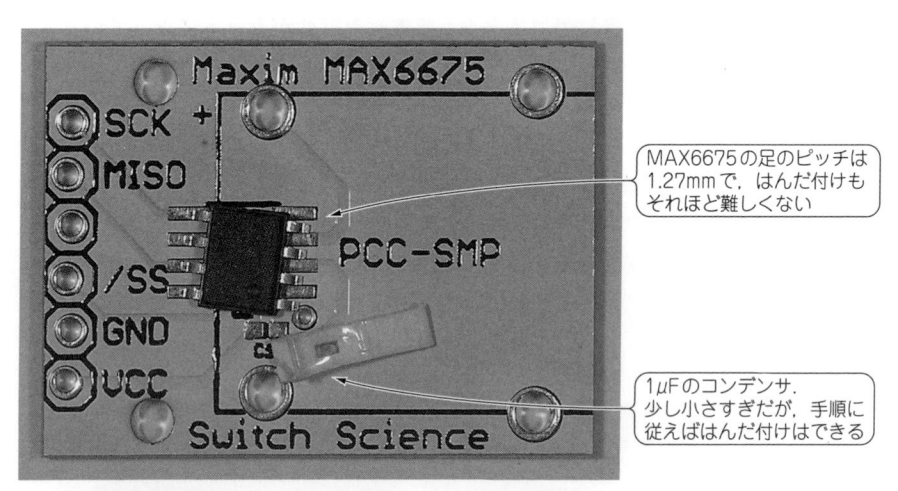

図7-5　K型熱電対センサ・モジュール・キットの表面実装の部品

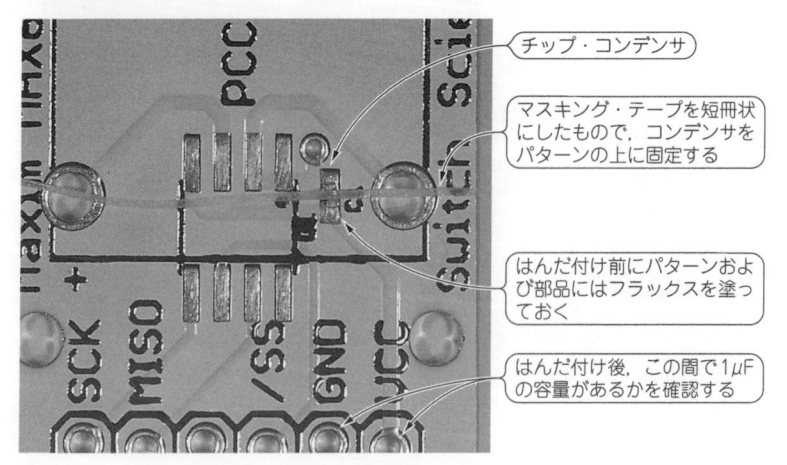

図7-6　チップ・コンデンサをマスキング・テープで固定

◆ 最初はコンデンサからマスキング・テープで固定してはんだ付けする

　コンデンサのはんだ付けを最初に行います．図7-6に示すように1mmくらいの幅に切ったマスキング・テープでチップ・コンデンサを固定します．はんだ付けの前にフラックスを刷毛でチップ・コンデンサに塗ります．その後φ0.3mmのはんだではんだ付けをします．はんだゴテのコテ先は部品を直接押し付けるのでなく，部品を取り付けるパターンの部品の足に触れるか触れないかくらい近づいた場所を温め，コテ先と部品のはんだを差し込み溶かし込んでいきます．はんだ付けを終えた後に，はんだブリッジなどでコンデンサの両端がショートしていないか，テスタで導通テストを行います．

　コンデンサのはんだ付けが正しく行われていることを確認するために，コンデンサのみはんだ付けされた状態で電源とGND間の容量を測定します．約1μFの容量があればOKです．

◆ MAX6675のはんだ付け

　このICは，表面実装タイプでリード線のピッチが1.27mmと，通常の2.54mmピッチのものより少し狭いのですが，コンデンサのはんだ付けほど大変ではありません．リード線とパターンの両方にフラックスを塗り，図7-7に示すようにマスキング・テープで固定してはんだ付けします．丸い1番ピンの位置を示すマークを確認し，1ピンもしくは対角線の2ピンのはんだ付けをした後，ずれ，配置を確認し，問題なければ残りのピンをはんだ付けします．はんだ付けした後は，ICの足と端子の間で導通があることを確認します．

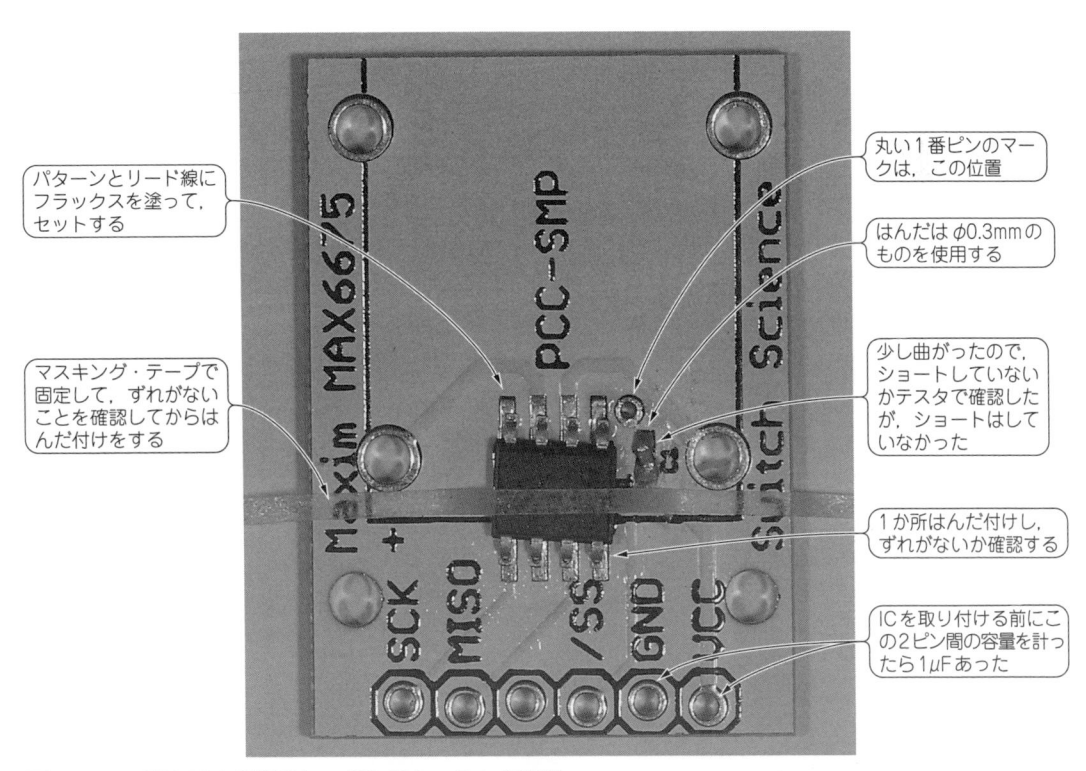

図7-7　1か所をはんだ付けし，ずれがないことを確認

◆ はんだ付けのチェック

ICの足と6ピンのピン・ヘッダとの間の導通を確認します．

ICのピン番号	ピン・ヘッダ
1	GND
2	T− コネクター
3	T+ コネクタ+
4	V_{CC}
5	SCK
6	$\overline{SS}$
7	MISO

はんだ付けが正しく行われていれば，これらの間での導通が確認できます．導通がない場合，はんだ付けの状態を確認します．筆者の場合，この導通の試験で，2番ピンのはんだ付けが十分でないのが確認できました．そのためもう一度はんだゴテで温め，はんだを追加して流し込みました．

◆ ICの隣りのピンとの絶縁を確認

このように狭いピン間隔のICの足のはんだ付けを行うと，隣りのピンとの間ではんだのブリッジができて導通してしまう場合があります．そのため，ICの隣り同士のピンの間が絶縁されているかをテスタで確認します．ただし，1と2は回路上接続されています．導通があっても問題ありません．

この導通チェックが不十分なため，コネクタのはんだ付けを行った後の動作確認で動作が正常でなく，原因の確認に手間取りました．

◆ コネクタを付けずに動作チェックする

コネクタをはんだ付けすると，電源や熱電対を接続するほうの端子が隠れてしまいます．そのため，図7-8に示すようにコネクタを接続する前の状態で，蓑虫クリップ・コードなどで熱電対の補償導線を接続し動作確認を行います．

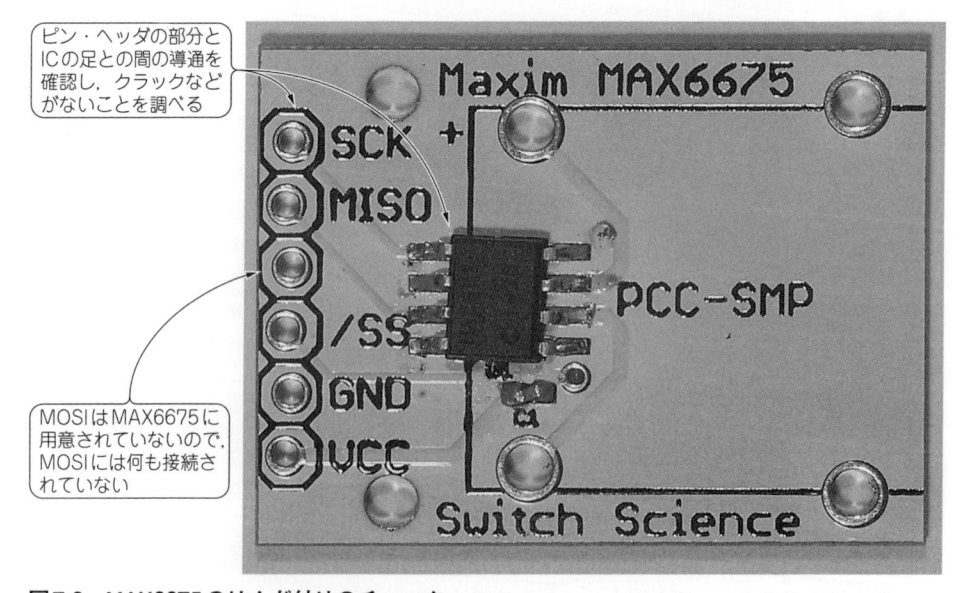

図7-8 MAX6675のはんだ付けのチェック

◆はんだブリッジを見つけると

　熱電対を外し，何も接続しない状態でICの2番ピンと3番ピンの間で導通がありました．導通があるのに目視ではんだブリッジを確認できない場合もあります．その場合は，はんだ吸い取り線で余分なはんだを取り除きます．これでたいていブリッジはなくなります．はんだを取り除きすぎたと思われる場合は，はんだ付けしなおします．

　コンデンサとICのはんだ付けの確認が終わったら，ピン・ヘッダと熱電対のコネクタをはんだ付けし，ハードウェアの準備は完了です．

7-2-2　スケッチの準備

　ハードウェアの準備が終わったので，スケッチを用意して実際の温度測定を行います．スケッチはSPIライブラリを使用します．

　スケッチおよび導入方法は，このスイッチサイエンスのWebに詳しく載っています．その手順に従って，インストールしました．

　スイッチサイエンスの説明では，このモジュールをディジタル・ポートの8～13に接続するようになっています．図7-9に示すようにブレッドボードに差し込み，V_{CC}, GNDはArduinoの電源とGNDに接続し，残りのMISO, SCK, SSをブレッドボードとArduinoの間で接続すると，ディジタル・ポートの8, 9がほかの用途に利用できるようになります．テスト・スケッチはディジタル・ポート8, 9の処理を省いて残りはまったく同じになります．

7-2-3　MAX6675からSPIでデータ受信

　熱電対制御ICのMAX6675からは温度として計測されたデータは，図7-10に示すようにSPIと呼ばれる次に示す4本の信号線を用いたシリアル通信方式でやりとりされます．

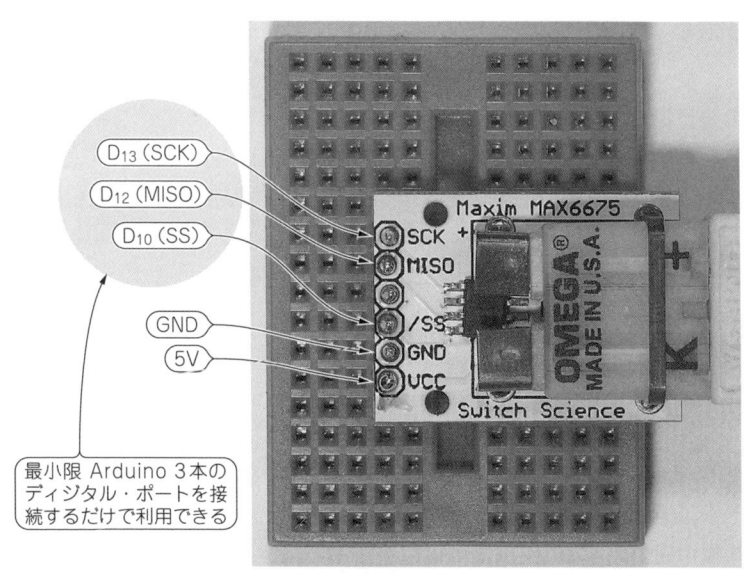

図7-9　ブレッドボードにセットして使用する場合

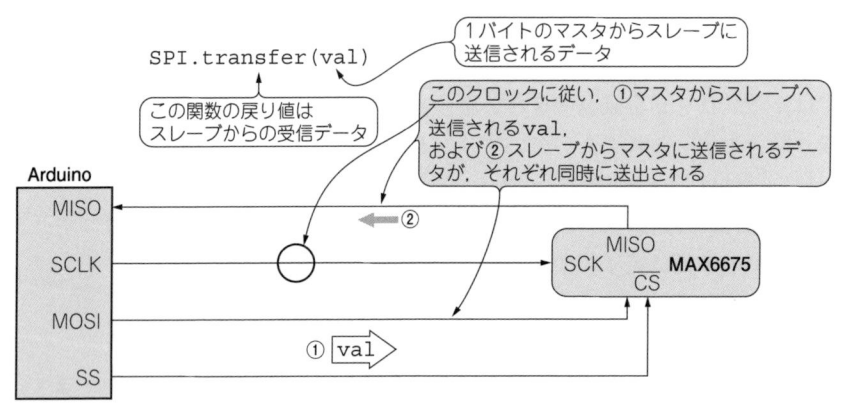

図7-10　SCKをクロックとして送受信が同時に行われる

- ▶ SCK (Serial Clock) ……………… マスタ・スレーブ間のシリアルデータの送受信のためのクロック
- ▶ MISO (Master In Slave Out) …… スレーブから出力され，マスタに入力されるデータが送受信される信号線
- ▶ MOSI (Master Out Slave In) …… マスタから出力され，スレーブに入力されるデータが送受信される信号線
- ▶ SS (Slave Select) ………………… 複数のスレーブが接続されているときにスレーブを選択するための信号線

　MAX6675の通信のための信号線はSO (MISO)，$\overline{\mathrm{CS}}$ (SS)，SCKの3種類です．MAX6675には，MOSIのマスタからのデータを受信する信号線が用意されていません．

　今回は，ArduinoとMAX6675との間だけの通信なので，SCK，MISO，MOSI，SSの4本の信号線はArduinoのディジタル・ポート13 (SCK)，12 (MISO)，11 (MOSI)，10 (SS) に直接接続されています．

◆ 実際のデータの受け渡し方法

　MAX6675から温度の測定データをArduinoが受け取る手順を図7-11に示します．MAX6675の$\overline{\mathrm{CS}}$ (SS) をLOWにするとSCKのクロックに同期して16ビットの温度データが送出されます．SPIでのデータの受け渡しは，マスタから1バイトのデータが送出されると同時に，スレーブからデータが1バイト送られてきます．そのため，次の命令でデータの送受信を行います．

　　SPI.transfer(0xFF)

　このスケッチを実行すると，図7-10に示したように，0xFFのダミー・データをスレーブに送出すると同時に関数の戻り値としてスレーブから温度データとして測定結果がセットされます．

◆ 電源

　電源はディジタル・ポートの8, 9でV_{CC}とGNDを供給しています．MAX6675の基板内で熱電対の起電力を測定し，Arduinoへはディジタル値に変換された値が送られてくるので，MAX6675の基板とArduinoの基板の間でわずかなGNDの電位差があっても問題ありません．ディジタル・センサなので，このような電力の供給方法も可能です．

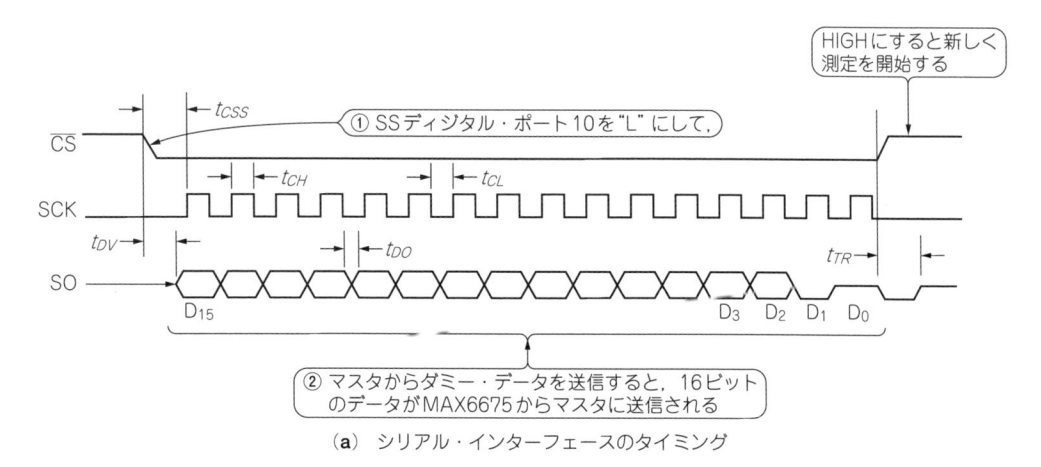

(a) シリアル・インターフェースのタイミング

ビット	ダミー符号ビット	2ビット 温度データ										熱電対入力	デバイスID	状態
bit	15	14	13	12	11	10	9	8	7	6	5	4	3	2	1	0
	0	MSB										LSB		0	Three-state

(b) SO出力

図7-11 MAX6675の測定データの形式

しかし，LCDなどこの他のデバイスを接続しようと思うと，Arduinoのディジタル・ピンの不足が考えられます．実際のアプリケーションでは，電源は別に供給したほうがよいでしょう．

7-2-4 実行時のようす

熱電対をセットして，スケッチをアップロードして気温のデータがモニタされている状態を図7-12に示します．

SPIライブラリのヘッダ・ファイルを読み込み，+電源のV_{CC}を8，−電源のGNDを9に設定し，センサから読み込んだデータを格納するint型の変数を定義します．

```
#include <SPI.h>
int VCC=8,GND=9,SS=10;
int rdata;
```

初期化処理の関数setupではVCC，GNDとSSに割り当てたディジタル・ピンを出力に設定し，電源供給のためVCCはHIGH，GNDをLOWにしています．SSもHIGHにします．SPI.begin()でSPIライブラリの初期化を行い，あわせてシリアル通信の9600bpsのスピードで初期化しています．

```
void setup(){
  pinMode(VCC,OUTPUT);
  pinMode(GND,OUTPUT);
  digitalWrite(VCC,HIGH);
```

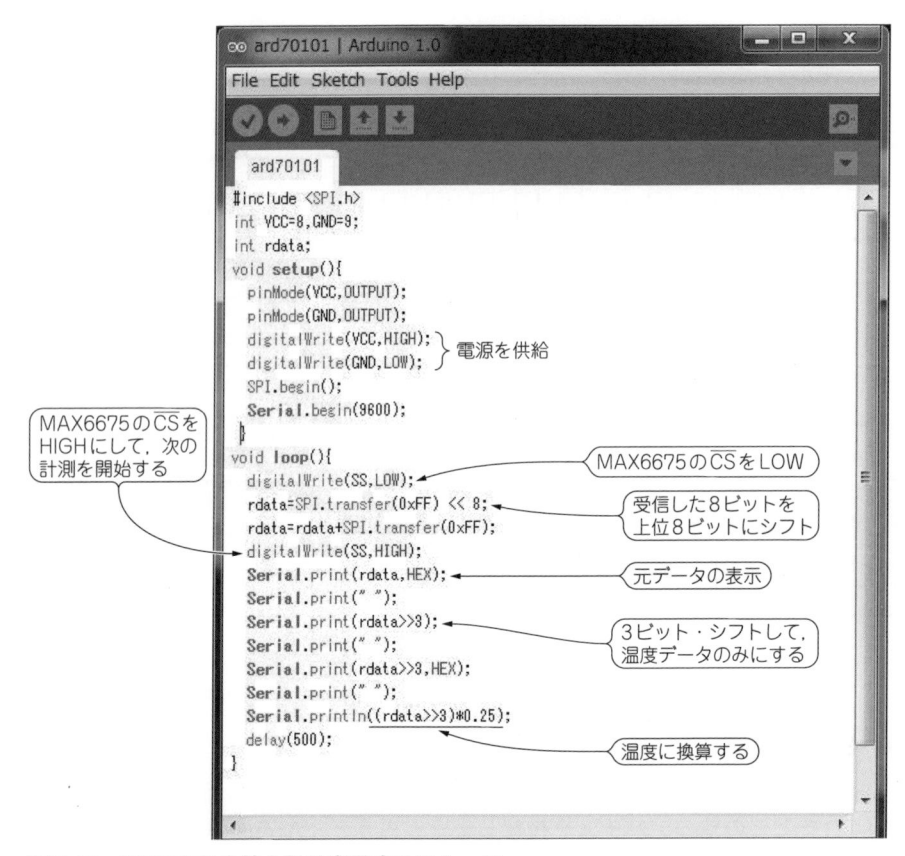

図7-12 MAX6675を読み取り表示するスケッチ

```
  digitalWrite(GND,LOW);
  SPI.begin();
  Serial.begin(9600);
}
```

MAX6675の熱電対センサからのデータは，図7-11に示すようにSS（$\overline{CS}$）をHIGHからLOWにして16ビットのデータを読み取ります．最後にSSをHIGHにします．SO出力である受信したデータのうち，ビット3から12ビットが測定温度を示しています．ビット2は '1' なら熱電対が接続されていません．このビットが '0' ならセンサが正常にセットされています．

スイッチサイエンスのサンプル・スケッチではチェックしていますが，測定データを見ればわかるので，ここではチェックはしていません．

```
void loop(){
  digitalWrite(SS,LOW);
  rdata=SPI.transfer(0xFF) << 8;
  rdata=rdata+SPI.transfer(0xFF);
  digitalWrite(SS,HIGH);
```

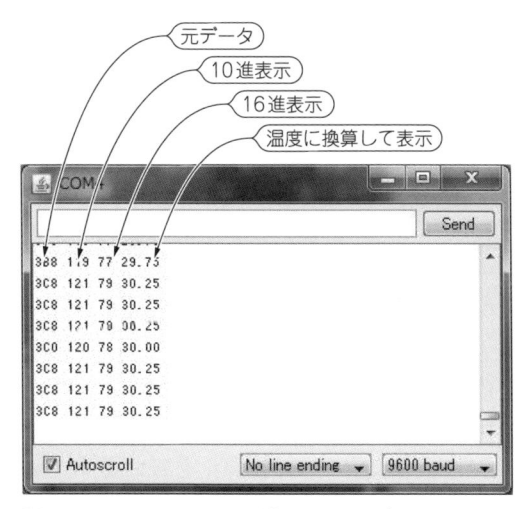

図7-13 MAX6675から読み取ったデータ

　ここまでで，MAX6675からの2バイト（16ビット）のデータがMAX6675から読み取られ，int型の変数rdataにセットされます．
　受信した16ビットのデータを16進数表示でシリアル・モニタに表示します．

```
Serial.print(rdata,HEX);
Serial.print(" ");
```

温度のデータ部分を10進，16進表示で表示します．

```
Serial.print(rdata>>3);
Serial.print(" ");
Serial.print(rdata>>3,HEX);
Serial.print(" ");
```

測定データから温度の値にして表示し，0.5秒間時間待ちします．

```
Serial.println((rdata>>3)*0.25);
  delay(500);
{
```

　実行結果を図7-13に示します．この場合は，センサがセットされ正常に測温を行っている場合の結果です．センサを外して測定すると測定データのビット2が'1'になり，測定でデータの最後の4ビットが'4'または'C'になるのが確認できます．テストしてみてください．
　SPIインターフェースは，Arduinoのイーサネット・シールドでSDカード・ドライブ，イーサネットの通信制御を行っているデバイスのインターフェースにも利用されています．それぞれ専用のライブラリが用意されています．次章以降それらについて説明します．

Appendix3
SPIライブラリ

このライブラリは，SPIインターフェースをもったデバイスとのデータの受け渡しを行うためのArduino IDEに標準で用意されています．SPIインターフェースの初期化，通信速度の設定，通信のモードの設定，データの送受信を行う関数があります．

◆ `SPI.begin()`

引数は必要ありません．ArduinoのSPIバスの初期化を行います．MOSI，SCK，SSをOUTPUTに設定し，SCKとMOSIをLOW，SSをHIGHに設定します．MISOはデフォルトの入力のままになっています．

◆ `SPI.end()`

SPIのインターフェースの設定を終えます．ただし，SPIインターフェースで使用した各ピンの設定はそのまま保存されます．

◆ `SPI.setBitOrder(order)`

orderはシリアル通信のデータの送出の順番を示します．LSBFIRSTを指定すると最下位のビットから順番に送出します．MSBFIRSTを指定すると最上位ビットから送出します．

◆ `SPI.setClockDivider(divider)`

SPI通信のクロックを得るためのシステム・クロックの分周割合を設定します．2，4，8，16，32，64，128から選択します．デフォルトではシステム・クロックを4分周しています．

dividerは次の値から選択します．

　SPI_CLOCK_DIV2, SPI_CLOCK_DIV4, SPI_CLOCK_DIV8, SPI_CLOCK_DIV16,
　SPI_CLOCK_DIV32, SPI_CLOCK_DIV64, SPI_CLOCK_DIV128

◆ `SPI.setDataMode(mode)`

SPIクロックの極性，クロック位相の設定を行います．

　mode: SPI_MODE0, SPI_MODE1, SPI_MODE2, or SPI_MODE3

◆ `SPI.transfer(val)`

バイト・データvalをSPIバスに送出します．スレーブからSPIバス経由で送られたデータはこの関数の戻り値としてセットされます．そのため，スレーブからのデータを受信するためには送信データがない場合も1バイトのダミー・データをマスタに送信します．ダミー・データの値は操作に影響を与えません．

SCK，MISO，MOSI，SSはディジタル・ポートの13，12，11，10を示す定数としてArduino IDEで定義されています．したがって，スケッチの中で定義することなく利用できます．

[第8章]
大容量の外部メモリを活用できる
SDカード/マイクロSDカードにデータを保存する

● SDカードにデータが保存できる

　本章では，マイクロSDカードを利用するために用意されたSDライブラリを利用して，SDカード/マイクロSDカードのファイルの処理を行います．これにより，Arduinoで容易にデータロガーを実現することができます．ファイル・システムはFATもしくはFAT32なので，PCに持っていって，読み出すことができます．いままでの章では温度などを測定していましたが，それら測定したデータをSDカードに保存してみます．

　ここでSDカードの読み書きを行っているインターフェースは，SPIバスを使用しています．SPIバスは低速ですが，SDカードと容易に接続することができます．

8-1　SDカード・ドライブ

　図8-1に示すように，SDカードとマイクロSDカードは大きさも異なり形状も少し違っています．しかし，Arduinoとの接続は基本的には図8-2に示すようにSPIインターフェースを使います．ただし，Arduino側は5Vの電源電圧でSPIの信号もHIGHのレベルでは3.3V以上になります．一方，SDカード側は電源電圧が3.3Vで，この入力端子には電源電圧の3.3Vを超える電圧を加えることができ

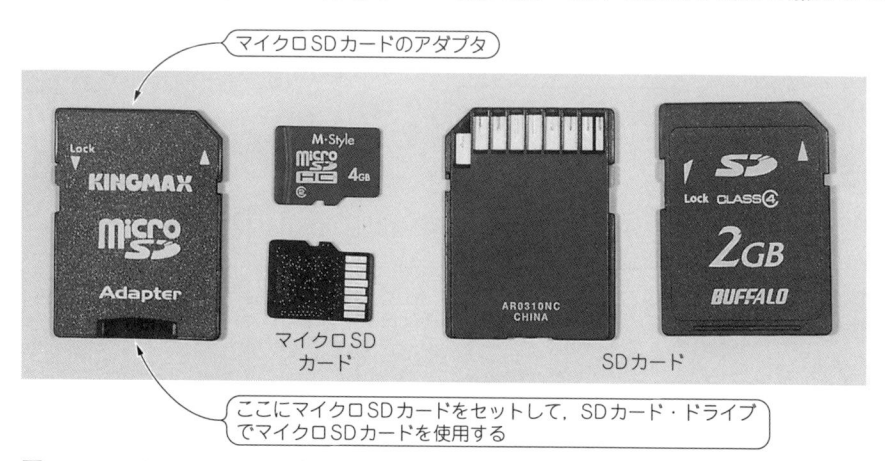

図8-1　SDカードのメモリ容量が増大し，2011年現在2Gバイト以上の容量となっている

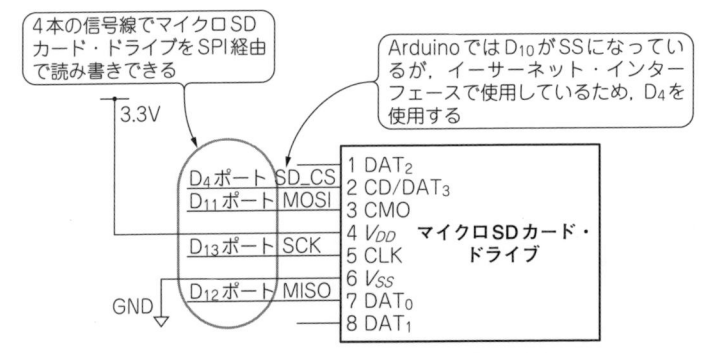

図8-2 SPIインターフェースだと低速だが容易に接続できる

- 4本の信号線でマイクロSDカード・ドライブをSPI経由で読み書きできる
- ArduinoではD₁₀がSSになっているが，イーサーネット・インターフェースで使用しているため，D₄を使用する

D_4ポート SD_CS
D_{11}ポート MOSI
D_{13}ポート SCK
D_{12}ポート MISO

1 DAT₂
2 CD/DAT₃
3 CMO
4 V_{DD}
5 CLK
6 V_{SS}
7 DAT₀
8 DAT₁

マイクロSDカード・ドライブ

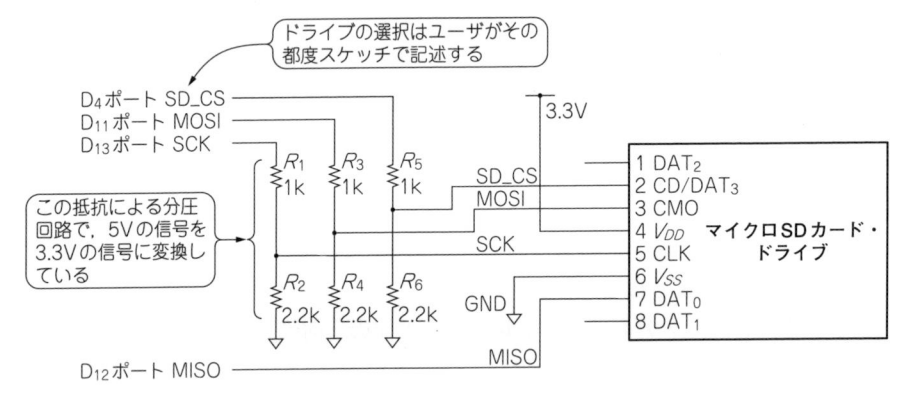

図8-3 イーサネット・シールドのSDカードの電圧レベル変換

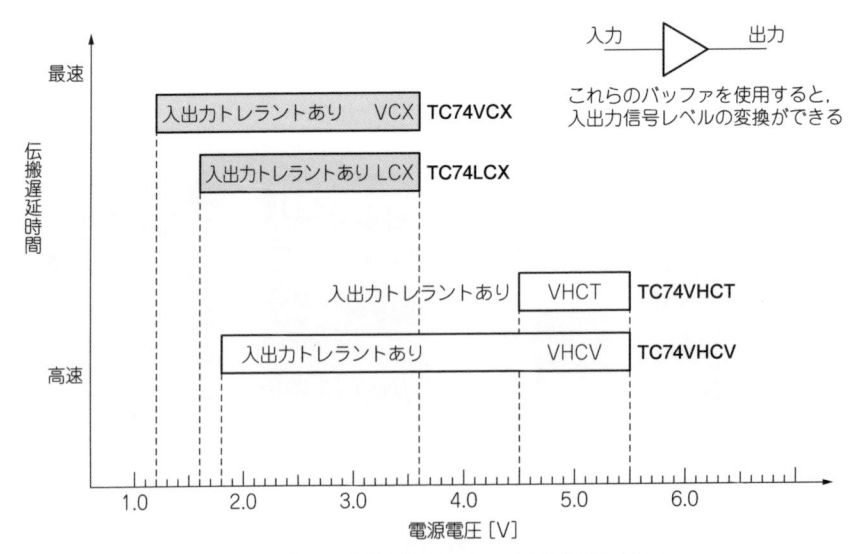

- ドライブの選択はユーザがその都度スケッチで記述する
- この抵抗による分圧回路で，5Vの信号を3.3Vの信号に変換している

D_4ポート SD_CS
D_{11}ポート MOSI
D_{13}ポート SCK
D_{12}ポート MISO

R_1 1k, R_3 1k, R_5 1k
R_2 2.2k, R_4 2.2k, R_6 2.2k

図8-4 各デバイスはそれぞれの動作電圧内でレベル変換ができる

- 入出力トレラントあり VCX　TC74VCX
- 入出力トレラントあり LCX　TC74LCX
- 入出力トレラントあり VHCT　TC74VHCT
- 入出力トレラントあり VHCV　TC74VHCV

縦軸：伝搬遅延時間（最速～高速）
横軸：電源電圧 [V]（1.0～6.0）

これらのバッファを使用すると，入出力信号レベルの変換ができる

ません．

そのため，ArduinoとSDカード・ドライブのインターフェースとの間では，電圧レベルの変換を行います．SDカード・スロットをもつイーサネット・シールド・バージョン5（V05）のボードでは，**図8-3**に示すArduinoからの信号を抵抗で分圧してSDカード・ドライブのインターフェースに加えています．バージョン6では，レベル・シフタと呼ばれるバッファICが間に入ってレベル変換をしています．

最近では，3.3V動作のSPIやI²CのセンサなどがOKなっています．5V電源のArduinoと接続する場合は，**図8-4**に示すような変換デバイスを使ってのレベル変換が必要になります．ここでは，Arduino用のイーサネット・シールドに搭載されたマイクロSDカード・ドライブを使用します．

8-2　SDライブラリの概要

Arduino 0022のバージョンから，SDライブラリが標準ライブラリとして用意されるようになりました．このライブラリには**表8-1**に示す関数が用意され，このライブラリを使用してSDカードの読み書きを行うサンプル・スケッチも用意されているので，SDカードの読み書きもそれほど難しいものではなくなりました．

このSDライブラリは，**図8-5**に示すようにSDカードのファイル，ディレクトリに対する処理を行うSD classと，SD classのopenのメソッドで開いたファイルに読み書きなどの処理を分担するFile classとで構成されています．

SD classでは，最初にファイル，ディレクトリの作成，削除，ファイルを読み書きするためのオープンが行われます．オープン操作で得られたファイルのオブジェクトに対してFile classの処理が用意されています．ファイルから読み取れるデータ有無のチェック，書き込みデータをSDカードに実際に書き込む処理の実行，いろいろな方法でのファイルの読み書き，ファイル・サイズの取得，読み取り位置に関する処理などファイル処理に必要な基本的な機能があります．

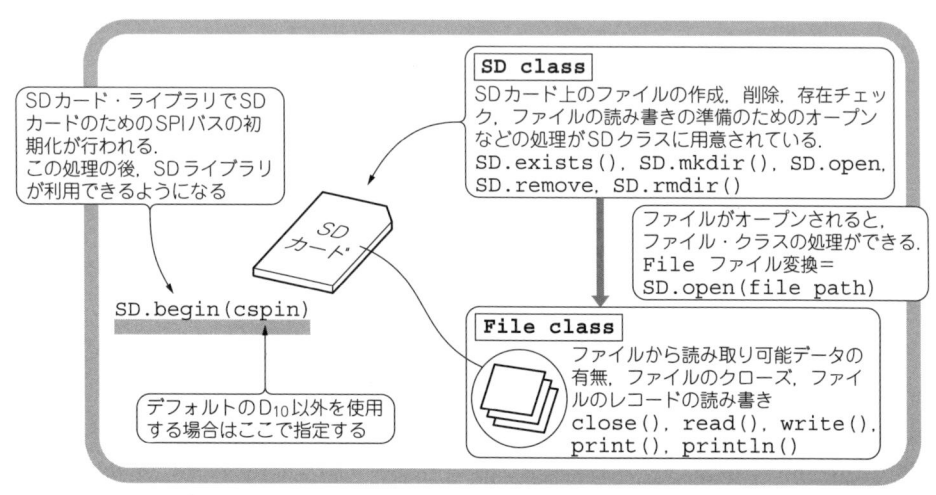

図8-5　SDライブラリの概要

表8-1 SDライブラリの各関数(詳しい引数などはAppendix4を参照)

クラス	関数	機能	使用例	備考
SD class	begin()	SDライブラリ，SDカード・ドライブの初期化およびデバイスの選択ピンの指定を行う	SD.begin() SD.begin(cspin)	
	exists()	ファイルの存在チェックを行う	SD.exists(filename)	
	mkdir()	ディレクトリを作成する	SD.mkdir(filename)	
	open()	ファイルをオープンする．書き込みモードでオープンして，ファイルがなければ新しく作られる	SD.open(filename) SD.open(filename,mode)	戻り値はファイル・オブジェクト
	remove()	ファイルの削除を行う	SD.remove(filename)	
	rmdir()	ディレクトリの削除を行う	SD.rmdir(filename)	
File class	available()	ファイルから読み取るバイトがあるかチェックする	file.available()	
	close()	ファイルを閉じ，データを保存する	file.close()	
	flush()	ファイルに書き込んだデータを物理的に保存する．close()実行時に自動的に行われる	file.flush()	
	peek()	ファイルから1バイト読み取る．読み取り位置は変わらない	file.peek()	
	position()	ファイルの現在位置を戻す	file.position()	
	print()	書き込みモードで開いたファイルにデータを書き出す．数値では指定された書式の文字列で書き込む	file.print(data) file.print(data, BASE)	
	println()	print()の行末に改行コードを書き込む	file.println() file.println(data) file.println(data, BASE)	
	seek()	ファイルの中の新しい位置に移動する	file.seek(pos)	
	size()	ファイルのサイズを得る	file.size	
	read()	ファイルから1バイト読み取る	file.read()	
	write()	ファイルへ1バイト書き込む	file.write(data) file.write(buf, len)	

◆ ファイル名は8.3で長い名前は駄目，FAT16，FAT32に対応

　SDライブラリで取り扱えるファイル名は8文字の名称と3文字のエクステントまでです．それ以上の長い名称には対応していません．SDカードのフォーマットは，PCなどほかのシステムで行います．FAT16，FAT32にも対応しています．今回は2GBのマイクロSDカードを，PCでFAT32でフォーマットしたものをテストしました．

　フォーマットしたSDカードをドライブにセットします．この後，SD.begin()の実行でSPIインターフェースがイネーブルになります．スケッチで各制御レジスタの内容を確認してみます．

◆ SD.begin (cspin) の動作を確認する

SD.begin(cspin)で，SPI通信の初期化が行われます．cspinはSDカードのドライブを選択する出力ポートを指定します．デフォルトではディジタル・ポート10になっていますが，ここで用いるイーサネット・シールドに搭載されているSDカード・ドライブは，ディジタル・ポート4が配線されています．

その他の信号は，ディジタル・ポート13のSCK，12のMISO，11のMOSIの各ポートの設定が行われます．

図8-6 SD.begin()の実行結果を確認
マイコン・チップのデータシートで定義されているレジスタ名は，そのままシステム定義の定数と同じようにスケッチの中で利用できる．

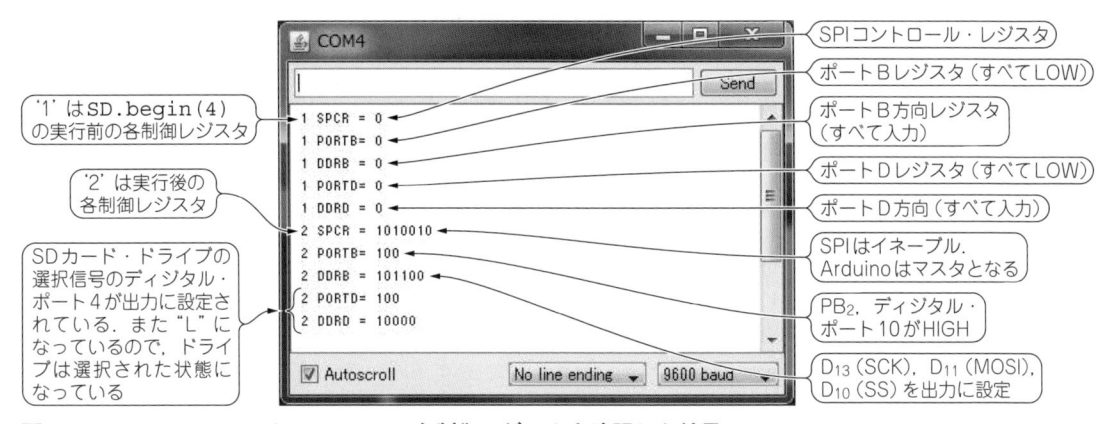

図8-7 Arduino UNOマイコンのSPIの各制御レジスタを確認した結果

● SPIコントロール・レジスタ

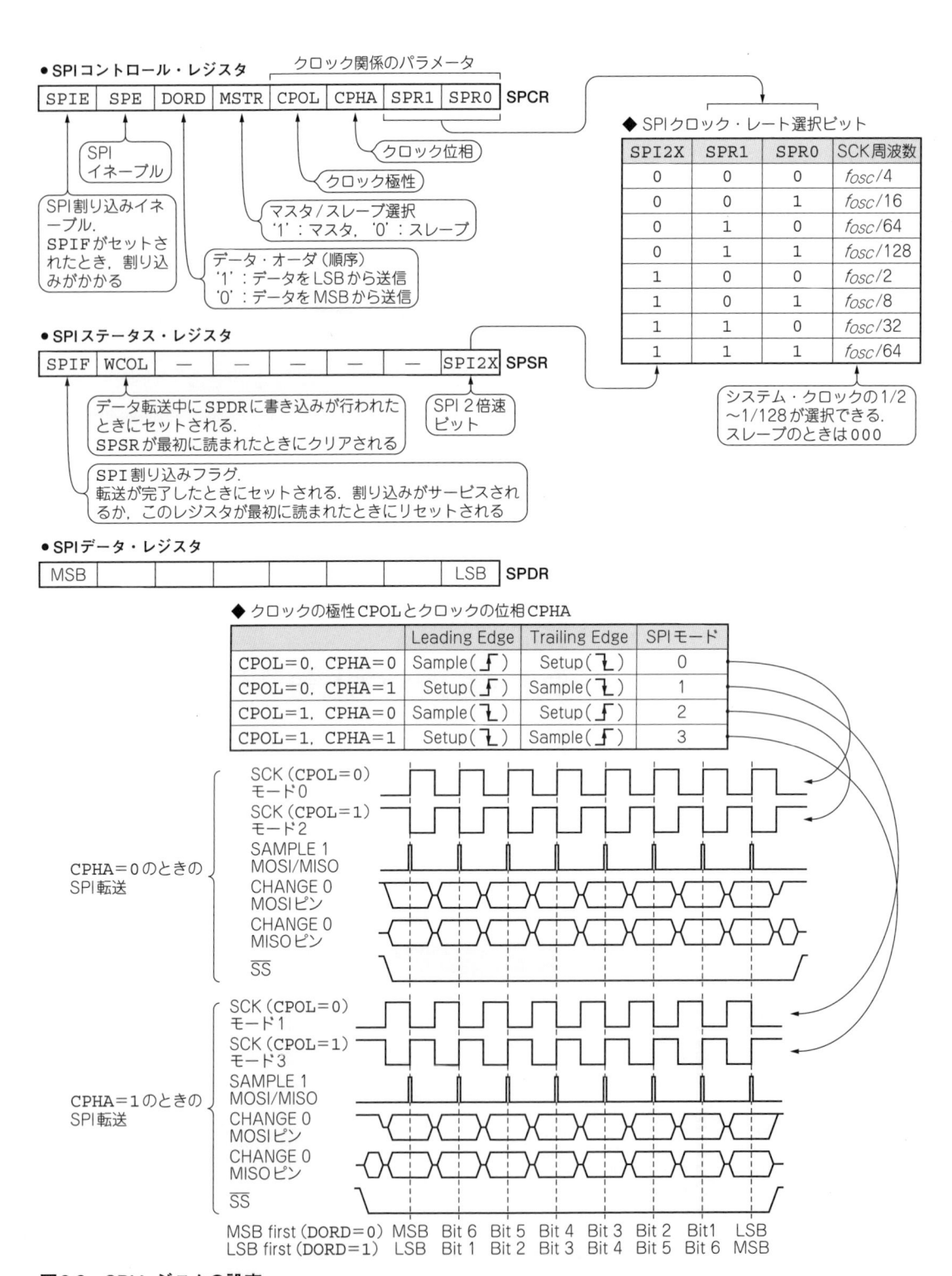

| SPIE | SPE | DORD | MSTR | CPOL | CPHA | SPR1 | SPR0 | SPCR |

クロック関係のパラメータ

- SPI イネーブル
- SPI割り込みイネーブル．SPIFがセットされたとき，割り込みがかかる
- データ・オーダ（順序）'1'：データをLSBから送信　'0'：データをMSBから送信
- マスタ/スレーブ選択 '1'：マスタ，'0'：スレーブ
- クロック極性
- クロック位相

◆ SPIクロック・レート選択ビット

SPI2X	SPR1	SPR0	SCK周波数
0	0	0	$f_{osc}/4$
0	0	1	$f_{osc}/16$
0	1	0	$f_{osc}/64$
0	1	1	$f_{osc}/128$
1	0	0	$f_{osc}/2$
1	0	1	$f_{osc}/8$
1	1	0	$f_{osc}/32$
1	1	1	$f_{osc}/64$

システム・クロックの1/2〜1/128が選択できる．スレーブのときは000

● SPIステータス・レジスタ

| SPIF | WCOL | — | — | — | — | — | SPI2X | SPSR |

- データ転送中にSPDRに書き込みが行われたときにセットされる．SPSRが最初に読まれたときにクリアされる
- SPI 2倍速ビット
- SPI割り込みフラグ．転送が完了したときにセットされる．割り込みがサービスされるか，このレジスタが最初に読まれたときにリセットされる

● SPIデータ・レジスタ

| MSB | | | | | | | LSB | SPDR |

◆ クロックの極性CPOLとクロックの位相CPHA

	Leading Edge	Trailing Edge	SPIモード
CPOL=0，CPHA=0	Sample(↑)	Setup(↓)	0
CPOL=0，CPHA=1	Setup(↑)	Sample(↓)	1
CPOL=1，CPHA=0	Sample(↓)	Setup(↑)	2
CPOL=1，CPHA=1	Setup(↓)	Sample(↑)	3

CPHA=0のときのSPI転送
- SCK(CPOL=0) モード0
- SCK(CPOL=1) モード2
- SAMPLE 1 MOSI/MISO
- CHANGE 0 MOSIピン
- CHANGE 0 MISOピン
- $\overline{SS}$

CPHA=1のときのSPI転送
- SCK(CPOL=0) モード1
- SCK(CPOL=1) モード3
- SAMPLE 1 MOSI/MISO
- CHANGE 0 MOSIピン
- CHANGE 0 MISOピン
- $\overline{SS}$

MSB first (DORD=0) MSB Bit 6 Bit 5 Bit 4 Bit 3 Bit 2 Bit1 LSB
LSB first (DORD=1) LSB Bit 1 Bit 2 Bit 3 Bit 4 Bit 5 Bit 6 MSB

図8-8　SPIレジスタの設定

したがって，ここでは，cspinに4を設定して，SDカードの処理に使う形でテストをします．

これらの確認のため，SD.begin()の実行の前後のSPI制御レジスタ（SPCR），ポートBの設定状況を示すPORTB，ポートBの入出力の方向を決めるDDRBレジスタの内容を，図8-6に示すスケッチでシリアル・ポートのモニタに表示してみました．

なお，このレジスタの内容の確認は，マイコン内部の動作およびスケッチの命令の働きを理解するために用意したものです．SDカードの読み書きのスケッチを作成する際には必要ないので，8-3項へスキップすることもできます．

◆ スケッチでもマイコン内部の詳細を確認することができる

結果は図8-7に示すように，SD.begin()の実行前は，SPI制御は0で，SPIの設定は行われていません．またポートB，Dはすべて入力に設定されています．

SD.begin(4)の実行後のSPCRのb_6が'1'でSPIイネーブル，b_4が'1'でSPIのマスタと設定されています．SPSRレジスタのb_0が'0'で，SPCRのb_1, b_0が'1', '0'なので，SPIのクロックSCKはシステム・クロックを1/64したものになっています．Arduinoに使用されているマイコンのAtmel ATmega328のSPIの制御レジスタの内容を図8-8に示します．

ポートの状態はD_{13}のSCKのポートはDDRBのb_5が'1'で出力，D_{12}のMISOはb_4が'0'で入力，D_{11}のMOSIはb_3が'1'で出力となっています．D_{10}のSSはb_2が'1'で出力になっています．SD.begin(4)で指定したディジタル・ポート4（D_4）はDDRDレジスタのb_4が'1'になり，出力に設定されています．

8-3 テスト・スケッチの機能

ここでは，定められた間隔で気温，湿度を測定し，測定したデータをLCDに表示するとともに，SDカードのファイルへ追記し保存するスケッチを作ります．保存するデータは，テキスト・データで各項目をカンマ（,）で区切りEXCELのテキスト・ファイルとして読み込めるものにします．

LCDモジュール，SDカード・ドライブなどの周辺デバイスについては，図8-9に示す関係になります．

◆ サンプル・スケッチの処理の概要

図8-10にサンプル・スケッチの概要を示します．

① 最初に必要なヘッダ・ファイル，SD.h，LiquidCrystal.hを読み込み，定数，変数を定義します．LCDモジュールのインスタンス，lcdを生成します．

② setup()ではLCDライブラリ，SDライブラリの初期化を行います．SDライブラリの初期化時には，SDカード・ドライブにSDカードがセットされている必要があります．そのため初期化の結果としてSDカードの有無をLCDモジュールに表示します．合わせて測定データの追番のために用意した変数の初期化を行います．

③ loop()の中で，最初にif文でmillis()をインターバルの秒数の1000倍の値で除算し，余りがゼロになるのを監視します．ゼロになったときにLCDに結果を表示し，SDカード上のファイルをオープンし，測定結果を書き込んだ後クローズします．ゼロになったときは，次の〈1〉，〈2〉，〈3〉の処理を行います．

図8-9 周辺デバイスとの関係

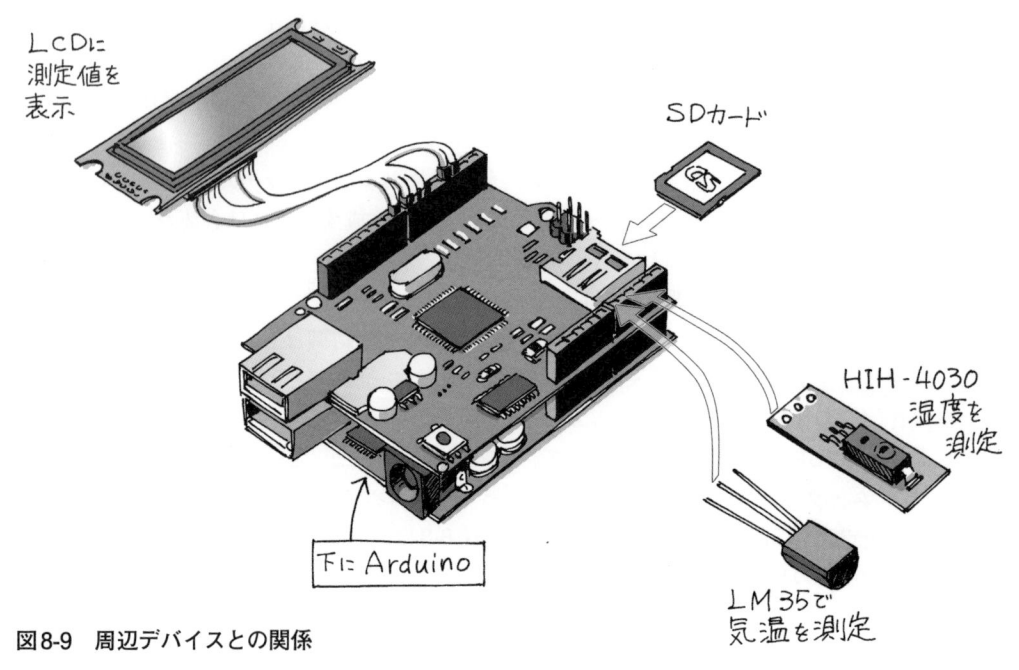

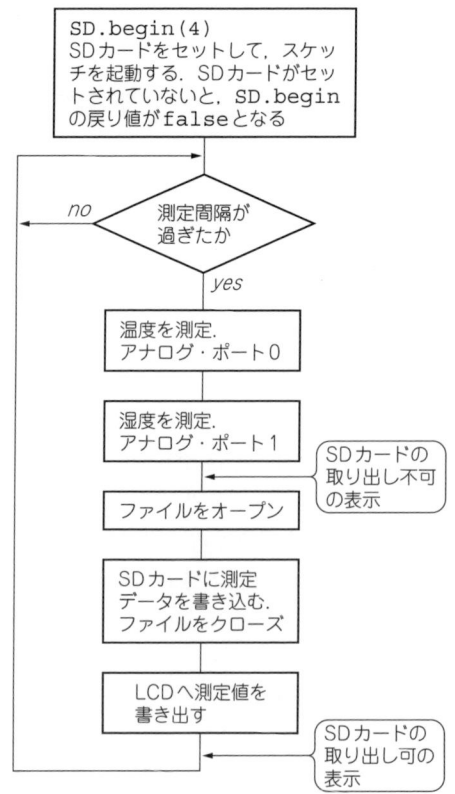

図8-10 テスト・スケッチの概要

〈1〉シリアル・ナンバのカウントアップを行い，LM35で気温を，HIH-4030で湿度を測定し，LCDモジュールに表示する
〈2〉SDカード上のdatalog.txtをオープンし，測定したデータをこのオープンしたファイルに追記する．追記に続いてファイルをクローズする
〈3〉ファイルがクローズされたことを示す表示をLCDに行う．この表示がある間にSDカードを取り外してもファイルはクローズされているので，追記されたデータの漏れは生じない

8-4 SDカードに測定値を書き込むスケッチ

◆ ヘッダ・ファイルの読み込み，変数などの定義をする

最初に，ヘッダ・ファイルの読み込みの指定とSDカードのドライブ選択信号の設定を行います．イーサネット・シールドに搭載されているマイクロSDカード・ドライブのドライブ選択信号は，ディジタル・ポート4に割り当てられています．

ディジタル・ポート4は通常LCDモジュールのb_4端子に割り当てています．そのため，ここではLCDのb_4端子をディジタル・ポート8に割り当てて重ならないようにします．

```
#include <LiquidCrystal.h>
#include <SD.h>
const int chipSelect = 4;  int interval=20;
float vdd=5.02,vt,RH,sRH;
LiquidCrystal lcd(2,3,8,5,6,7);
int sno=0,sens0,sens1;
```
（b_4を8番ピンに）

◆ 初期化処理（setup()関数）について

LCDモジュールの表示設定を16文字2行に設定し，LCDの表示をクリアします．

次に，イーサネット・シールドに搭載されたSDカード・ドライブの選択信号のディジタル・ポート4をchipSelectとして指定し，SDライブラリの初期化を行います．この初期化の際，マイクロSDカードがセットされていないと初期化が行われません．カードがセットされていない場合は，カードがセットされてないとLCDに表示して，return文でこのプログラムを終了します．

マイクロSDカードをスロットにセットしてArduinoのリセット・ボタンを押すと，正常に初期化が行われます．その後，測定データの追番をふるためのカウンタsnoを'0'に初期化します．

```
void setup()
{
  lcd.begin(16,2);
  lcd.clear();
  if (!SD.begin(chipSelect)) {
    lcd.print("Card failed, or not present");
    return;
  }
  else{
    lcd.print(" Card ON ");
```
（'!'は否定を示す．そのため，SDカードの初期化が成立しないときif文が成立し，エラー・メッセージを表示する）

```
    }
    sno=0;
}
```

◆ 測定，表示，ファイルへ追記を行う

intervalで設定された秒数が測定間隔となります．変数の定義部で任意の秒数を設定することができます．所定の間隔ごとに除算の余りがゼロとなります．この条件が成立したときに測定に関連する処理を行います．

それ以外は，ひたすらif文でmillis() % (1000 * interval))==0になるのを監視しています．

```
void loop()
{
    if ((millis() % (1000*interval))==0){
```

測定の処理はここから始まります．sno++はsno=sno+1と同等の記述で，カウンタsnoのカウントアップを行っています．温度センサLM35の出力はanalogRead(0)で，HIH-4030の湿度センサの出力はanalogRead(1);で読み取り電圧に変換し，温度，湿度を求める換算式でそれぞれの値を求めます．

```
sno++;
sens0=analogRead(0);
vt=sens0*vdd/1024*100;         ← 温度を求める
sens1=analogRead(1);
sRH=(sens1/1024.0)/0.0062-0.16; ← 換算前の湿度
RH=sRH/(1.0546-0.00216*vt);    ← 温度補正した湿度
```

ここまでで，温度と湿度は求められます．LCDの表示をクリアして，温度，湿度の見出しをつけて上段に表示し，下段に湿度測定時のセンサ出力の電圧値を表示します．

```
lcd.clear();
lcd.print("t=");
lcd.print(vt);
lcd.print(" sRH=");
lcd.print(sRH);
lcd.setCursor(0,1);
lcd.print("RH=");
lcd.print(RH);
```

◆ SDカードへの書き出しは

SDカード上のdatalog.txtの名前のファイルを書き込みモードでオープンします．ファイルがSDカードにない場合は新しく作られます．オープンすると，ファイル変数が作られます．以下のスケッチでは"dataFile"という名前です．このファイル変数とFile classの各機能を組み合わせてファイルの読み書きなどの処理を行います．ここでは，測定データをSDカードのファイルに追記します．

シリアル・ナンバ(sno)，温度の測定値(vt)，湿度センサの測定値(sRH)，温度補正した湿度(RH)

を，見出しに続けて各項目をカンマによって区切りながら書き出します．湿度はprintln()を用いて改行コードも合わせて書き込みます．これでEXCELのテキスト・データ・ファイルとして，EXCELで測定データが利用できるようになります．

```
File dataFile = SD.open("datalog.txt", FILE_WRITE);
if (dataFile) {
  dataFile.print(sno);
  dataFile.print(",vt,");
  dataFile.print(vt);
  dataFile.print(",sRH=,");
  dataFile.print(sRH);
  dataFile.print(",RH=,");
  dataFile.println(RH);
  dataFile.close();
```

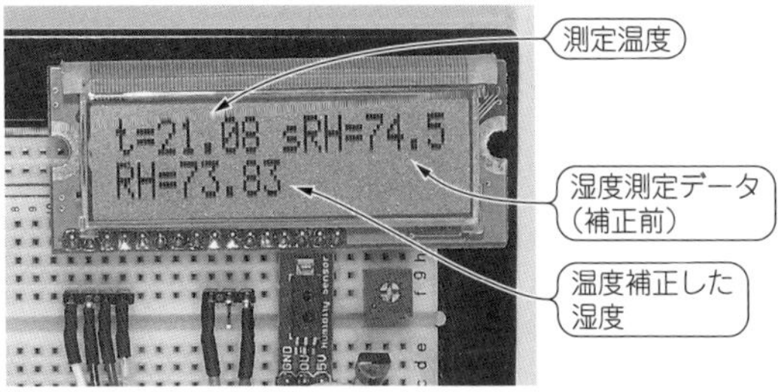

最後に，dataFile.close();を実行すると次のファイル・オープンまでSDカードが取り出し可能となります．取り出し可能になったことを示すためにlcd.setCursor(15,1); lcd.print("R");の2行のスケッチでLCDの下段の右端にReleaseの意味の"R"を表示することにします．その前に，何番目のデータを書き出したかを示すための見出しとシリアル・ナンバをLCDに表示します．

```
  lcd.setCursor(0,1);
  lcd.print("CD write=");
  lcd.print(sno);
  lcd.setCursor(15,1);
  lcd.print("R");
}
else {
  lcd.print("error opening datalog.txt");
}
}
```

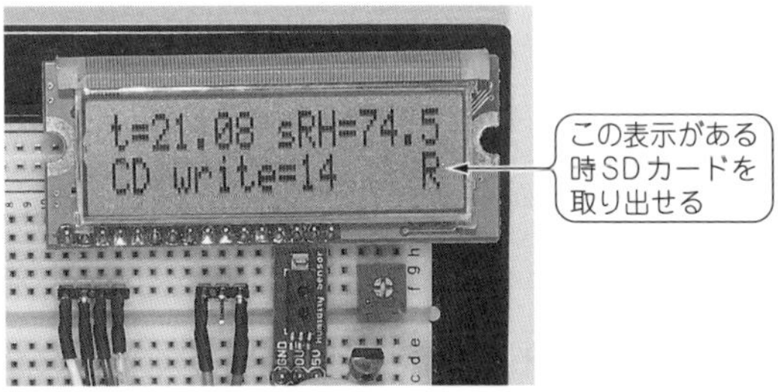

スケッチ全体を**リスト8-1**にまとめました．また実行中のようすを**図8-11**に示します．

◆ 実行結果

このスケッチの実行結果として，LCDに見出しと各測定値を表示し，SDカードに保存します．SDカードに保存されたデータをメモ帳に読み出すと**図8-12**に示すように表示されます．テストでは数秒〜20秒くらいの間隔で測定すると短時間でデータが得られます．部屋の温度，湿度をモニタする場合は，60秒〜600秒，1200秒と間をあけるとデータの数が少なくなり取り扱いも容易になります．

図8-13にはEXCELで読み込んだ結果を表示します．

リスト8-1 SDライブラリを用いた気温と湿度のデータ・ロガー

```
#include <LiquidCrystal.h>      // LCD, SD処理に必要な
#include <SD.h>                 // ライブラリを用意する
const int chipSelect = 4; int interval=20;
float vdd=5.02,vt,RH,sRH;
LiquidCrystal lcd(2,3,8,5,6,7);
int sno=0,sens0,sens1;
void setup()
{
  lcd.begin(16,2);              // LCDモジュール
  lcd.clear();                  // の初期化
  if (!SD.begin(chipSelect)) {  // SDドライブの初期化
    lcd.print("Card failed, or not present");  // SDカードがセットされて
                                               // いないとエラーとなる
    return;                     // エラーの場合，この命令で
  }                             // setup()の処理を終える
  else{
    lcd.print(" Card ON ");     // カードがセットされ初期化が
  }                             // 正常に行われる
  sno=0;                        // シリアルNo.の初期化
}
void loop()
{
  if ((millis() % (1000*interval))==0){   // intervalに設定された秒数
    sno++;                                // ごとにif文が成立する
    sens0=analogRead(0);
    vt=sens0*vdd/1024*100;      // 温度の測定
    sens1=analogRead(1);
    sRH=(sens1/1024.0)/0.0062-0.16;       // 25℃換算の湿度が求まる
    RH=sRH/(1.0546-0.00216*vt); // 温度補正し，実際の湿度を求める
```

コメント:
- テストのため20秒ごとに測定し記録することにしてある．任意の値が設定できる
- イーサネット・シールドのSDドライブを使用するため，chipSelectを4とする
- ほかで4は使用しているため，D_8を使用している

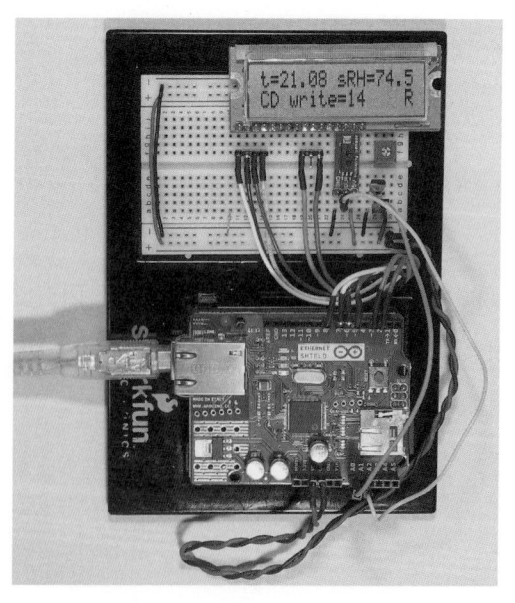

図8-11 温度と湿度をSDカードに書き込むテスト回路

```
        lcd.clear();
        lcd.print("t=");
        lcd.print(vt);
        lcd.print(" sRH=");              ⎫ LCDへ測定結果を表示
        lcd.print(sRH);
        lcd.setCursor(0,1);
        lcd.print("RH=");
        lcd.print(RH);
        File dataFile = SD.open("datalog.txt", FILE_WRITE);   ← SDカードのdatalog.txtをオープンする
        if (dataFile) {
          dataFile.print(sno);
          dataFile.print(",vt,");
          dataFile.print(vt);
          dataFile.print(",sRH=,");      ⎫ ファイルがオープンされると，シリアル・ナンバ，
          dataFile.print(sRH);              測定データをSDカードに書き込む
          dataFile.print(",RH=,");
          dataFile.println(RH);
          dataFile.close();   ← ファイルをクローズする
          lcd.setCursor(0,1);
          lcd.print("CD write=");        ⎫ ファイルへ書き込まれたデータの
          lcd.print(sno);                   シリアルNo.をLCDに表示
          lcd.setCursor(15,1);
          lcd.print("R");   ← この "R" が表示されている間はSDカードを取り出せる
        }
        else {
          lcd.print("error opening datalog.txt");
        }
      }
    }
```

図8-12 SDカードに保存されたデータをメモ帳で表示させた

（シリアルNo. / 測定された温度 / 測定された湿度データ（25℃）/ 温度補正した湿度）

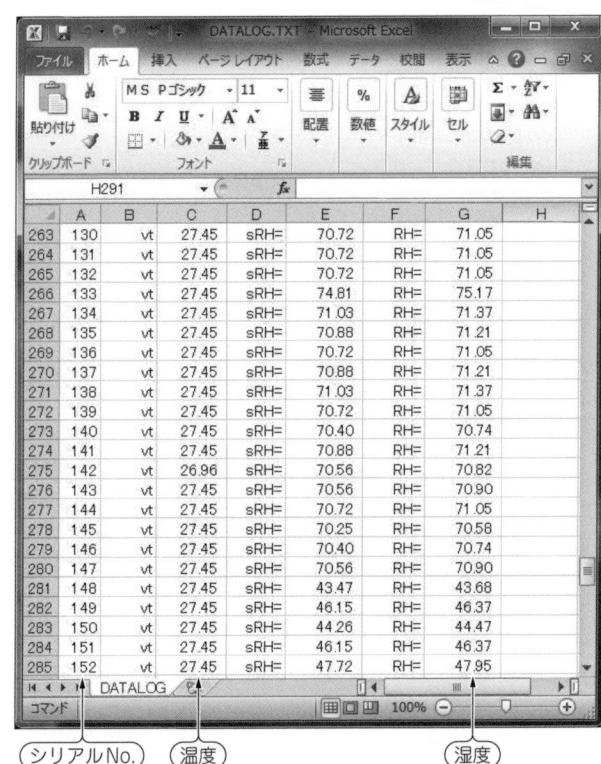

図8-13 SDカードに保存されたデータをExcelに読み込む
xlsxまたはxlsの形式を指定して保存することができる．
datalog.txtを読み込み，データ区分をカンマ'，'とすると，各項目ごとに読み込まれる．

（シリアルNo.）（温度）（湿度）

Column…8-1　SDカードの仕様

◆ SDカード容量は2Gバイトまで

当初開発されたSDカードは，FAT12またはFAT16のファイル・システムを使用していました．そのため利用できるSDカードの容量は2Gバイトが上限でした．

◆ SDHCでFAT32を採用し32Gバイトまで拡大

メモリ・カードの容量も増大し，2006年SDHC（SD High Capacity）はFAT32のファイル・システムを採用し，32Gバイトまで対応できるようになりました．ArduinoのSDライブラリはFAT16およびFAT32に対応しているので，2Gバイト以上のSDHCカードの読み書きもできます．

4GバイトのマイクロSDHCにSDライブラリを利用したサンプル・スケッチ，本章で作成したプログラムもマイクロSDHCカードで動作確認できました．

映像など扱うニーズも増大しSDカードの容量とスピードの強化を図るため32Gバイト以上の大容量に対応したexFATを採用したSDXC（SD eXtended Capacity）も策定され2Tバイトの容量まで対応できるようになりますが，Arduinoでは今のところSDHCで困らないと思っています．

◆ スピードは早くない

SDカード・ドライブはSPIインターフェースを使用しています．本来の高速のSDカードのインターフェースを使用せず，初期化プロセスでSPIモードを選択します．初期化プロセスは400kHzの低速のクロックで動作させる必要があり，SPIインターフェースを使用する場合は低速ですが，マイコンでもSDカードの読み書きに対応できるメリットは大きいといえます．

Appendix4
SDライブラリ

　SDライブラリを使用してアナログ・ポートからのデータをマイクロSDカードに書き込むことができました．ここではSDライブラリで用意された関数について使い方も含めて確認します．ライブラリのまとめとなります．

● SD class（SDカードに対する処理）
◆ SD.begin()
　SDカード・ライブラリとSDカード・ドライブが使用するSPIバスの初期化が行われます．
　SD.begin();関数の引数は，マイクロSDカードのドライブの選択信号を割り当てるピン番号を指定します．イーサネット・シールドに搭載されているSDカード・ドライブの選択信号は，ディジタル・ポートの4が割り当てられています．SPIのSSが割り当てられていない場合でも，SSのディジタル・ポート10は出力に設定しておく必要があります．
【例】
　使用するときは次のように記述します．
　　SD.begin();　……　デフォルトではディジタル・ポート10がドライブのセレクト信号となる．
　　SD.begin(cspin);
【戻り値】
　SDカードがドライブにセットされSPIバスの初期化が正しく行われた場合の戻り値は「真(true)」になります．ドライブにSDカードがセットされていないなどで初期化が正常に行われなかった場合は「偽(false)」となります．

◆ SD.exists()
　SDカード上のファイルおよびディレクトリの存在チェックを行います．
【例】
　　SD.exists(filename);
　filenameはファイル名を文字列で指定します．必要に応じてディレクトリ・パスも含めて指定します．
【戻り値】
　真(true)…ファイルまたはディレクトリが存在します．偽(false)の場合は存在しません．

◆ SD.mkdir()
　SDカード上にディレクトリを作ります．
【例】
　　SD.mkdir(dirname)

dirnameでは新しく作成するディレクトリ名を文字列で指定します．サブディレクトリを指定する場合は¥のデリミタで区切り，文字列で指定します．
【戻り値】
　真（true）…ディレクトリが作成されました．偽（false）…作成できませんでした．

◆ **SD.open()**
　SDカード上のファイルを読むか，または書き込むことができるようにファイルをオープンします．書き込むためにファイルをオープンするときに，ファイルがない場合はファイルが作られます．
【例】
　　SD.open(filepath);
　modeを指定しないデフォルトの場合は，ファイルを読み込むFILE_READとなります．
　　SD.open(filepath,mode);
【ファイルの読み取り】
　modeはファイルを読み込むときはFILE_READを設定します．filepathで指定されたファイルがオープンされると，ファイルの最初からデータの読み込みが行われるようになります．
【ファイルの書き込み】
　ファイルの書き込みを行う場合は，FILE_WRITEをmodeに設定します．この設定でファイルがオープンされると，ファイルの読み書きがファイルの終了ポイントから行われます．また，FILE_WRITEを設定してオープンし，該当するファイルが存在しない場合は新しくファイルを作ります．
【戻り値】
　オープンによって，ファイル・クラスのインスタンスが戻り値として得られます．そのため，ファイル型の変数に結果を代入します．このオープン操作で得られたファイル・クラスのインスタンスが代入された変数と，read，write，printなどの操作を組み合わせてファイル処理を行います．ファイルがオープンされなかった場合，インスタンスを格納する変数は，falseとなるので，if文などでオープンの成否を確認することができます．

◆ **SD.remove()**
　SDカード上のファイルを削除します．
【例】
　　SD.remove(filename);
　filenameは削除するファイル名を文字列で指定します．ディレクトリ名を含めて指定することができます．
【戻り値】
　ファイルが削除をされると真（true），指定したファイルが存在しない場合なども含めて，正常に処理されない場合は偽（false）となります．

◆ **SD.rmdir(dirname)**
　SDカード上のディレクトリを削除します．
【例】
　　SD.rmdir(dirname)
　dirnameで削除するディレクトリ名を文字列で指定します．

【戻り値】
　ディレクトリが削除されたら真（true），処理が正常に行われなった場合は，偽（false）となります．

● File class（ファイルに対する処理）
　ファイルの処理を行うためには，次に示すようにファイルのオープン処理で得られたファイル変数が必要になります．ファイルのオープン処理でファイル・クラスで使用するインスタンスを得ます．
　　File　ファイル変数＝SD.open(filepath)
　このファイル・クラスのインスタンスと次に示すメソッド（ファンクション）と組み合わせて，ファイルの処理を行います．以下の説明でファイル変数はfileaを使用します．

◆ filea.available()
　ファイルから読み取り可能なデータの数をチェックします．
【例】
　　filea.available();
【戻り値】
　ファイルから読み取りできるデータの総数を整数型の値で戻します．

◆ filea.close()
　書き込み処理ではワーク・エリアに残っているデータがある場合，データをSDカードの指定されたファイルに書き込み，ファイルをクローズします．扱えるファイルはそれぞれの時点で一つだけなので，新たにファイルの処理がある場合，現在読み書きしているファイルをこのメソッドでクローズしてから次に進みます．また，ファイルの処理が終了したときは，このクローズの処理を実行するようにしてください．
【例】
　　filea.close()
【戻り値】
　戻り値はありません．

◆ filea.read()
　ファイルからデータを1バイト読み取ります．読み取りのポインタが1バイト分進みます．そのため，次に同じread()で読み取ると，次のデータが読み取られます．
【例】
　　filea.read();
【戻り値】
　読み取られたデータ（byteまたはcharacter），データが終わりの場合，-1が戻り値となります．

◆ filea.write()
　ファイルへデータを書き込みます．
【例】
　　filea.write(data);

dataは書き込まれるデータでbyte，char，string（文字列）のデータ型をもった変数などが割り当てられます．

  `filea.write(buf,len);`

bufはcharactersまたはbyteデータの配列です．lenは配列bufに格納された書き込むデータの数がセットされます．

【戻り値】

戻り値はありません．

◆ `filea.print()`

テキスト・ファイルとして出力します．数値データは文字列に変換してファイルに書き出します．

【例】

  `filea.print(data)`

dataは　数値の場合は文字列に変換して書き出されます．

  `filea.print(data,BASE);`

BASEでデータの表示方法を指定することができます．BINは2進数表示，DECは10進数表示，OCTは8進数表示，HEXは16進数表示となります．

【戻り値】

戻り値はありません．

◆ `filea.println()`

dataは　数値の場合は文字列に変換して書き出されます．最後に改行が書き出されます．

【例】

  `filea.println();`

改行のみ書き込みます．

  `filea.println(data)`

dataは　数値の場合は文字列に変換して書き出されます．最後に改行が出力されます．

  `filea.println(data,BASE);`

BASEでデータの表示方法を指定することができます．BINは2進数表示，DECは10進数表示，OCTは8進数表示，HEXは16進数表示となります．最後に改行が出力されます．

【戻り値】

戻り値はありません．

◆ `filea.flush()`

ファイルに書き込まれたデータを，物理的にSDカードに書き込む処理を保証する処理で，ファイルのclose処理では自動的に実行されます．

【戻り値】

戻り値はありません．

◆ `filea.peek()`

ファイルからポインタを進めることなくデータを1バイト読み取ります．この命令を繰り返すと同じ値が読み込まれます．

【戻り値】

読み取った1バイトのデータ，データがない場合は-1です．

◆ **`filea.position()`**

ファイル内の次に読み書きする場所を得ます．

【戻り値】

ファイル内の読み書きする位置が戻ります．

◆ **`filea.seek()`**

ファイル内の読み書きするポインタを指定に従い移動します．

【例】

  `filea.seek(pos)`

`pos`は`unsigned long`の整数で，0からファイル・サイズ内の値で新しい読み書きの位置を示します．

【戻り値】

命令の成功，不成功を示す論理値（`true`または`false`）が戻ります．

◆ **`filea.size()`**

ファイルのサイズを得ます．

【戻り値】

`unsigned long`の整数でファイルのサイズが戻り値になります．

*

Arduino 1.0から複数のファイルを同時に開くことができるようになり，以下の機能が追加されました．

◆ **`filea.isDirectory()`**

カレント・ファイルがディレクトリかファイルか確認します．

【戻り値】

論理値が戻り値で，`true`でディレクトリ，`false`でファイルとなります．

◆ **`filea.openNextFile()`**

ディレクトリの中の次のファイル名またはフォルダ名を得ます．

【戻り値】

文字列でファイル名またはフォルダ名のパスが戻り値になります．

◆ **`filea.rewindDirectory()`**

ディレクトリの最初のファイルまたはフォルダに戻します．この後`openNextFile()`を実行することで，ディレクトリの先頭から順番にファイル名，フォルダ名を取り出すことができます．

【戻り値】

戻り値はありません．

[第9章]
インターネットとの接続で応用範囲を広げる
イーサネットのネットワーク経由で測定データを発信する

　本章では図9-1に示すArduinoのイーサネット・シールドを利用してArduinoのネットワーク・サーバを作ります．このイーサネット・シールドを使用すると図9-2に示すようにArduinoをイーサネットのネットワークに接続し，遠隔地からArduinoが測定する気象情報をモニタしたり，遠隔地の機器のスイッチをON/OFFすることができるようになります．

　本章ではI^2Cインターフェースのセンサなどで測定したデータをLCDに表示し，あわせてマイクロSDカードに保存し，ほかのPCから要求があったときには最新の測定データをイーサネット経由で送信・表示ができるようにします．

図9-1　Arduino用のイーサネット・シールド

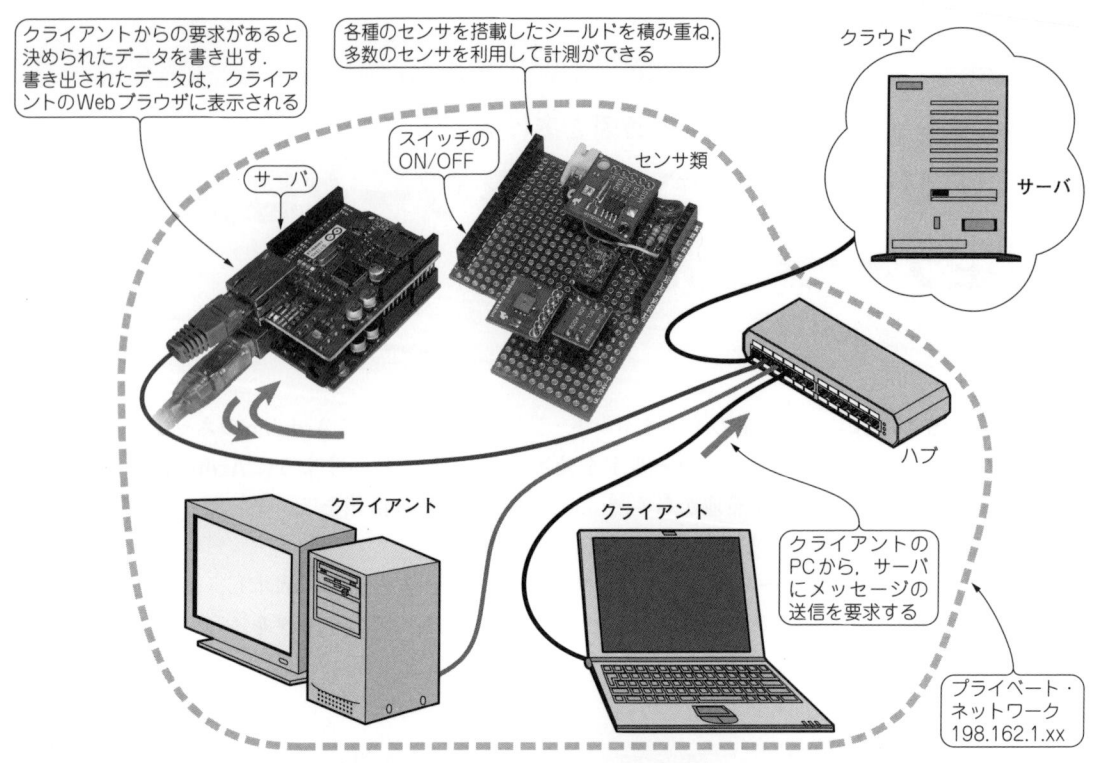

図9-2 イーサネット・シールドでArduinoがネットワークに参加できる

- クライアントからの要求があると決められたデータを書き出す．書き出されたデータは，クライアントのWebブラウザに表示される
- 各種のセンサを搭載したシールドを積み重ね，多数のセンサを利用して計測ができる
- スイッチのON/OFF
- サーバ
- センサ類
- クラウド
- サーバ
- ハブ
- クライアント
- クライアント
- クライアントのPCから，サーバにメッセージの送信を要求する
- プライベート・ネットワーク 198.162.1.xx

9-1 イーサネット・シールド

　イーサネット・シールドはイーサネット制御チップとしてW5100を使用しています．このW5100はTCP/IPのプロトコル・スタックをハードウェア上に実装しています．そのため，OS側にプロトコル・スタックをもたなくてすみ，Arduinoのようなマイコンでも容易にイーサネットのネットワークに接続できるアプリケーションが実現できます．

◆ バージョンによって仕様が異なる

　このイーサネット・シールドのボードは今まで何回か改訂がありました．初期のボードはSDカード・ドライブが搭載されていましたがサポート外で，そのうちSDカード・ドライブが外されて販売されていました．V5（図9-3）からはマイクロSDカード・ドライブが搭載され，SDライブラリも用意されデータの保存が容易になりました．

　2011年8月現在，V6（図9-4）になり，SDカード・ドライブのインターフェースの電圧レベル変換がV5の抵抗による分圧から74LVC1G125のスリー・ステートのバッファになっています．また，V5のイーサネット・シールドでは，アナログ・ポートの0と1が10kΩで+5V電源にプルアップされています．V5のイーサネット・シールドを使用して0，1のアナログ入力ポートにセンサなどを接続するときは，この10kΩの影響を与えないセンサの出力であることを確認する必要があります．V6のイーサネット・シールドのボードでは，アナログ・ポートのプルアップはなくなりました．

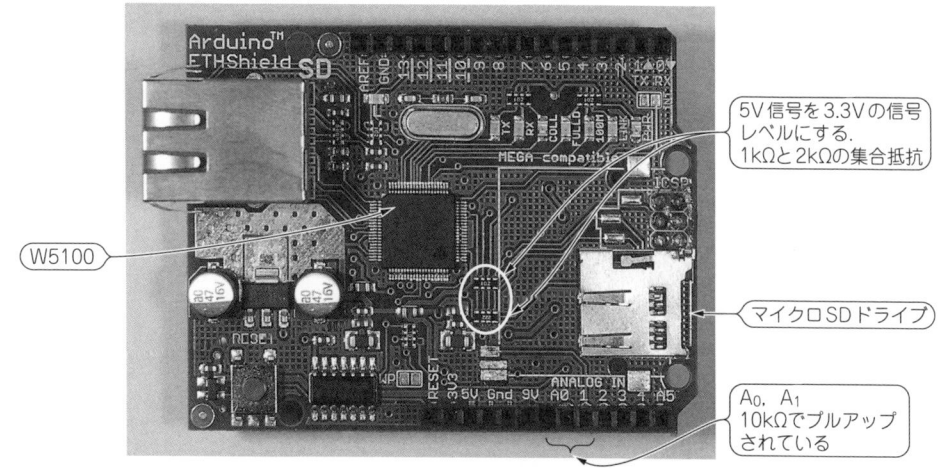

図9-3 イーサネット・シールドV5

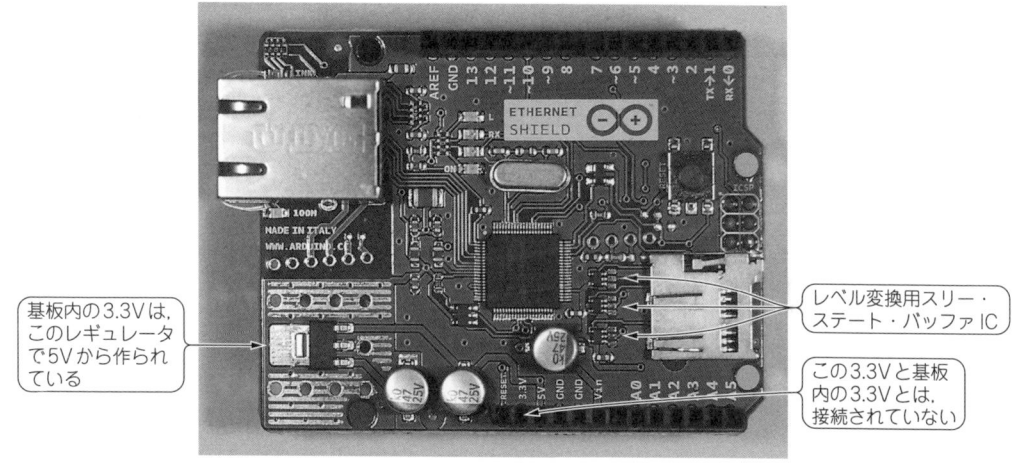

図9-4 イーサネット・シールドV6

9-2 イーサネットと接続するために

　イーサネットのネットワークに，このイーサネット・シールドのボードを参加させるためには，MACアドレスとIPアドレスが必要です（図9-5）．図9-6に示すようにEthernet classのbegin()を用い，スケッチの初期化処理の中で，
　　Ethernet.begin(mac,ip,gateway,subnet);
と指定します．macはこのイーサネット・シールドの場合，基板に12桁の16進表示のMACアドレス（6バイト）を印刷したラベルが貼ってあります．ipは，ネットワーク上でイーサネット・シールドに割り当てられるIPアドレスを4バイトのIPアドレスとして設定します．Ethernet.begin()でネットワーク環境の設定は図9-6に示すようにgatewayとsubnetを省略すると，gatewayの

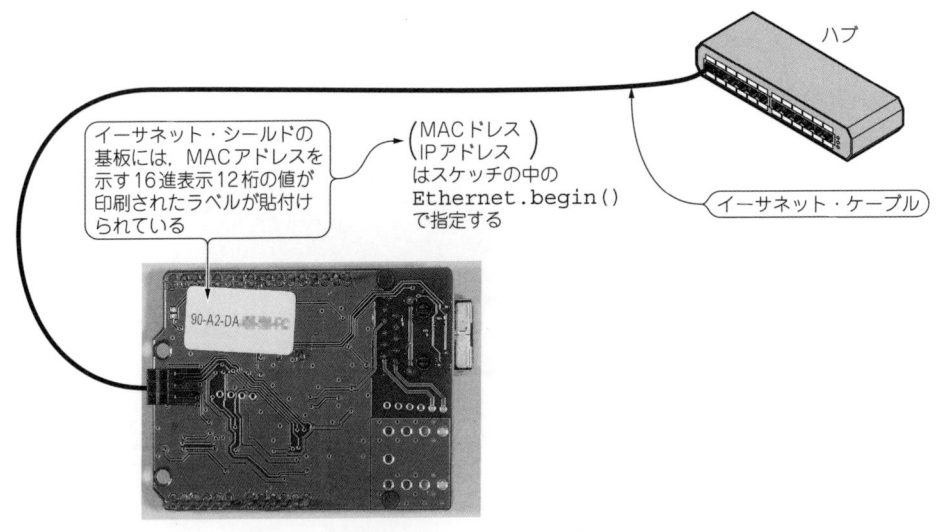

図9-5　Arduinoでイーサネットを利用するときの環境設定

図中の吹き出し：
- イーサネット・シールドの基板には，MACアドレスを示す16進表示12桁の値が印刷されたラベルが貼付けられている
- （MACドレス，IPアドレス）はスケッチの中の Ethernet.begin() で指定する
- ハブ
- イーサネット・ケーブル

```
Ethernet.begin(mac,ip,gateway,subnet)
```

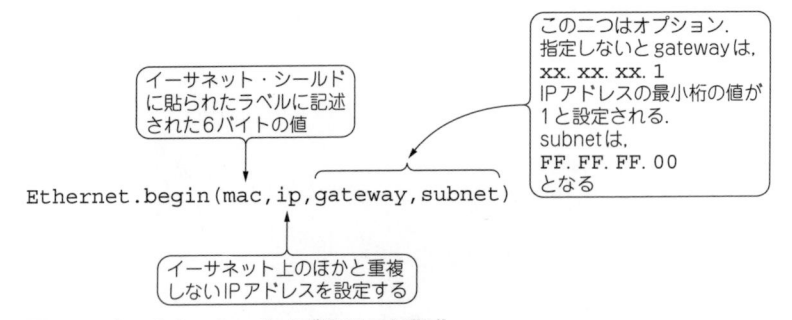

図中の吹き出し：
- イーサネット・シールドに貼られたラベルに記述された6バイトの値
- この二つはオプション．指定しないとgatewayは，xx.xx.xx.1 IPアドレスの最小桁の値が1と設定される．subnetは，FF.FF.FF.00 となる
- イーサネット上のほかと重複しないIPアドレスを設定する

図9-6　イーサネット・ライブラリの初期化

4番目のアドレスが1になり，subnetは255.255.255.0となります．通常のネットワークではgatewayとsubnetはこのように設定されているので，

```
Ethernet.begin(mac,ip);
```

と設定します．通常のネットワーク・カードはMACアドレスを設定する必要もなく，IPアドレスもDHCPクライアントの機能をもっていて，ネットワーク上のDHCPサーバから割り当てられたIPアドレスを起動時に自動的に設定しています．

　しかし，このイーサネット・シールドはスケッチの中で設定しなければならないので，ネットワークの設定状況をよく確認する必要があります．

9-3　Ethernetライブラリ

　実際のスケッチは，図9-7に示すEthernetライブラリの各クラスの機能を使用します．Ethernet classは前項で説明したように，イーサネットのネットワーク環境の設定を行います．イーサネット・シールドをサーバとして運用するためのServer class，クライアントとして運用するため

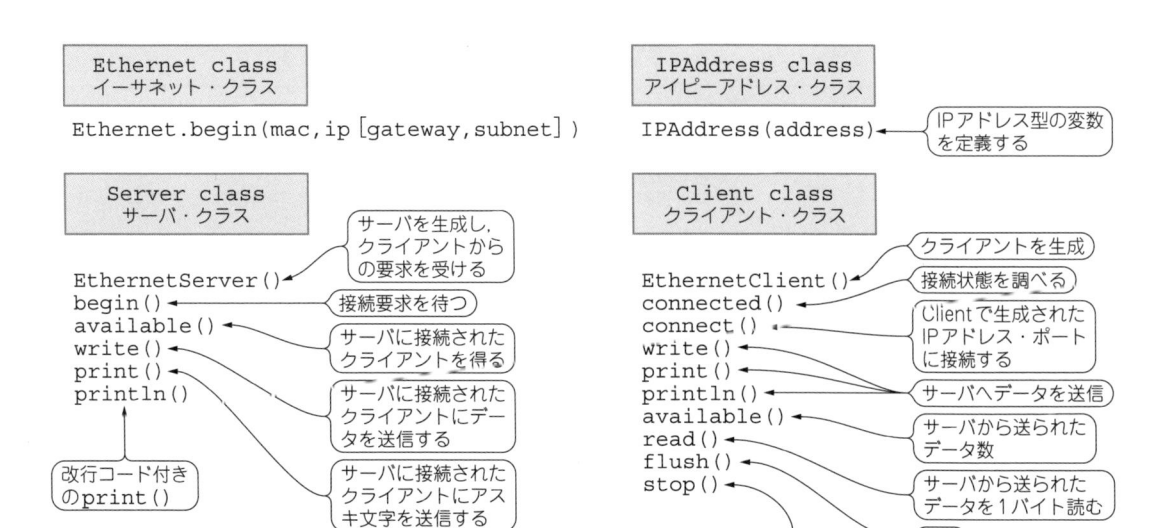

```
Ethernet class
イーサネット・クラス
```
Ethernet.begin(mac,ip[gateway,subnet])

```
IPAddress class
アイピーアドレス・クラス
```
IPAddress(address) ← IPアドレス型の変数を定義する

```
Server class
サーバ・クラス
```
EthernetServer() ← サーバを生成し，クライアントからの要求を受ける
begin() ← 接続要求を待つ
available() ← サーバに接続されたクライアントを得る
write() ← サーバに接続されたクライアントにデータを送信する
print()
println() ← サーバに接続されたクライアントにアスキ文字を送信する

改行コード付きのprint()

```
Client class
クライアント・クラス
```
EthernetClient() ← クライアントを生成
connected() ← 接続状態を調べる
connect() ← Clientで生成されたIPアドレス・ポートに接続する
write()
print()
println() ← サーバへデータを送信
available() ← サーバから送られたデータ数
read() ← サーバから送られたデータを1バイト読む
flush()
stop() ← サーバとの接続を終了 / 破棄

このほかに，EthernetUDP classがある．

図9-7　イーサネット・ライブラリの各機能（メソッド）

のClient class，IPアドレスのためのIPAddress class，UDPメッセージ送受信のためのEthernetUDP classが用意されています．IPAddress classとEthernetUDP classはArduino 1.0から追加されました．このライブラリの詳細をAppendix5で説明しておくので参照してください．

　イーサネット・シールドをサーバとして使用するために，サーバのサンプル・スケッチを元にして作成したスケッチを**リスト9-1**に示します．

〈1〉イーサネット・シールドを使用するためにはSPI.h，Ethernet.hのヘッダ・ファイルを読み込む

〈2〉MACアドレス，IPアドレスをbyte型の配列の変数として設定する

〈3〉EthernetServer server=EthernetServer(80);でServer型の変数serverを作り，Server(80)でポート80を開いてサーバにアクセスするクライアントからの要求に応えるサーバを実現する

◆ 初期設定部

〈4〉Ethernet.begin(mac,ip);でMACアドレス，IPアドレスを設定する．server.begin()でserverがサーバ活動を開始しクライアントからのアクセスを待つ

◆ loop部

① EthernetClient client=server.available()で接続されたクライアントで読み取り可能なデータがあるクライアントのオブジェクトが戻る．読み取り可能なクライアントがあるとif(client)が成立する

② boolean currentLineIsBlank=true　連続して改行コードが到着したことをチェックするための論理変数．

③ While (client.connected()){ }で接続状態を調べクライアント接続中は{ }の中の処理を続ける．

リスト9-1　イーサネットのサンプル・スケッチWeb Serverを元に作成したスケッチ

```
#include <LiquidCrystal.h>
#include <SPI.h>                        各ヘッダ・ファイルの
#include <Ethernet.h>                   読み込み
#include <SD.h>
#include <Wire.h>

int DS1307_ADDRESS=0x68;int adr0=0;
byte command;
const int chipSelect = 4;int cnt=10;
float vdd=4.84,vt,vh,rh1;
byte mac[] = {
  0x90, 0xA2, 0xDA, 0x??, 0x??, 0x?? };
byte ip[] = { 192,168,1, 177 };         変数の定義
int hour,minute,sec;
int year,month,day;
int sno;

LiquidCrystal lcd(2,3,8,5,6,7);
EthernetServer server = EthernetServer(80);

float getTemp102(){
  Wire.requestFrom(0x49,2);
  while (Wire.available()<1){
  }
  int tmpin=Wire.read()*16;              温度センサTMP102から温度を読み取る関数.
      tmpin=tmpin+Wire.read()/16;        戻り値は温度
  Wire.endTransmission();
  float tmpdata=0.0625*tmpin;
  return tmpdata;
}
void getTime(){
  Wire.beginTransmission(DS1307_ADDRESS);
  Wire.write(adr0);
  Wire.endTransmission();
  Wire.requestFrom(DS1307_ADDRESS,3);
  byte r_sec=Wire.read();                リアルタイム・クロックDS1307から
  sec=(r_sec/16)*10+(r_sec % 16);        現在時刻を取り出す関数.
  byte r_minute=Wire.read();             時刻はグローバル変数にセットされる
  minute=(r_minute/16)*10+(r_minute % 16);
  byte r_hour=Wire.read();
  hour=(r_hour/16)*10+(r_hour%16);
}

void setup()
{
  Ethernet.begin(mac, ip);
  server.begin();
  Serial.begin(9600);                    初期化ルーチン
  Wire.begin();
```

```
    lcd.begin(16,2);
    pinMode(10, OUTPUT);
    if (!SD.begin(chipSelect)) {
      Serial.println("Card failed, or not present");
    }
    else{
      Serial.println(" Card ON ");
    }
}
void loop()
{
  if ((millis() % (1000*cnt))==0){
    sno++;
    float temp=getTemp102();
    getTime();
    Serial.print(sno);
    Serial.print(" ");
    Serial.print(hour);
    Serial.print(":");
    Serial.print(minute);
    Serial.print(":");
    Serial.print(sec);
    Serial.print("  ");
    Serial.println(temp);
    File dataFile = SD.open("datalog.txt", FILE_WRITE);
    if (dataFile) {
      dataFile.print(sno);
      dataFile.print(",");
      dataFile.print(hour);
      dataFile.print(":");
      dataFile.print(minute);
      dataFile.print(":");
      dataFile.print(sec);
      dataFile.print(", ");
      dataFile.println(temp);
      dataFile.close();
      Serial.print("CD write=");
      Serial.println(sno);
    }
    else {
      Serial.println("error opening datalog.txt");
    }
  }
  EthernetClient client = server.available();
  if (client) {
    boolean currentLineIsBlank = true;
    while (client.connected()) {
      if (client.available()) {
        char c = client.read();
```

リスト9-1 イーサネットのサンプル・スケッチWeb Serverを元に作成したスケッチ（つづき）

```
          Serial.print(char(c));
        if (c =='\n' && currentLineIsBlank) {   ← 連続して改行コード
          client.println("HTTP/1.1 200 OK");       を受信し，空の行を
          client.println("Content-Type: text/html"); 受信したときに相手
          client.println();                        にメッセージを送信
          float temp=getTemp102();                 している
          getTime();
          Serial.print(sno);
          Serial.print(" ");
          Serial.print(hour);
          Serial.print(":");          温度データをシリアルから出力
          Serial.print(minute);
          Serial.print(":");
          Serial.print(sec);
          Serial.print("  ");
          Serial.println(temp);
          client.print("<html><head><title>kanzaki</title>
                   </head><body>");
          client.print(sno);
          client.print(" ");
          client.print(hour);
          client.print(":");
          client.print(minute);       温度データをクライアントに送る
          client.print(":");
          client.println(sec);
          client.print("  temp =");
          client.print(temp);
          client.println(" ");
          client.println("<br />");
          client.println("</body></html>");
          break;  ←  while, do, for
        }           のループから無条件
        if (c == '\n') {       // you're starting a new line
          currentLineIsBlank = true;
    //    Serial.println("currentLineIsBlank = true2");
        }                      復帰コード
        else if (c != '\r') {  // you've gotten a character
                               //    on the current line
          currentLineIsBlank = false;
    //    Serial.println("currentLineIsBlank = false2");
        }
      }
    }
    delay(1);
    client.stop();
  }
}
```

注釈：
- 改行コード
- インターネット経由でクライアントから要求があった場合，ここでクライアントへイーサネット経由で送信する
- 改行コードでtrueにし，復帰コード以外ではfalseになる

```
        if (client.available()) {
            char c = client.read();
```

でクライアントからの読み取り可能なデータの有無をチェックし，読み取り可能なデータがある場合，データを読み取る．改行コード¥nが2回続くまで受信データを読み飛ばす．

④ このif文が成立したらクライアントからのメッセージが終わりサーバからメッセージを送信する．

```
        if (c =='¥n' && currentLineIsBlank) {
            client.println("HTTP/1.1 200 OK");
            client.println("Content-Type: text/html");
            client.println();
```

この3行は送信するデータの様式を示しています．この後，client.print()，client.println()で必要なデータを送信します．

9-4 温度，湿度，気圧のサーバを作る

測定データにリアルタイム・クロックから測定時刻データを付加して，SPIインターフェース経由でイーサネットのLANへ，および定期的に測定時刻と測定データをSDカードに書き込むスケッチを作ります．

Arduinoのマイコン・ボードに，マイクロSDカード・ドライブを搭載したイーサネット・シールドと，リアルタイム・モジュール(DS1307)とI²CインターフェースのTMP102ディジタル温度センサ，BMP085気圧センサを搭載したシールドを図9-8に示すように連結したモジュールでテストします．

リスト9-1で示したイーサネット・サーバのスケッチに，リアルタイム・クロック，各種のディジ

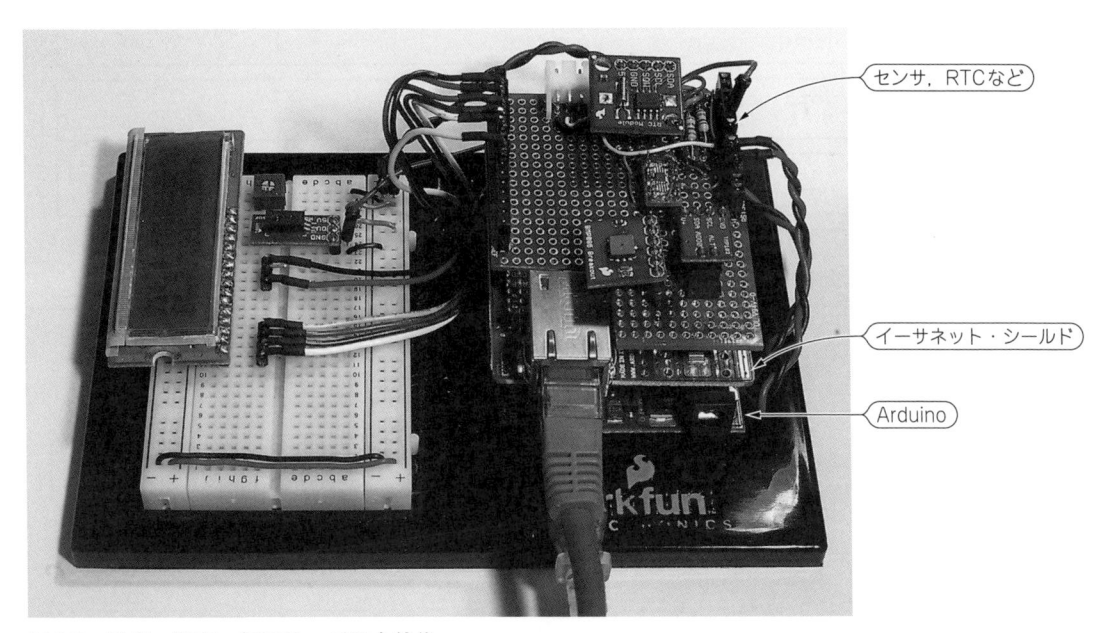

図9-8 温度・湿度・気圧サーバの全体像

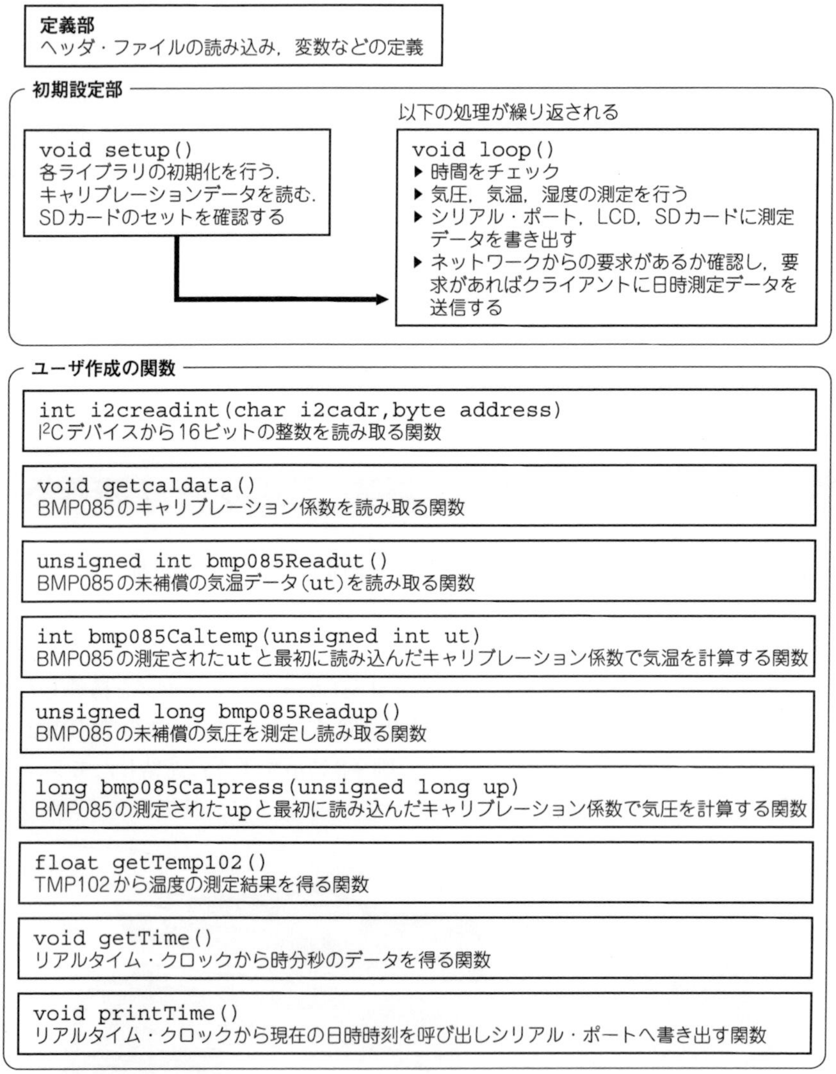

```
                定義部
                ヘッダ・ファイルの読み込み，変数などの定義
```

```
┌─ 初期設定部 ──────────────────────────────────────────────────┐
│                              以下の処理が繰り返される                │
│  ┌──────────────────────┐    ┌──────────────────────────────┐ │
│  │ void setup()         │    │ void loop()                  │ │
│  │ 各ライブラリの初期化を行う．│    │ ▶ 時間をチェック               │ │
│  │ キャリブレーションデータを読む．│──▶│ ▶ 気圧，気温，湿度の測定を行う    │ │
│  │ SDカードのセットを確認する．│    │ ▶ シリアル・ポート，LCD，SDカードに測定│ │
│  │                      │    │   データを書き出す              │ │
│  │                      │    │ ▶ ネットワークからの要求があるか確認し，要│ │
│  │                      │    │   求があればクライアントに日時測定データを│ │
│  │                      │    │   送信する                    │ │
│  └──────────────────────┘    └──────────────────────────────┘ │
└──────────────────────────────────────────────────────────────┘
```

```
┌─ ユーザ作成の関数 ─────────────────────────────────────────────┐
│  ┌──────────────────────────────────────────────────────┐  │
│  │ int i2creadint(char i2cadr,byte address)             │  │
│  │ I²Cデバイスから16ビットの整数を読み取る関数                    │  │
│  └──────────────────────────────────────────────────────┘  │
│  ┌──────────────────────────────────────────────────────┐  │
│  │ void getcaldata()                                    │  │
│  │ BMP085のキャリブレーション係数を読み取る関数                    │  │
│  └──────────────────────────────────────────────────────┘  │
│  ┌──────────────────────────────────────────────────────┐  │
│  │ unsigned int bmp085Readut()                          │  │
│  │ BMP085の未補償の気温データ(ut)を読み取る関数                   │  │
│  └──────────────────────────────────────────────────────┘  │
│  ┌──────────────────────────────────────────────────────┐  │
│  │ int bmp085Caltemp(unsigned int ut)                   │  │
│  │ BMP085の測定されたutと最初に読み込んだキャリブレーション係数で気温を計算する関数 │  │
│  └──────────────────────────────────────────────────────┘  │
│  ┌──────────────────────────────────────────────────────┐  │
│  │ unsigned long bmp085Readup()                         │  │
│  │ BMP085の未補償の気圧を測定し読み取る関数                      │  │
│  └──────────────────────────────────────────────────────┘  │
│  ┌──────────────────────────────────────────────────────┐  │
│  │ long bmp085Calpress(unsigned long up)                │  │
│  │ BMP085の測定されたupと最初に読み込んだキャリブレーション係数で気圧を計算する関数 │  │
│  └──────────────────────────────────────────────────────┘  │
│  ┌──────────────────────────────────────────────────────┐  │
│  │ float getTemp102()                                   │  │
│  │ TMP102から温度の測定結果を得る関数                           │  │
│  └──────────────────────────────────────────────────────┘  │
│  ┌──────────────────────────────────────────────────────┐  │
│  │ void getTime()                                       │  │
│  │ リアルタイム・クロックから時分秒のデータを得る関数                  │  │
│  └──────────────────────────────────────────────────────┘  │
│  ┌──────────────────────────────────────────────────────┐  │
│  │ void printTime()                                     │  │
│  │ リアルタイム・クロックから現在の日時時刻を呼び出しシリアル・ポートへ書き出す関数 │  │
│  └──────────────────────────────────────────────────────┘  │
└──────────────────────────────────────────────────────────────┘
```

図9-9
気象データ・サーバの各関数

リスト9-2　気象データ・サーバの処理内容

```
#include <LiquidCrystal.h>
#include <SPI.h>
#include <Ethernet.h>              必要な各ヘッダ・
#include <SD.h>                    ファイルの読み込
#include <Wire.h>                  みを指定
int DS1307_ADDRESS=0x68,TMP102_ADR=0x49;
byte command;                                    Arduino 1.0では"0x00"ではあいまい
const int chipSelect = 4;int adr0=0;             とエラーになるので，INT型変数adr0
int cnt=10;                                      に0をセットした
float vdd=4.84,vt,vh,rh1;
                    cnt は測定間隔を     定義部
                    示す定数（秒）
                                          Arduinoの5V電源の実測値をセット
```

リスト9-2 気象データ・サーバの処理内容（つづき）

```
byte mac[] = {
   0x90, 0xA2, 0xDA, 0x??, 0x??, 0x?? };
byte ip[] = {
   192,168,1, 177 };
int hour,minute,sec;
int year,month,day;

LiquidCrystal lcd(2,3,8,5,6,7);
EthernetServer server = EthernetServer(80);

int sno;
int oss=2;
char BMP085_ADR=0x77;
int AC1;
int AC2;
int AC3;
unsigned int AC4;
unsigned int AC5;
unsigned int AC6;
int DB1;
int DB2;
int MB;
int MC;
int MD;
long b5;
float gmp085Temp,pressure,sRH,RH;

int i2creadint(char i2cadr,byte address){
  byte datah,datal;
  Wire.beginTransmission(i2cadr);
  Wire.write(address);
  Wire.endTransmission();
  Wire.requestFrom(i2cadr,2);
  while(Wire.available()<2);
  datah=Wire.read();
  return (int) datah<<8|Wire.read();
}
void getcaldata(){
  AC1=i2creadint(BMP085_ADR,0xAA);
  AC2=i2creadint(BMP085_ADR,0xAC);
  AC3=i2creadint(BMP085_ADR,0xAE);
  AC4=i2creadint(BMP085_ADR,0xB0);
  AC5=i2creadint(BMP085_ADR,0xB2);
  AC6=i2creadint(BMP085_ADR,0xB4);
  DB1 =i2creadint(BMP085_ADR,0xB6);
  DB2 =i2creadint(BMP085_ADR,0xB8);
  MB =i2creadint(BMP085_ADR,0xBA);
```

- ボードに記載されているMACアドレスをここで配列で指定する
- IPアドレスもここで指定する
- 定義部
- I²Cデバイスから2バイトのデータを読み取る関数．i2cadrはI²Cのスレーブ・デバイスのアドレス．addressは読み取るデータの格納された最初のアドレスを渡す
- デバイスのアドレス
- 読み取るデータのアドレスを指定
- 2バイト読み取る
- 関数の戻り値．2バイトのデータをint型に変換して戻す
- キャリブレーション・データをすべて読み取る

リスト9-2 気象データ・サーバの処理内容（つづき）

```
    MC =i2creadint(BMP085_ADR,0xBC);  ┐ キャリブレーション・データを
    MD =i2creadint(BMP085_ADR,0xBE);  ┘ すべて読み取る
}
```

── 未補償の温度測定値を求める関数

```
unsigned int bmp085Readut(){
  Wire.beginTransmission(BMP085_ADR);
  Wire.write(0xF4);       ┐
  Wire.write(0x2E);       ┘ 温度測定のコマンドを送信
  Wire.endTransmission();
  delay(5);               ← 処理完了を待つ
  return i2creadint(BMP085_ADR,0xF6); ← 測定データを読み取る
}
```

```
int bmp085Caltemp(unsigned int ut){
  long x1,x2;
  x1=((long)ut-(long)AC6*(long)AC5>>15;   ┐
  x2=((long)MC<<11)/(x1+MD);              │ 測定データから温度を求める関数
  b5=x1+x2;                               │
  return ((b5+8)>>4);                     ┘
}
```

── 未補償の圧力測定値を求める関数

```
unsigned long bmp085Readup(){
  unsigned long up;
  Wire.beginTransmission(BMP085_ADR);
  Wire.write(0xF4);
  Wire.write(0x34+(oss<<6));
  Wire.endTransmission();
  delay(2+(3<<oss));
  Wire.beginTransmission(BMP085_ADR);
  Wire.write(0xF6);
  Wire.endTransmission();
  Wire.requestFrom(BMP085_ADR,3);
  while(Wire.available()<3);
  up=Wire.read();
  up=(up<<8)+Wire.read();
  up=(up<<8)+Wire.read();
  up=up>>(8-oss);
  return up;
}
```

── 測定データから圧力を求める関数

```
long bmp085Calpress(unsigned long up){
  long x1,x2,x3,b3,b6,p;
  unsigned long b4,b7;
  b6=b5-4000;
  x1=(DB2*(b6*b6>>12))>>11;
  x2=(AC2*b6)>>11;
  x3=x1+x2;
  b3=((((long)AC1*4+x3)<<oss)+2)>>2;
  x1=AC3*b6>>13;
  x2=(DB1*((b6*b6)>>12))>>16;
```

```
    x3 = ((x1 + x2) + 2)>>2;
    b4 = (AC4 * (unsigned long)(x3 + 32768))>>15;
    b7 = ((unsigned long)(up - b3) * (50000>>oss));
    if (b7 < 0x80000000){
      p = (b7*2)/b4;
    }
    else{
      p = (b7/b4)*2;
    }
    x1 = (p>>8) * (p>>8);
    x1 = (x1 * 3038)>>16;
    x2 = (-7357 * p)>>16;
    p += (x1 + x2 + 3791)>>4;
    return p;
}
```

```
float getTemp102(){
    int tmpin=i2creadint(TMP102_ADR,0)/16;
    float tmpdata=0.0625*tmpin;
    return tmpdata;
}
```
← センサTMP102から温度を求める関数

```
void getTime(){
    Wire.beginTransmission(DS1307_ADDRESS);
    Wire.write(adr0);
    Wire.endTransmission();
    Wire.requestFrom(DS1307_ADDRESS,3);
    byte r_sec=Wire.read();
    sec=(r_sec/16)*10+(r_sec % 16);
    byte r_minute=Wire.read();
    minute=(r_minute/16)*10+(r_minute % 16);
    byte r_hour=Wire.read();
    hour=(r_hour/16)*10+(r_hour%16);
}
```
← リアルタイム・クロックより現在の時刻，時分秒を得る関数

← BCDのデータを通常の10進データに変換し，sec～hourにセット

```
void printTime(){
    Wire.beginTransmission(DS1307_ADDRESS);
    Wire.write(adr0);
    Wire.endTransmission();
    Wire.requestFrom(DS1307_ADDRESS,7);
    sec=Wire.read();
    minute=Wire.read();
    hour=Wire.read();
    byte day_of_week=Wire.read();
    day=Wire.read();
    month=Wire.read();
    year=Wire.read();
    Serial.print(year,HEX);
    Serial.print("/");
    Serial.print(month,HEX);
```
← 時刻，日付のデータをリアルタイム・クロックより読み取り，PCにシリアル通信で送信する関数

← HEX表示するため，BCDコードのまま取り出す

← ここで表示．元データがBCDコードのためHEX表示を指定

リスト9-2 気象データ・サーバの処理内容（つづき）

```
    Serial.print("/");
    Serial.print(day,HEX);
    Serial.print(" ");
    Serial.print(hour,HEX);
    Serial.print(":");
    Serial.print(minute,HEX);
    Serial.print(":");
    Serial.print(sec,HEX);
    Serial.println();
}
```
ここで表示．
元データがBCDコードの
ためHEX表示を指定

```
void setup()
{
  Ethernet.begin(mac, ip);
  server.begin();
  Serial.begin(9600);
  Wire.begin();
  lcd.begin(16,2);
  lcd.clear();
  pinMode(10, OUTPUT);
  getcaldata();
  if (!SD.begin(chipSelect)) {
    lcd.print("Card failed, or not present");
  }
  else{
    lcd.setCursor(0,1);
    Serial.println(" Card ON ");
  }
}
```
（初期化データを取り出す）
初期設定部

```
void loop()
{
  if ((millis() % (1000*cnt))==0){
    sno++;
    float temp=getTemp102();
    getTime();
    gmp085Temp=bmp085Caltemp(bmp085Readut())/10.0;
    int indata=analogRead(0);
    sRH=(indata/1024.0)/0.0062-0.16;
    RH=sRH/(1.0546-0.00216*gmp085Temp);
    pressure=bmp085Calpress(bmp085Readup())/100.0;
    Serial.print(sno);
    printTime();
    Serial.print(" ");
    Serial.print(temp);
    Serial.print(" ");
    Serial.print(RH);
    Serial.print("% ");
    Serial.print(pressure);
    Serial.println("hPa");
```
cnt秒ごとに，温度，湿度，
気圧を測定する

シリアル・ポートに測定日時を送信，
その後温度，湿度，気圧を送信

```
      lcd.clear();
      lcd.print(hour);
      lcd.print(":");
      lcd.print(minute);
      lcd.print("   ");
      lcd.print(temp);
      lcd.print("degC ");
      lcd.setCursor(0,1);
      lcd.print(RH);
      lcd.print("%");
      lcd.print(pressure);
      lcd.print("hPa");
      File dataFile = SD.open("datalog.txt", FILE_WRITE);
      if (dataFile) {
        dataFile.print(sno);
        dataFile.print(",");
        dataFile.print(year,HEX);
        dataFile.print("/");
        dataFile.print(month,HEX);
        dataFile.print("/");
        dataFile.print(day,HEX);
        dataFile.print(",");
        dataFile.print(hour);
        dataFile.print(":");
        dataFile.print(minute);
        dataFile.print(":");
        dataFile.print(sec);
        dataFile.print(", ");
        dataFile.print(temp);
        dataFile.print(",");
        dataFile.print(RH);
        dataFile.print(",");
        dataFile.println(pressure);
        dataFile.close();
        Serial.print("CD write=");
        Serial.println(sno);
      }
      else {
        Serial.println("error opening datalog.txt");
      }
    }

    EthernetClient client = server.available();
    if (client) {
      boolean currentLineIsBlank = true;
      while (client.connected()) {
        if (client.available()) {
          char c = client.read();
```

LCDには時刻と測定したデータを表示

同様に，日時と測定データをSDカードに保存

LANの処理

クライアントからの測定データの要求の有無を確認

クライアントが接続されている間

クライアントからの読み取りデータがある場合

リスト9-2 気象データ・サーバの処理内容（つづき）

```
        Serial.print(char(c));
        if (c =='\n' && currentLineIsBlank) {        ← 読み取ったデータが前回に続いて
          client.println("HTTP/1.1 200 OK");             改行コード(\n)ならば以下の処
          client.println("Content-Type: text/html");     理を実行する
          client.println();
          float temp=getTemp102();
          getTime();
          Serial.print(sno);                         モニタするための温度と日時を
          printTime();                               シリアル・ポートに送信
          Serial.println(temp);
          client.print("<html><head><title>kanzaki   ← ここからクライアントへの
                       </title></head><body>");        表示データを送信
          client.print(sno);
          client.print("  ");
          client.print(hour);
          client.print(":");                         シリアルNo.時刻を
          client.print(minute);                      クライアントに送信
          client.print(":");
          client.print(sec);
          client.print("  temp =");
          client.print(temp);
          client.print(" ");
          client.print("humidity=");
          client.print(RH);                          最後に，測定した温度，湿度，
          client.print("%  ");                       気圧の値をクライアントに送信
          client.print(pressure);
          client.print("hPa");
          client.println("<br />");
          client.println("</body></html>");
          break;
        }
        if (c == '\n') {           // you're starting a new line    連続した"\n"を
          currentLineIsBlank = true;                                チェックするため
          //    Serial.println("currentLineIsBlank = true2");       \nであったこと
        }                                                           を記憶する
        else if (c != '\r') {   // you've gotten a character
                                // on the current line              改行コード以外なので
          currentLineIsBlank = false;                                新しい行とみなす
          //    Serial.println("currentLineIsBlank = false2");
        }
      }
    }
    delay(1);
    client.stop();                                        ここまでがLANの処理
  }                                                       以上繰り返す
}
```

タル・センサの処理を行う関数とSDカードとLCD表示装置への書き込み処理を行う部分を追加したものを**リスト9-2**に示します（**図9-9**）．

● Wire（I²C）のライブラリ利用を指定する

　LCDライブラリ，SPIライブラリ，Ethrnetライブラリ，SDカード・ライブラリ，Wireライブラリ（I²C）を使用するので，次に示すようにinclude文で各ライブラリのヘッダ・ファイルの読み込みを指定します．

```
#include <LiquidCrystal.h>
#include <SPI.h>
#include <Ethernet.h>
#include <SD.h>
#include <Wire.h>
```

　I²Cのスレーブのデバイス・アドレスを変数で指定します．I²Cの処理でスレーブ・アドレスが必要なときはここで定義した変数を使用します．

```
int DS1307_ADDRESS=0x68,TMP102_ADR=0x49;
byte command;
```

　マイクロSDカード・ドライブのセレクト信号はディジタル・ポート4を使用しています．constを用いて定数として定義しています．この定義がある変数は，代入を行うとエラーとなります．

```
const int chipSelect = 4;int cnt=10;
float vdd=4.84,vt,vh,rh1;
```

　MACアドレスは使用するイーサネット・シールドに書かれているアドレスのものに変更してください．

```
byte mac[] = {
   0x90, 0xA2, 0xDA, 0x??, 0x??, 0x?? };
byte ip[] = { 192,168,1, 177 };
```

　リアルタイム・クロックの年月日と時分秒の値を格納する変数をグローバル変数として定義しています．

```
int hour,minute,sec;
int year,month,day;
```

　LCDモジュールとの接続を指定し，lcdのインスタンスを生成し，サーバの初期化を行います．

```
LiquidCrystal lcd(2,3,8,5,6,7);
Server server = Server(80);
```

　気圧センサのキャリブレーション・データなどの定義をここで行います．B1，B2以外はBMP085のデータシートの記述と同じにしてあります．変数のB1はArduino IDEのシステムで使用しているようなのでDB1，DB2としました．

```
int sno;
int oss=2;
char BMP085_ADR=0x77;
```

```
    int AC1;
    int AC2;
    int AC3;
    unsigned int AC4;
    unsigned int AC5;
    unsigned int AC6;
    int DB1;
    int DB2;
    int MB;
    int MC;
    int MD;
    long b5;
    float gmp085Temp,pressure,sRH,RH;
```

次のi2creadint()は，I²Cインターフェースのスレーブのデバイスから2バイトのデータを読み取る関数です．スレーブ・アドレスとデバイスの読み出すメモリのアドレスを指定します．引数はともにバイト・データです．

```
    int i2creadint(char i2cadr,byte address){
      byte datah,datal;
      Wire.beginTransmission(i2cadr);
      Wire.write(address);
      Wire.endTransmission();
      Wire.requestFrom(i2cadr,2);
      while(Wire.available()<2);
      datah=Wire.read();
      return (int) datah<<8|Wire.read();
    }
```

Getcaldata()は，上記の関数を利用して，BMP085の11個のキャリブレーション・データを読み取る関数です．キャリブレーション・データを格納する11個のパラメータはグローバル変数としているので，関数の中で各変数に値をセットしていて，関数の戻り値はありません．

```
    void getcaldata(){
      AC1=i2creadint(BMP085_ADR,0xAA);
      AC2=i2creadint(BMP085_ADR,0xAC);
      AC3=i2creadint(BMP085_ADR,0xAE);
      AC4=i2creadint(BMP085_ADR,0xB0);
      AC5=i2creadint(BMP085_ADR,0xB2);
      AC6=i2creadint(BMP085_ADR,0xB4);
      DB1 =i2creadint(BMP085_ADR,0xB6);
      DB2 =i2creadint(BMP085_ADR,0xB8);
      MB  =i2creadint(BMP085_ADR,0xBA);
      MC  =i2creadint(BMP085_ADR,0xBC);
      MD  =i2creadint(BMP085_ADR,0xBE);
    }
```

bmp085Readut()は，BMP085のセンサから未補償の温度データを読み取る関数です．戻り値は，キャリブレーションのための元の温度の測定データとなります．温度を求めるためのbmp085Caltempの引数としての温度が得られます．

```
unsigned int bmp085Readut(){
  Wire.beginTransmission(BMP085_ADR);
  Wire.write(0xF4);
  Wire.write(0x2E);
  Wire.endTransmission();
  delay(5);
  return i2creadint(BMP085_ADR,0xF6);
}
```

次のbmp085caltemp()は，前項のbmp085Readutで得られたBMP085の未補償データからキャリブレーション・データと所定の計算式で温度を算出します．

```
int bmp085Caltemp(unsigned int ut){
  long x1,x2;
  x1=((long)ut-(long)AC6)*(long)AC5>>15;
  x2=((long)MC<<11)/(x1+MD);
  b5=x1+x2;
  return ((b5+8)>>4);
}
```

次のbmp085Readup()は，BMP085のセンサから未補償の気圧データを読み取る関数です．戻り値は，キャリブレーションのための元の気圧の測定データとなります．気圧を求めるためのbmp085Caltempの引数としての気圧が得られます．

```
unsigned long bmp085Readup(){
  unsigned long up;
  Wire.beginTransmission(BMP085_ADR);
  Wire.write(0xF4);
  Wire.write(0x34+(oss<<6));
  Wire.endTransmission();
  delay(2+(3<<oss));
  Wire.beginTransmission(BMP085_ADR);
  Wire.write(0xF6);
  Wire.endTransmission();
  Wire.requestFrom(BMP085_ADR,3);
  while(Wire.available()<3);
  up=Wire.read();
  up=(up<<8)+Wire.read();
  up=(up<<8)+Wire.read();
  up=up>>(8-oss);
  return up;
}
```

前項のbmp085Readupで得られたBMP085の未補償データからキャリブレーション・データと所定の計算式で気圧を算出するのが，次のbmp085calpress()関数です．

```
    long bmp085Calpress(unsigned long up){
      long x1,x2,x3,b3,b6,p;
      unsigned long b4,b7;
      b6=b5-4000;
      x1=(DB2*(b6*b6>>12))>>11;
      x2=(AC2*b6)>>11;
      x3=x1+x2;
      b3=((((long)AC1*4+x3)<<oss)+2)>>2;
      x1=AC3*b6>>13;
      x2=(DB1*((b6*b6)>>12))>>16;
      x3 = ((x1 + x2) + 2)>>2;
      b4 = (AC4 * (unsigned long)(x3 + 32768))>>15;
      b7 = ((unsigned long)(up - b3) * (50000>>oss));
      if (b7 < 0x80000000){
        p = (b7*2)/b4;
      }
      else{
        p = (b7/b4)*2;
      }
      x1 = (p>>8) * (p>>8);
      x1 = (x1 * 3038)>>16;
      x2 = (-7357 * p)>>16;
      p += (x1 + x2 + 3791)>>4;
      return p;
    }
```

● 時刻の読み取りと温度読み取りは関数にする

　温度の読み取りgetTemp102()はfloatの型をもった関数で，測定された温度がセットされ戻ります．I²CインターフェースのセンサTMP102から温度を読み取ります．

```
    float getTemp102(){
      int tmpin=i2creadint(TMP102_ADR,0)/16;
      float tmpdata=0.0625*tmpin;
      return tmpdata;
    }
```

● 時刻をセットする関数

　リアルタイム・クロックから現在の時刻をグローバル変数として設定したhour（時），minute（分），sec（秒）にセットします．

　時刻の時はhour，分はminute，秒はsecのfloat型のグローバル変数として設定します．

　このgetTime()関数を呼び出すと，グローバル変数として設定されたhour，minute，secの各変数に時刻の時分秒の値がセットされます．この関数を呼び出した後にこれらの関数を参照すると，呼び出した時点の時刻がわかります．

```
void getTime(){
  Wire.beginTransmission(DS1307_ADDRESS);
  Wire.write(adr0);
  Wire.endTransmission();
  Wire.requestFrom(DS1307_ADDRESS,3);
  byte r_sec=Wire.read();
  sec=(r_sec/16)*10+(r_sec % 16);
  byte r_minute=Wire.read();
  minute=(r_minute/16)*10+(r_minute % 16);
  byte r_hour=Wire.read();
  hour=(r_hour/16)*10+(r_hour%16);
}
```

次のPrintTime()は，日時をシリアル・ポートに出力する関数です．Serial.print()をほかの出力先に変更してほかの用途に流用することができます．

```
void printTime(){
  Wire.beginTransmission(DS1307_ADDRESS);
  Wire.write(adr0);
  Wire.endTransmission();
  Wire.requestFrom(DS1307_ADDRESS,7);
  sec=Wire.read();
  minute=Wire.read();
  hour=Wire.read();
  byte r_day_of_week=Wire.read();
  day=Wire.read();
  month=Wire.read();
  year=Wire.read();
  Serial.print(year,HEX);
  Serial.print("/");
  Serial.print(month,HEX);
  Serial.print("/");
  Serial.print(day,HEX);
  Serial.print(" ");
  Serial.print(hour,HEX);
  Serial.print(":");
  Serial.print(minute,HEX);
  Serial.print(":");
  Serial.print(sec,HEX);
  Serial.println();
}
```

初期設定ルーチンです．

```
void setup()
{
  Ethernet.begin(mac, ip);  // イーサネットのMAC, IPアドレス設定
```

```
    server.begin();              // サーバとして開始
    Serial.begin(9600);          // シリアル通信の初期化
    Wire.begin();                // I²C (Wire) の初期化を行う
    lcd.begin(16,2);             // LCDの表示領域を設定
    lcd.clear();                 // LCDをクリアしカーソルをホーム・ポジションにする
    pinMode(10, OUTPUT);         // SPIのマスタとするため出力に設定
     getcaldata();               // BMP085のキャリブレーション・データを取得
    if (!SD.begin(chipSelect)) { // マイクロSDカード・ドライブの確認
      lcd.print("Card failed, or not present");
                                 // カードがセットされていない
    }
    else{
      lcd.setCursor(0,1);        // カードがセットされている
      Serial.println(" Card ON ");
    }
}
```

スケッチのメイン部分です．

```
void loop()
{
    if ((millis() % (1000*cnt))==0){
```

定期的にシリアル通信でシリアル・ナンバsno，時刻，温度をPCに送信します．

```
sno++;   //
float temp=getTemp102();
getTime();
gmp085Temp=bmp085Caltemp(bmp085Readut())/10.0;  // 気圧測定準備
int indata=analogRead(0);
float sRH=(indata/1024.0)/0.0062-0.16;  // HIH-4030による湿度測定
float RH=sRH/(1.0546-0.00216*gmp085Temp);  // 補正した湿度温度
pressure=bmp085Calpress(bmp085Readup())/100.0;  // 気圧の測定
Serial.print(sno);
printTime();
Serial.print(temp);
Serial.print(" ");
Serial.print(RH);
Serial.print("% ");
Serial.print(pressure);
Serial.println("hPa");
lcd.clear();
lcd.print(hour);
lcd.print(":");
lcd.print(minute);
lcd.print(" ");
lcd.print(temp);
lcd.print("degC ");
```

```
    lcd.setCursor(0,1);
    lcd.print(RH);
    lcd.print("%");
    lcd.print(pressure);
    lcd.println("hPa");
```

● SDカードへの書き出しは

SDカード上のdatalog.txtの名前のファイルを書き込みモードでオープンします．ファイルがSDカードにない場合，新しく作られます．その後，getTime()，getTemp102()で得られた時刻と温度をカードに書き込みます．

```
    File dataFile = SD.open("datalog.txt", FILE_WRITE);
    if (dataFile) {
        dataFile.print(sno);
        dataFile.print(",");
        dataFile.print(year,HEX);
        dataFile.print("/");
        dataFile.print(month,HEX);
        dataFile.print("/");
        dataFile.print(day,HEX);
        dataFile.print(",");
        dataFile.print(",");
        dataFile.print(hour);
        dataFile.print(":");
        dataFile.print(minute);
        dataFile.print(":");
        dataFile.print(sec);
        dataFile.print(",");
        dataFile.println(temp);
        dataFile.print(",");
        dataFile.print(RH);
        dataFile.print(",");
        dataFile.println(pressure);
        dataFile.close();
        Serial.print("CD write=");
        Serial.println(sno);
    }
    else {
        Serial.println("error opening datalog.txt");
    }
}
```

● イーサネットのWebブラウザへの書き出し

クライアントからの要求を待ちます．クライアントからの要求があると，次の処理を行います．

```
    EthernetClient client = server.available();
```

```
    if (client) {
      boolean currentLineIsBlank = true;
      while (client.connected()) {
        if (client.available()) {
          char c = client.read();
            Serial.print(char(c));
          if (c =='¥n' && currentLineIsBlank) {
            client.println("HTTP/1.1 200 OK");
            client.println("Content-Type: text/html");
            client.println();
```

 この中で，時刻と温度を取り出し，シリアル・ポート経由でPCへ送信し，送信データをモニタできるようにしてあります．

```
    float temp=getTemp102();
    getTime();
    Serial.print(sno);
    printTime();
    Serial.println(temp);
```

 ここからがイーサネットのクライアントへの書き出し処理です．

```
            client.print("<html><head><title>kanzaki</title>
            </head><body>");
            client.print(sno);
            client.print(" ");
            client.print(hour);
            client.print(":");
            client.print(minute);
            client.print(":");
            client.print(sec);
            client.print(" temp =");
            client.print(temp);
            client.println(" ");
            client.print("humidity=");
            client.print(RH);
            client.print("% ");
            client.print(pressure);
            client.print("hPa");
            client.println("<br />");
            client.println("</body></html>");
            break;
          }
          if (c == '¥n') {          // you're starting a new line
            currentLineIsBlank = true;
            //   Serial.println("currentLineIsBlank = true2");
          }
```

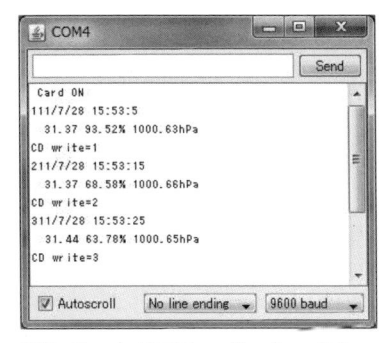

図9-10 シリアル・ポートへ出力した結果

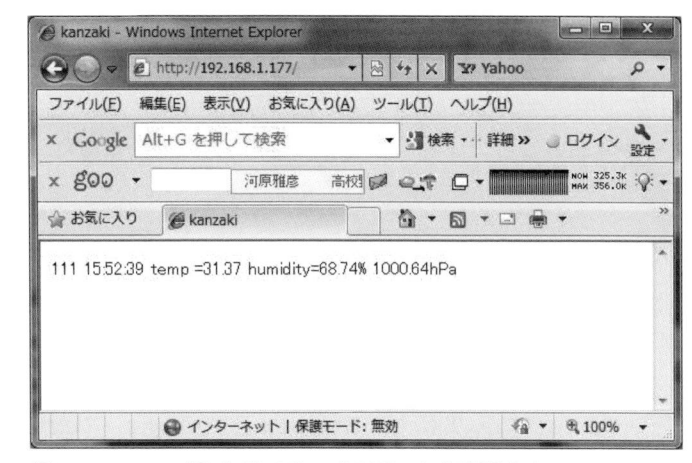

図9-11 Webブラウザでサーバのデータを確認する

```
            else if (c != '\r') { // you've gotten a character
            on the current line
              currentLineIsBlank = false;
              //    Serial.println("currentLineIsBlank = false2");
            }
          }
        }
        delay(1);
        client.stop();
      }
    }
```

以上の各モジュールをまとめてスケッチを完成させます．

● 実行結果

このスケッチの実行結果を**図9-10**に示します．シリアル通信のモニタの表示結果です．

Webブラウザの表示結果を**図9-11**に示します．

イーサネットのサーバ，SDカードへのデータロガーなどに，いつ測定したかを示すリアルタイム・クロックのデータを付加することができるようになりました．

Appendix5

Ethernetライブラリ

　Ethernetライブラリは，Arduino用のイーサネット・シールドを利用してイーサネットのネットワークに接続するためのライブラリです．相手からのメッセージを受けるサーバの機能とメッセージを送信するための機能が用意されています．

　このライブラリには，Ethernet class，Server class，Client class，IP Address class，EthernetUDP classの五つのクラスが用意されています．このライブラリを使用するためには，まずEthernet classのEthernet.begin()関数でMACアドレス，IPアドレスの指定を行い，ネットワーク環境を設定します．併せてEthernetライブラリの初期化を行い，以後IPAddress class，Sever class，Client class，Ethernet UDP classの命令が利用できるようにします．

● Ethernet class

　Ethernet classはライブラリおよびネットワークの設定と初期化を行います．

◆ **Ethernet.begin(mac[ip,gateway,subnet])**

mac：イーサネット・ボードの固有のアドレスを示す6バイトのMACアドレス・データを指定します．このMACアドレスはボードのラベルなどに16進表示・6バイトで表示されています．このアドレスをbyteの配列変数に設定して例のように記入します．

ip　：イーサネットのネットワークのIPアドレスで，MACアドレスと同様にbyteの配列に4バイトのIPアドレスを設定します．Arduino 1.0からはIPAddress変数も使えます．

　[ ]内のIPアドレス，gatewayとsubnetは省略可能で，省略するとgatewayはipで設定されたIPアドレスの最後の桁の値が1に設定されます．subnetはsubnetマスクのことでFF，FF，FF，00の値が設定されます．通常小規模なプライベートなネットワークのgatewayアドレスとsubnetマスクはこのように設定されるので，省略できます．それ以外のネットワークで利用する場合はそれぞれの値を設定してください．IPアドレスも省略するとDHCPクライアントになります．

【例】
```
  byte mac[] = { 0xDE, 0xAD, 0xBE, 0x??, 0x??, 0x?? };
                                          // ボードのMACアドレス
  byte ip[] = { 192,168,1, 142 };
  void setup()
  {
    Ethernet.begin(mac, ip);
  }
```

● Server class

　Serverクラスはネットワークに接続されているほかのコンピュータ上で活動しているクライアントとデータの送受信を行うサーバを生成します.

◆ EthernetServer svr(port)

　通信を行うポート番号をportで指定し，相手からの接続要求に対応するサーバを生成します．通常80を使います．

　svrはServer型変数（インスタンス）で，以後ここで定義された変数名と以下に示す処理を行う関数と組み合わせて処理を行います．変数名はここではsvrとしていますが，わかりやすい任意の変数名が利用できます．

【例】
```
    EthernetServer svr(80)
```
　以後，ここで生成されたsvrについてbegin()，available，write，print，printlnの処理を記述します．以下の例ではServerの説明で生成したsvrを使用しますが，実際にはそれぞれの生成されたServer型の変数名と組み合わせてください．

◆ svr.begin()

　svr.begin()のサーバ変数で，指定したサーバにクライアントからの接続要求を待つように指示します．この指示を受けてserver変数で指定されたサーバはクライアントからの接続要求を待ちます．

【例】
```
    svr.begin()
```

◆ svr.available()

　サーバに接続され，サーバが読み取ることのできるクライアントを取得します．クライアントの接続の処理を終えたらcliant.stop()で接続を終えます．

【戻り値】
　クライアントのオブジェクトが戻り値となります．もしクライアントがなければ，戻り値はfalseとなります．

◆ svr.write(data)

　接続されているすべてのクライアントにdataで示すデータを書き出します．dataはbyteまたはcharデータです．

【戻り値】
　戻り値はありません．

◆ svr.print(data[,base])

　接続されているすべてのクライアントにdataを文字列の値に変換して書き出します．baseは省略可能で，省略されたときはデータの値を10進表示で書き出します．

　baseは，BINは2進数表示，DECは10進数表示，OCTは8進数表示，HEXは16進数表示になります．

　svr.println(data[,base])はsvr.print(data[,base])と同様ですが，書き出しの後に復帰改行のコードが追加されます．data[,base]を省略すると復帰改行のコードのみ書

き出されます．

● Client class
クライアント・クラスでは，サーバと接続しデータの送受信を行うクライアントを生成します．

◆ **EthernetClient clc()**
サーバとポート・ナンバを指定してサーバに接続するクライアントを生成します．
【例】
    EthernetClient clc;
clcは生成されるClient型のインスタンスで，以後示す処理を実行する関数と組み合わせて記述します．

◆ **clc.connected()**
clcで示されたクライアントが接続中かどうか調べます．接続をクローズしても読み取り可能なデータが残っている場合，接続中とみなされます．
【戻り値】
接続中ならtrue，それ以外はfalseが戻り値となります．

◆ **clc.connect(server, port)**
serverで指定されたアドレスのサーバと，portで指定されたポート番号に対して，接続の処理を行います．
【戻り値】
サーバに接続されたときはtrue，接続できなかったときはfalseとなります．

◆ **clc.write(data)**
クライアントが接続しているサーバにdataで示されるデータを送信します．dataはbyte，またはcharのバイト・データです．
【戻り値】
書き込まれたデータのバイト数．必要なければ読む必要はありません．

◆ **clc.print(data[,base])**
クライアントが接続しているサーバに，dataで示されるデータを送信します．dataは，文字列のデータはbyte単位に文字として順番に書き出し，それ以外は十進表記および指定した表記の値として書き出されます．[,base]は省略可能で省略時は10進数表示，BINは2進数表示，DECは10進数表示，OCTは8進数表示，HEXは16進数表示になります．

◆ **clc.println()**
クライアントが接続しているサーバに，dataで示されるデータを送信します．client.println(data[,base])はclient.print(data[,base])と同様ですが，書き出しの後に復帰改行のコードが追加されます．data[,base]を省略すると復帰改行のコードのみ書き出されます．

◆ **clc.available()**
クライアントが読み込むことのできるデータの数が戻されます．

【戻り値】
　読み取り可能なデータの数です．
◆ `clc.read()`
　clcに接続中のサーバから送られてきたデータを1バイト読み込みます．
【戻り値】
　読み取った1バイトのデータ．読み取るデータがなかったときは-1が戻り値となります．
◆ `clc.flush()`
　サーバから送信されてきても，まだ読み取られずバッファに残っているデータをすべて消去します．
◆ `clc.stop()`
　クライアントとサーバとの接続を切断します．

● IPAddress class
　このクラスを使用して，自分自身のまたは相手先のIPアドレス型の変数を設定します．書式は次のようになります．
【例】
　　`IPAddress    ip(Address)`
　ipがIPAddress型の変数でAddressで設定されたIPアドレスが値となります．Addressは'，'で区切られた4バイトの値で示します．ピリオドでなくカンマで区切るので注意してください．`IPAddress ip(192,168,1,45);`で定義したipで，次のようにIPアドレスが設定できます．`Ethernet.begin(mac,ip)`となり，byteの配列で設定するよりシンプルでわかりやすくなります．

＊

　このライブラリは，Ethernet class，Server class，Client classの三つのクラスで構成されていましたが，Arduino 1.0でDHCPにも対応するなどの機能の強化とIPAddress classとEthernetUDP classの二つのクラスが追加されました．そのため，Ethernetライブラリは五つのクラスをもったライブラリになりました．

◆ `Ethernet.localIP()`
　イーサネット・シールドに割り当てられたIPアドレスを取り出します．
【例】
　　`Ethernet.localIP()`
　パラメータは設定しません．
【戻り値】
　イーサネット・シールドのIPアドレスが戻り値となります．この戻り値はIPAddress classで定義されるIPアドレスが戻り値となります．

> **DHCPクライアント**
>
> 　IPアドレスも省略して`Ethernet.begin(mac)`とmacアドレスのみ指定して`Ethernet.begin()`関数を実行すると，DHCPサーバからIPアドレスの割り当てを受けるDHCPクライアントとなります．ネットワーク上のDHCPサーバにIPアドレスの割り当てを要求し，DHCPサーバからのIPアドレスの割り当てを待ちます．IPアドレスを割り当てられたらそのIPアドレスに基づいてイーサネットの送受信処理を行います．
>
> 　その際，割り当てられたIPアドレスを知るために`Ethernet.localIP()`のスケッチの命令が用意されています．

● EthernetUDP class

EthernetUDPクラスはUDP (User Datagram Protocol) によるメッセージの送受信ができるようにします．

◆ **EthernetUDP**

EthernetUDPはEthernetUDPのインスタンスを生成し，UDPでデータが送受信できるようにします．

【例】
　　`EthernetUDP　Udp;`
Udpは生成されたEthernetUDPのインスタンスで，以後の説明ではここで生成されたUdpを使用しています．生成するインスタンスの名称は任意の名称がつけられます．

◆ **Udp.begin(localport)**

EthernetUDPライブラリの初期化を行い，ネットワークを設定します．パラメータのlocalportはサービスを示すポート番号 (int) を指定します．

【戻り値】
　戻り値はありません．

◆ **Udp.parsePacket();**

UDPパケットの有無のチェックを行いサイズが報告されます．UDP.read()でバッファを読み出す前には，このUDP.parsePaket()を読み出す必要があります．

【戻り値】
　受信したUDPパケットのサイズがint型の値で戻されます．

◆ **Udp.read(packetBuffer, MaxSize)**

この機能は，Udp.parsePacket()の実行が成功した後にしか実行できません．引数で指定した文字列 (例ではpacketBuffer) に受信データを読み取ります．

　　`packetBuffer`………受信データを読み込むための文字列のバッファ
　　`MaxSize`……………バッファの最大サイズ (int型の整数)

【戻り値】
　バッファの文字が返されます．

◆ **Udp.available()**
　この機能は，Udp.parsePaket()の実行が成功した後にしか実行できません．受信し読み込み可能なデータの数を得ます．
【戻り値】
　読み取り可能なデータのバイト数が戻ります．

◆ **Udp.write(message)**
　リモート・コネクションにデータを書き込みます．この命令の前にUdp.beginPacket()でデータ・パケットの初期化を行い，この機能で書き込みデータをセットし，Udp.endPacket()が呼び出されてから実際の送信が行われます．
　　message……………… 文字型の送信メッセージで，複数の文字は文字列を利用する
【戻り値】
　　byte型の送信文字数が戻り値として設定されますが，必要なければ読み込まなくてもかまいません．

◆ **Udp.beginPacket(remoteIP,remortePort)**
　リモート接続にUDPデータを書き込むために接続を開始します．
　　remoteIP…………… リモート接続先のIPアドレス　IPAddress型の4バイトの値
　　remortePort………… リモート接続のポート番号　int型の整数
【戻り値】
　戻り値はありません．

◆ **Udp.endPacket()**
　リモート・コネクションへのデータの書き込みを終えた後呼び出します．パラメータはありません．
【戻り値】
　戻り値はありません．

◆ **Udp.remoteIP()**
　リモート接続先のIPアドレスを得ます．UDP.parsePacket()を実行した後にはこの機能を呼び出す必要があります．パラメータはありません．
【戻り値】
　リモート・コネクションのIPアドレス（4バイトのIPAddress型）

◆ **Udp.remotePort()**
　リモートの接続先のポート番号を得ます．UDP.parsePacket()を実行した後にはこの機能を呼び出す必要があります．パラメータはありません．
【戻り値】
　リモート・ホストへのUDP接続ポート番号（int型）

[第10章]
無線対応で応用が広がる
XBeeでデータ収集

　Arduinoにセンサを接続して図10-1に示すように，様々な場所の湿度や気温などをモニタできるセンサ・ネットワークを構築し，PCで離れた場所の情報をいつでも確認できるしくみを作ってみます．図10-2に示すXBeeを利用することで，Arduinoのセンサ・ステーションの無線化を図ります．これにより，有線ではつなぎにくい場所，例えば庭の気温，土中温度，湿度などの気象情報を無線でPCに送信できるようになり，利用範囲が広がります．

10-1　本章で使用するXBee

　XBeeの無線モジュールは，ZigBeeのメッシュ・ネットには対応していないものです．1対1または1対Nで使用する場合は，この安価なXBeeで十分対応できます．

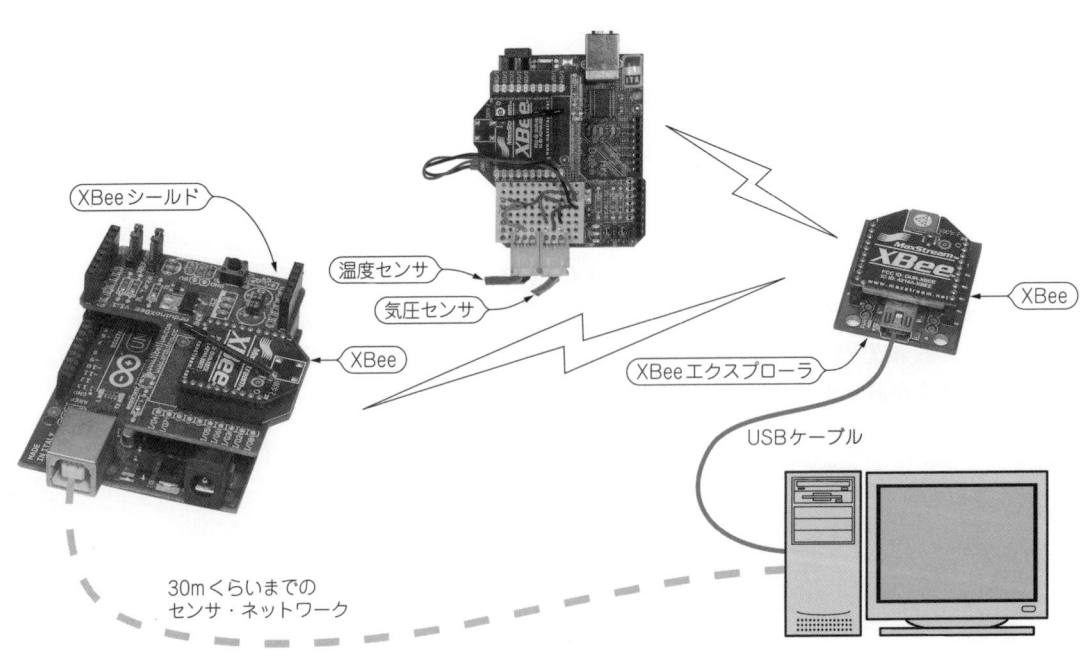

図10-1　ワイヤレスPrivate Area NetworkをXBeeで作る

本章で使用するXBeeの無線モジュールを図10-2に示します．チップ・アンテナ型の1mW出力タイプです．室内30m，室外見通し100mの到達距離というスペックです．同じ形状で出力が10mWと強化されたXBee-PROがあります．こちらは，室内90m，室外見通し750mと遠くまで通信できますが，価格が高くなるので今回は1mW出力の製品を使用しています．

アンテナの形状は，チップ・アンテナ以外にも図10-3に示すワイヤ・アンテナ・タイプもあります．その他に外部アンテナの製品もあり，設置場所や金属の格納ケースに入れるなど，外付けのアンテナが必要な場合にも対応できるようになっています．

◆ モジュールのピン・ピッチは2mm

XBeeのモジュールは，図10-4に示すように10ピン×2列の合計20ピンがあります．このピンのピッチは2mmなので，ブレッドボードやユニバーサル基板にはそのまま差し込むことはできません．また，このXBeeの電源は3.3Vです．そのため，5V電源で信号が5Vまで振幅するArduinoの出力を直接接続することはできません．

◆ XBeeシールド

XBeeをArduinoのマイコン・ボードにセットするために，図10-5に示すArduino XBeeシールドが用意されています．電源のレベル変換，ピンのピッチの変換に対応しArduinoのボードにセットして利用できるようになっています．XBeeシールドの場合は，Arduinoのマイコン・ボードのICSPの6ピンのピン・ヘッダの5VとGNDのピンから電源の供給を受けます．この5V電源からXBeeシールドのボード内のレギュレータで3.3Vを作りXBeeに3.3Vの電源を供給しています．

XBeeの出力は，電源電圧が3.3Vでもディジタル出力の"H"の状態は2.2〜3.2Vとなるので，そのままArduinoボードに接続されています．XBeeの入力には，Arduinoの出力を10kΩと15kΩの抵抗で分圧して加わるようにしてあります．

$5V \times 15k \div (10k + 15k) = 3V$

となり，最大でもArduinoの出力は3Vとなり3.3V以上の電圧は加わりません．

このボードにXBeeをセットし，Arduinoのマイコン・ボードにセットしたものを図10-6に示します．

図10-2　XBeeチップ・アンテナ型　　　　　図10-3　XBeeワイヤ・アンテナ型

図10-4　XBeeワイヤ・アンテナ型（裏面）

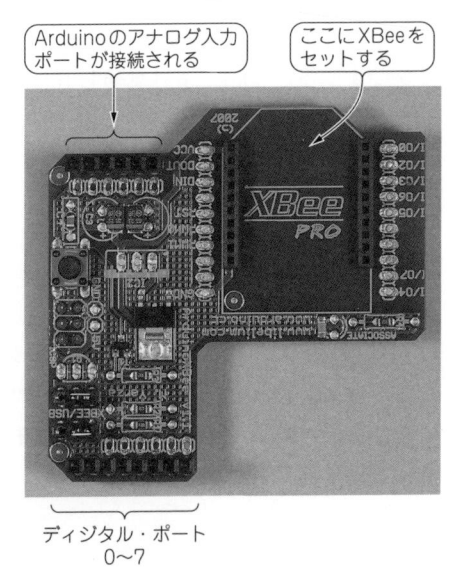

図10-5　Arduino XBeeシールド

図10-6　XBeeをセットしたArduino XBeeシールド

　なお，ZigBeeネットワークのテストを行う予定の方は，XBee ZBと呼ばれるXBee Zigbee対応のモジュールを購入してください．

◆ XBeeのモジュールは二つ必要

　XBeeの無線モジュールは，図10-7に示すように最低二つは用意します．1台だけでは通信相手がいません．1台はArduino XBeeシールドにセットして，Arduinoのマイコン・ボードの上に重ねてセットします．XBeeシールドは上記のArduino純正のXBeeシールド以外にもSparkfun製のXBeeシールドも販売されています．今回はArduino XBeeシールドを使用します．

◆ もう一方のXBeeはパソコンに接続

　もう一方のXBeeは，図10-8に示すUSB接続でPCと接続できるXBeeエクスプローラUSBにセットして，PCとUSB経由で接続します．図10-9に示すように，このXBeeエクスプローラUSBとPCをUSBケーブルで接続すると，PCからはCOMポートのシリアル通信でXBeeと通信できるようにな

ネットワークID
PAN (Private Area Network)

PAN ID 3612

DL11
My13

DL13 ← 通信先ID
My11 ← 発信元ID

(XBeeエクスプローラ)
USB＋XBee

PC

Arduinoのシリアル I/O の入出力が，そのまま相手との通信になる

（Arduino＋XBeeシールド＋XBee）

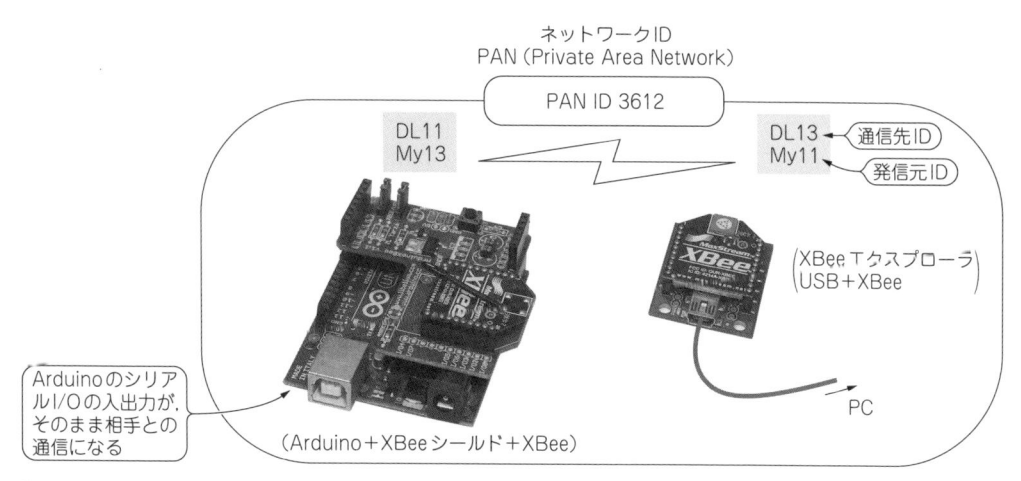

図10-7　XBeeは最低二つ必要

XBeeのシリアル・ポートとPCのUSBの変換を行うFT232RL

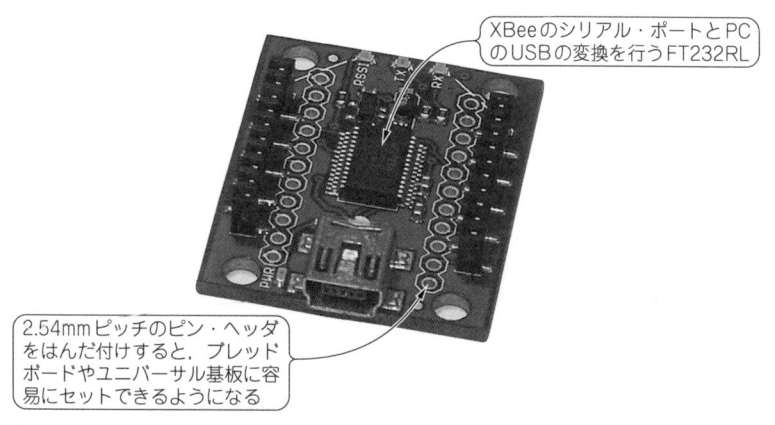

2.54mmピッチのピン・ヘッダをはんだ付けすると，ブレッドボードやユニバーサル基板に容易にセットできるようになる

図10-8　XBeeエクスプローラUSB

XBeeを「XBeeエクスプローラUSB」にセットした状態

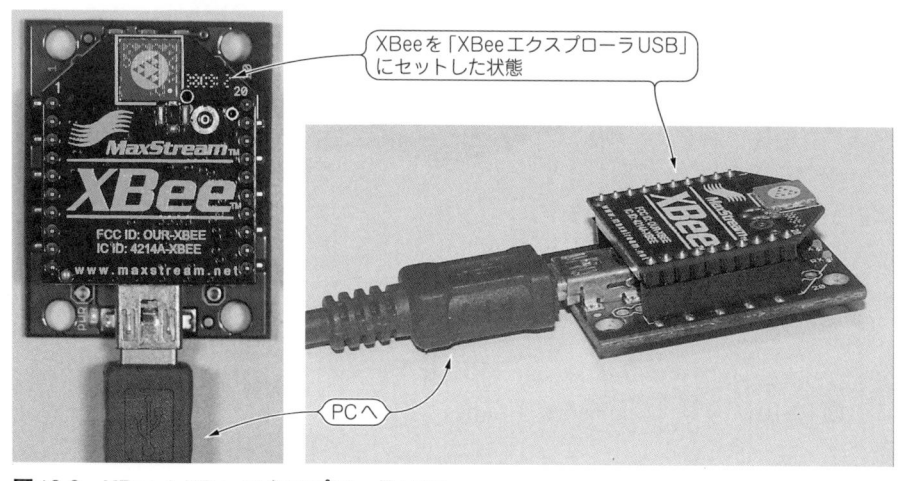

PCへ

図10-9　XBee＋XBeeエクスプローラUSB

10-1　本章で使用するXBee | **167**

表10-1　XBeeのDC特性

記号	特性	条件	min	Typical
V_{IL}	Input Low Voltage	全ディジタル入力端子	—	—
V_{IH}	Input High Voltage	全ディジタル入力端子	$0.7 \times V_{CC}$	—
V_{OL}	Output Low Voltage	$I_{OL} = 2mA$,　$V_{CC} \geq 2.7V$	—	—
V_{OH}	Output High Voltage	$I_{OH} = -2mA$,　$V_{CC} \geq 2.7V$	$V_{CC} - 0.5$	—
I_{IIN}	Input Leakage Current	$V_{IN} = V_{CC}$ or GND,　all inputs, per pin	—	0.025
I_{IOZ}	High Impedance Leakage	Current $V_{IN} = V_{CC}$ or GND, all I/O High-Z,　per pin	—	0.025
TX	—	$V_{CC} = 3.3V$	—	45mA
RX	—	$V_{CC} = 3.3V$	—	50mA

High-Z：ハイ・インピーダンス

ります．

◆ **XBeeの電源電圧**

　XBeeの電源電圧の範囲は2.7〜3.6Vです．各ディジタル入出力端子のDC特性を**表10-1**に示します．これらの各端子には，ここの電源電圧3.3Vを超えた電圧を加えることはできません．

◆ **XBeeエクスプローラは3.3Vモードで接続**

　XBeeエクスプローラUSBのボードでは，USBから供給される5Vの電源から3.3Vの電源を作り供給しています．また，PCのUSBポートの信号をXBeeで取り扱えるシリアル通信の信号へ変換するには，Arduinoのボードにも搭載されていたFTDI社のUSB-シリアル変換素子FT232RLを使用しています．この素子には，出力を5V出力と3.3V出力に切り替える端子も用意されています．

　このFT232RLのVCCIO端子で，この端子に5Vを接続すると5V入出力になり，3.3Vを接続すると3.3Vの入出力となります．このXBeeエクスプローラのボードでは内部で作られた3.3Vの電源がVCCIOに接続されて，XBeeのシリアル・ポート（DOUT/DIN）との間は3.3Vのモードになっています．そのため3.3V動作のXBeeと電圧レベルの問題は解消されています．

10-2　インストール・プログラムの準備

◆ **X-CTUのインストーラのダウンロード**

　ハードウェアの準備が完了し，電圧信号レベルの確認を終えたら，XBeeの設定を行うためのユーティリティ・ソフトX-CTUを準備します．このX-CTUは，http://www.digi.com/のページから，次の手順でダウンロードできます．

① support＞driversのページを表示する
② driversのページのドライバの選択リストの中からX-CTUを選択し，Select this productボタンを押すとX-CTUの製品情報のウィンドウになる
③ このウィンドウのDiagnostics,Utilities and MIBsを選択する

　選択すると**図10-10**に示す「Diagnostics, Utilities and MIBs」の見出しの下に各バージョンのインストーラがダウンロードできるようになっています．この中の最新バージョンを選択してダウンロードします．2011年7月20日現在では次のバージョンでした．

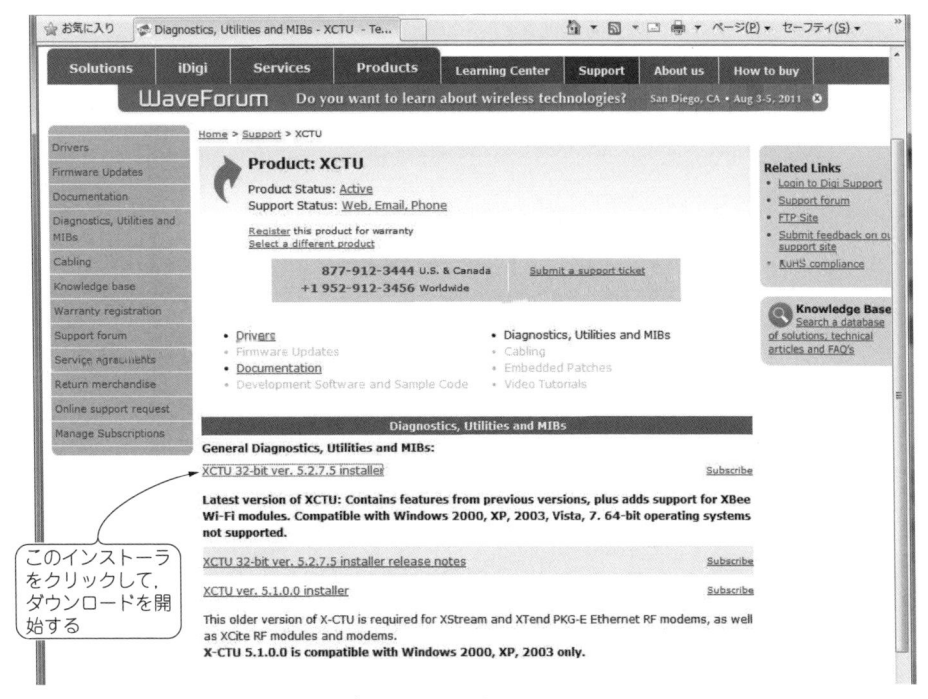

図10-10　最新のインストーラをダウンロードする

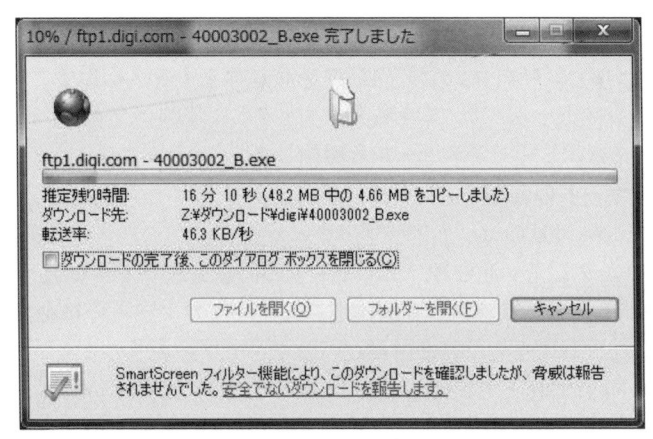

図10-11　ダウンロードが開始し，進行状況が示される

```
XCTU ver.5.2.7.5installer
```
④ XCTU ver.5.2.7.5 installerをクリックし，X-CTUのインストーラのダウンロードを開始する

　セキュリティの警告が表示されます．警告に対して保存で答え，保存するフォルダを指定して図10-11で進行状況を示しながらインストーラのプログラムのダウンロードを開始します．ダウンロードの完了を示す図10-12の表示でダウンロードを終わります．次にフォルダを開き先へ進みます．

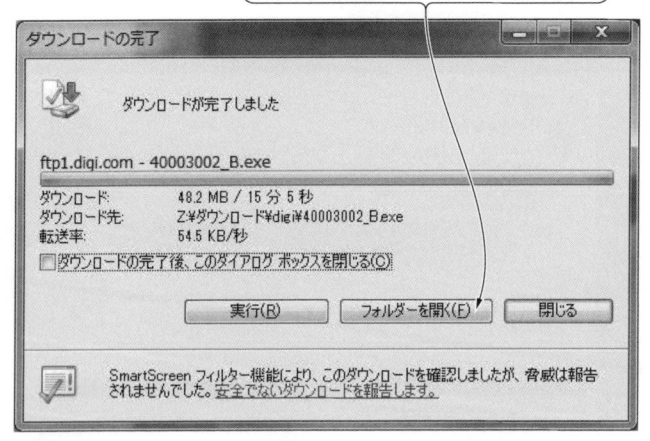

図10-12 ダウンロードが完了したらフォルダを開く

　日本のディジインターナショナルのホームページからは，探し方が悪いためか，何度探しても X-CTUのダウンロードのページにたどり着けませんでした．http://www.digi.com/からは上記のようにダウンロードすることができます．

10-3　X-CTUのインストール

　X-CTUのインストール・プログラムをダウンロードしたフォルダを開き，**図10-13**で示すようにマウスの右ボタンでインストール・ファイル名をクリックしてドロップダウン・リストを表示し，「管理者として実行（A）」を選択してインストールを開始します．

◆ セットアップ・ウィザードの開始ウィンドウ

　図10-14に示すようにX-CTUのセットアップ・ウィザードのウィンドウが表示されます．

　Nextのボタンをクリックし先へ進むと，ライセンスの同意を求めてきます．「I agree」をチェックして同意し，Nextのボタンをクリックして次に進みます．プログラムの格納フォルダの確認を求めてきます．特に変更しなければならない理由がないので，デフォルトの設定で次に進みます．インストールの確認に対してNextで答えて次に進みます．

　具体的なインストール作業が始まります．スケジュール・バーが伸び縮みしてインストールが進みます．

　ファームウェアのアップデートのチェックを確認する**図10-15**に示すメッセージが表示されます．このメッセージがほかのウィンドウの後ろに隠れ，インストール中を示すウィンドウのスケジュール・バーが長い間進行しなくなる場合があります．インストールが止まってしまったように感じたら，このウィンドウが隠れていないか確認してみてください．

　また，Windowsのセキュリティの設定状態によっては，**図10-16**に示すセキュリティのメッセージが表示される場合があります．このメッセージにも気がつかないことがあるので注意してください．

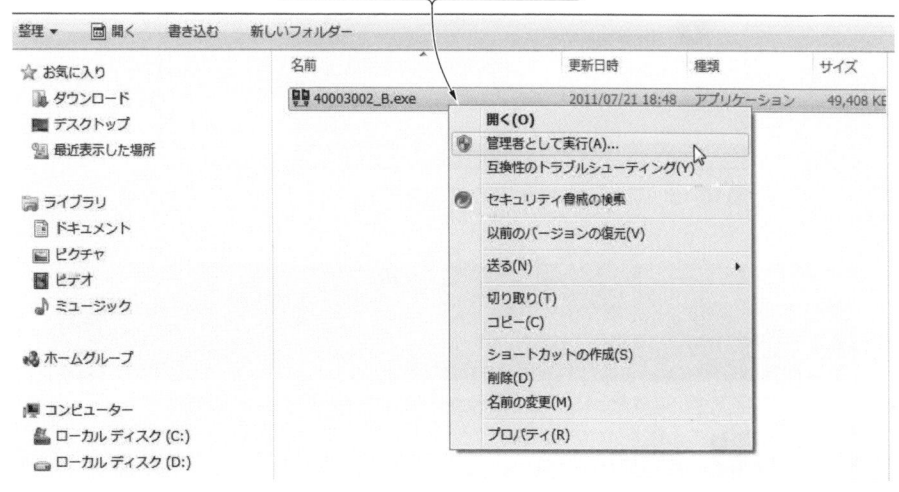

図10-13　管理者として実行

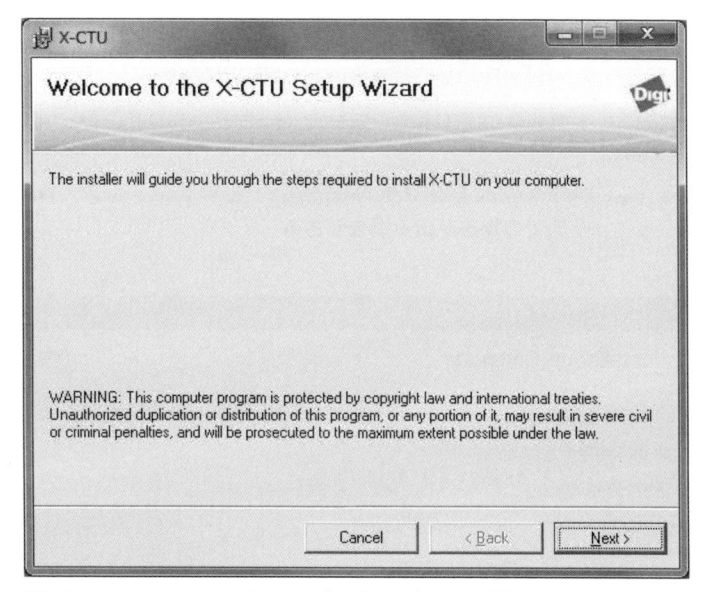

図10-14　X-CTUセットアップ・ウィザードの開始

　Webサイトからのアップデートが進みます．アップデートのサマリが表示されます．
　アップデートのサマリを確認すると，**図10-17**に示すインストールの完了の確認が表示されます．Closeのボタンをクリックしてインストールを完了します．
◆ **XBeeのモジュールの設定**
　XBeeエクスプローラにXBeeをセットしてPCと接続します．

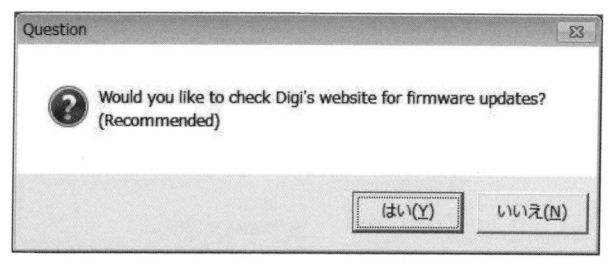

図10-15　ファームウェアのアップデート

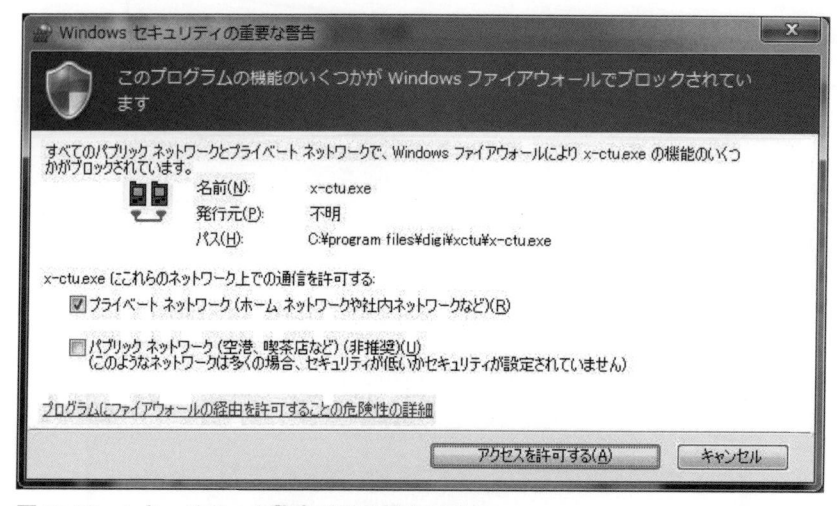

図10-16　セキュリティの警告が出る場合がある

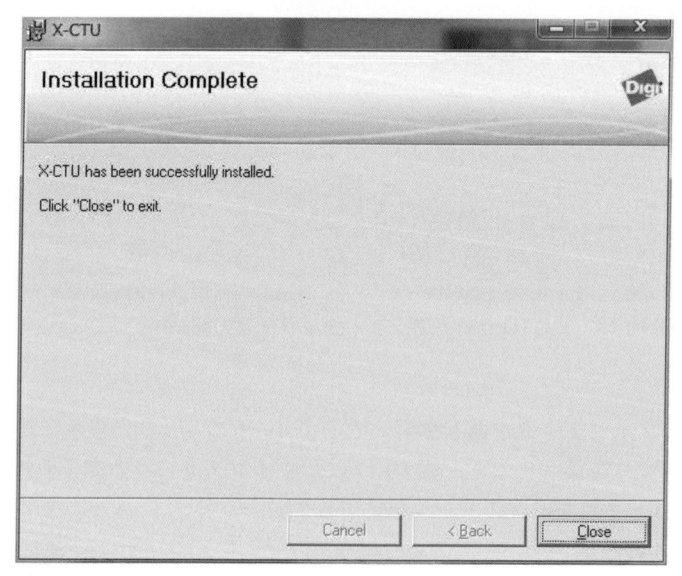

図10-17　X-CTUのインストールの完了

◆ X-CTU起動の前に

　インストールされたX-CTUを起動する前に，XBeeエクスプローラを接続してXBeeエクスプローラに割り当てられたCOMポートの番号を確認しておきます．COMポートの番号は，デバイスマネージャを起動しておいて，XBeeエクスプローラへのUSBケーブルを抜き差しして表示されるCOMポート番号を確認することでわかります．

　「XBeeをセットしたXBeeエクスプローラ」をUSBケーブルでPCに接続した後，XBeeの設定のためにX-CTUを起動します．このXBeeエクスプローラには，ジャンパなどハード的に設定するところはありません．

10-4　X-CTUの起動と設定

　スタート＞すべてのプログラム＞Digiをクリックすると，X-CTUのアイコンとX-CTUが表示されます．X-CTUをクリックして起動します．

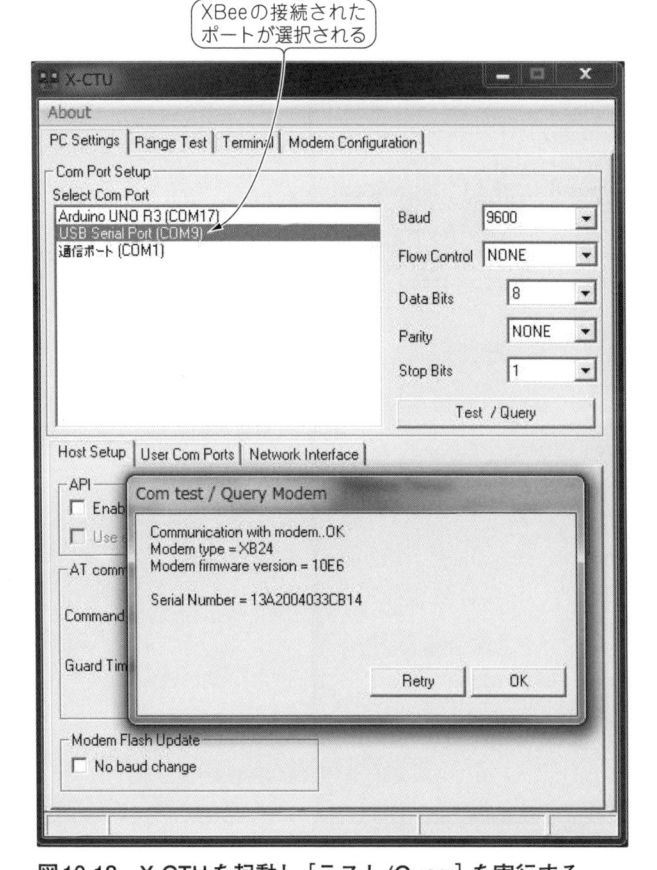

図10-18　X-CTUを起動し［テスト/Query］を実行する

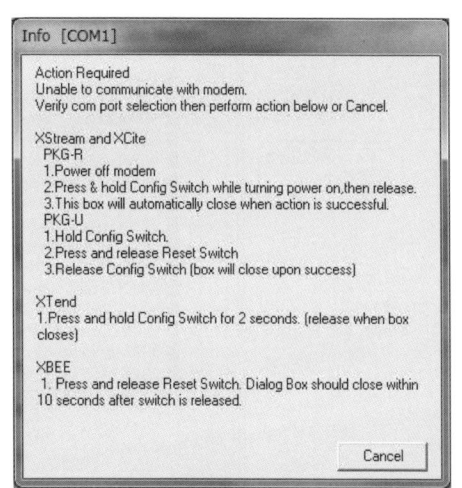

図10-19　XBeeが接続されていないときの画面

◆ X-CTUの開始画面

X-CTUを起動すると図10-18の画面が表示されます．Com Port Setupには，現在検出されるCOMポートが表示されています．複数のCOMポートが接続されている場合は，XBeeが接続されたポートが選択されます．X-CTUを起動してからXBeeエクスプローラを接続しても反映されません．X-CTUの起動の前にXBeeを接続しておきます．

◆ COMポートの選択を問い合わせる

XBeeの設置されているCOMポートを選択し，Test/Queryボタンをクリックすると，X-CTUからCOMポートの先に設置されているXBeeに問い合わせを行います．XBeeとの通信ができると，モデムのタイプ，ファームウェアのバージョンが表示されます．XBeeとの通信ができなかったり，XBeeがCOMポートに接続されていない場合，図10-19のように「Unable to communicate with modem」と表示されます．

XBeeエクスプローラの接続されているCOMポートを選択して，Modem Configurationのタグを選択します．これで内容を確認するXBeeの情報を読み込んで表示し，必要に応じて変更できるようになります．XBeeエクスプローラでないCOMポートを選択して通信を行うと（応答なし）と表示されプログラムが終了します．

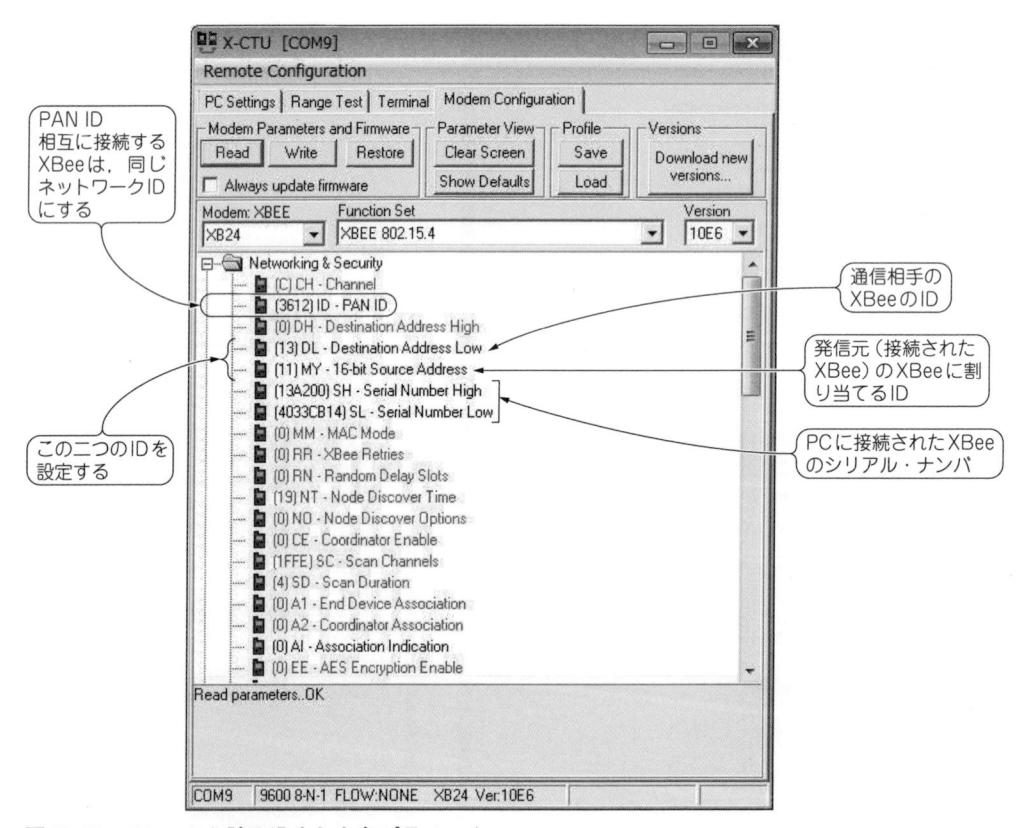

図10-20　XBeeから読み込まれた各パラメータ

第10章　XBeeでデータ収集

XBeeエクスプローラにはリセット端子のほか，電源，I/Oなどの端子が用意されているので，ユニバーサル基板などに搭載して回路を付加することができます．しかし，今回のテストはシリアル変換しか行わないので，できるだけXBeeエクスプローラに回路を付加しないで進めていきます．

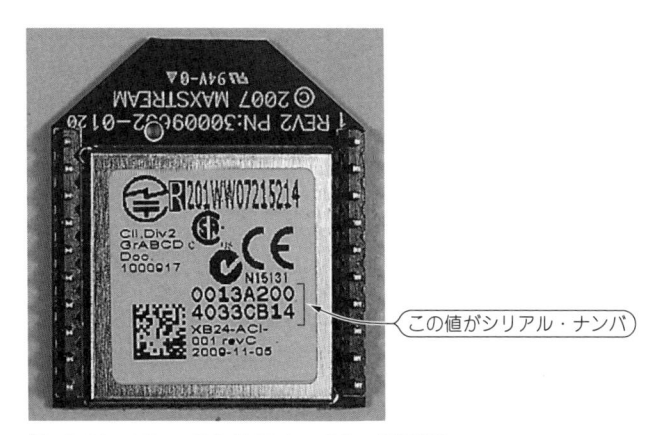

図10-21　XBeeのシリアル・ナンバの確認

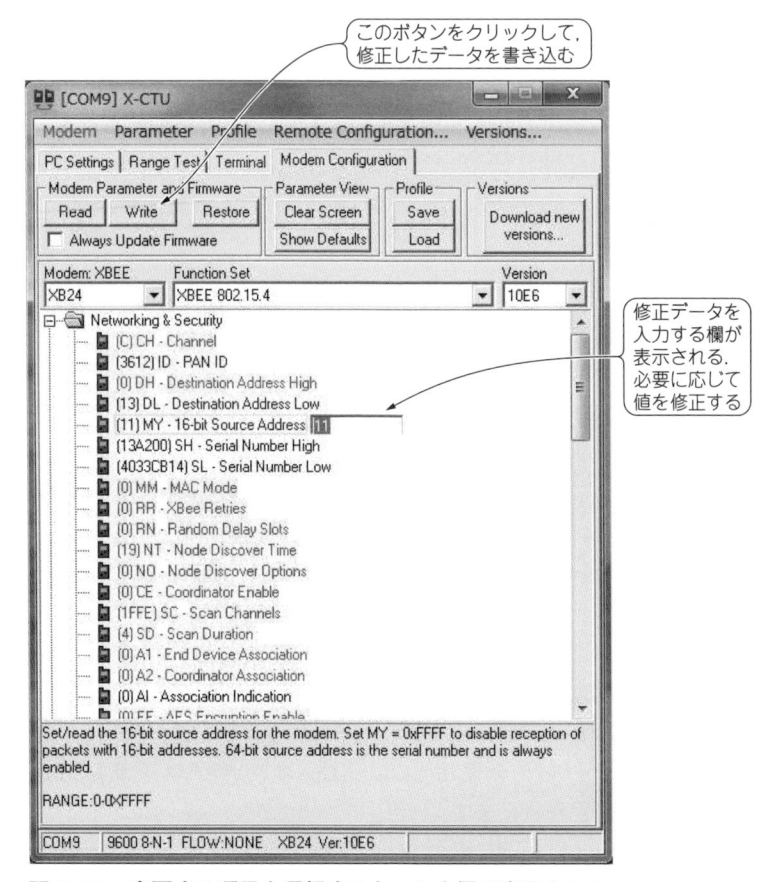

図10-22　変更する項目を選択すると，入力欄が表示される

10-4　X-CTUの起動と設定　│　175

◆ XBeeの設定

XBeeをXBeeエクスプローラにセットしUSBケーブルを接続してから，X-CTUを起動し，Modem Configurationのタグを選択してModem Configurationのページを表示します．Readボタンをクリックして，XBeeのパラメータをを読み取ると，図10-20に示すように各パラメータのようすが表示されます．表示されるまで少し時間がかかる場合があります．

図10-21に示すように，XBeeのモジュールに表示されているシリアル・ナンバの上位桁13A200，下位桁4033CB14は，X-CTUで読み取った値と一致しています．この各IDについて，2台のXBee間で無線通信を行うための設定を行います．

◆ Modem Configurationのタグを選択してXBeeの設定を行う

Modem Configurationのタグをクリックして，Modem Configurationの設定ページにします．Readボタンをクリックすると図10-22に示すように，XBeeの設定情報が読み取られ，編集できるように各項目が表示されます．

① ID；PAN ID
② DL；Destination Address Low
③ MY；16bit Source Address

の3項目について次のように設定します．

> ID ……… 3612 …… 同じネットワークのXBeeには同じ値を設定する
> DL ………… 13 …… 通信相手のアドレスを設定する．4桁以下の値を設定
> MY ………… 11 …… 自分自身のアドレスを設定する

SH，SLの値は，図10-21に示すようにXBeeのモジュールの背面に表示されているシリアル・ナンバが読み込まれています．

必要な項目を設定したら，WriteボタンをクリックしてXBeeに書き込みます．書き込みが終わったら，念のため再度Readボタンをクリックして設定値が変更されたかどうか確認します．

10-5 ArduinoのXBeeシールドに設置したXBeeモジュールの設定

次に，図10-23に示す，ArduinoのXBeeシールドに設置したXBeeモジュールの設定を行います．このXBeeシールドには図10-24に示すような，ジャンパ・ピンがあります．

XBeeとUSB経由でPCを接続するためにはジャンパ・ピンを，図10-24に示したようにUSBと表示されているほうに設定します．PCからX-CTUでXBeeの設定を行う場合は，このジャンパをUSB側にした状態で作業します．設定が終わってArduinoからXBee経由で無線通信を行う場合は，図10-25に示すようにXBEEの表示側にジャンパ・ピンをセットします．

◆ ArduinoのXBeeシールドのXBeeの設定値を読み取る

ArduinoとArduino XBeeシールドを使用して，XBeeエクスプローラUSBと同様にPCからX-CTUでXBeeの設定の確認修正が行えます．

X-CTUのPC settingsでXBeeシールドの接続されたCOMポートを選択して，Modem ConfigurationのページでReadボタンを押してXBeeの設定情報を読み取ります．

XBeeの設定値を**図10-26**のウィンドウで設定します．

設定値は，通信相手のXBeeの設定値のDLとMYの値が入れ替わっているだけで，後は同じです．次のように設定しました．

```
ID  ………… 3612
DL  ………… 11
MY  ………… 13
```

必要な項目を設定したらWriteボタンをクリックして設定した値をXBeeに書き込みます．書き込みが終わったら，念のため再度Readボタンをクリックして設定値が変更されたかを確認します．

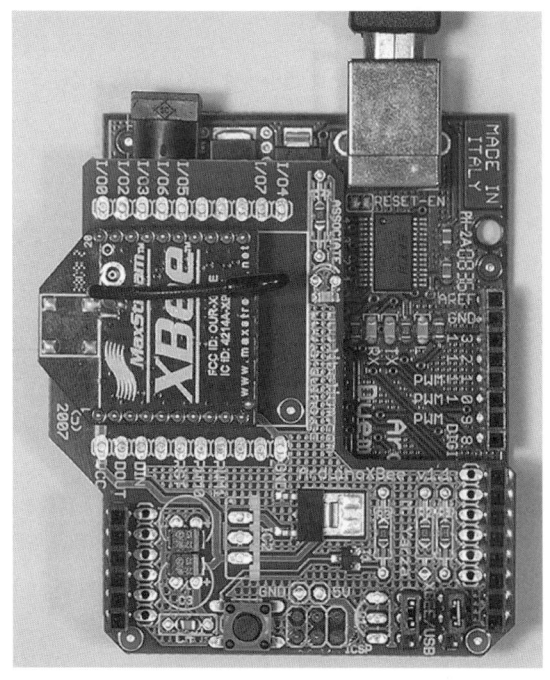

図10-23 ArduinoのXBeeシールドに設置したXBeeの設定

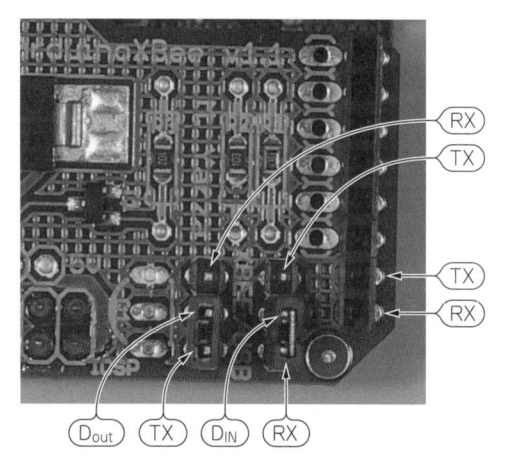

図10-24 PC（USB）とXBeeを接続するときの設定

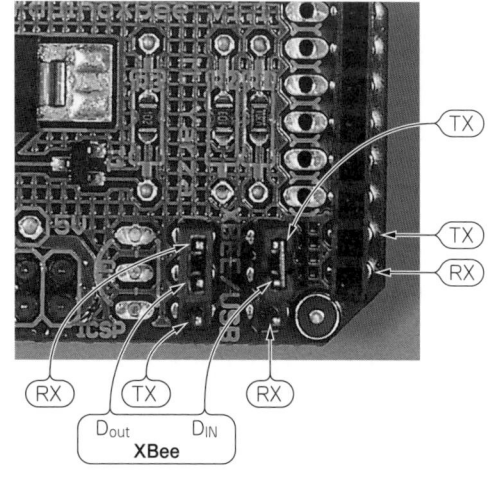

図10-25 ArduinoとXBeeを接続するときの設定

10-5 ArduinoのXBeeシールドに設置したXBeeモジュールの設定

図10-26　ArduinoのXBee設定

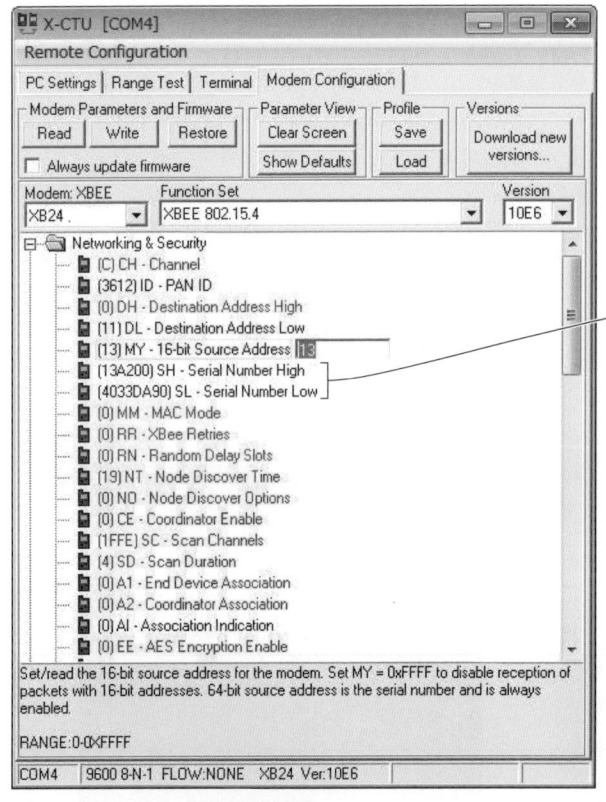

図10-27　シリアル・ナンバを確認する

◆二つのXBeeの設定の確認

　　ネットワーク・アドレス ……… 同一の3612に設定

　それぞれのXBeeに自分のアドレス，通信相手のアドレスを，

　　XBeeエクスプローラ ……… 11 ……… 13

　　XBeeシールド ……………… 13 ……… 11

と設定しました．

　次は，通信のテストを行います．

10-6　XBeeモジュールの設定

　図10-28に示すように，PCとCOMポート経由（実際はUSB）で接続した二つのXBeeはターミナル・プログラムを使用すると，キーボードからの入力データをXBeeに渡し，XBeeは無線で通信相手のXBeeにデータを送信します．XBeeが受信したデータは，シリアルのCOMポート経由でターミナル・プログラムのウィンドウに表示されます．

　以前のWindowsにはハイパーターミナルと呼ばれるターミナル・プログラムが用意されていましたが，現在のWindowsには含まれていません．

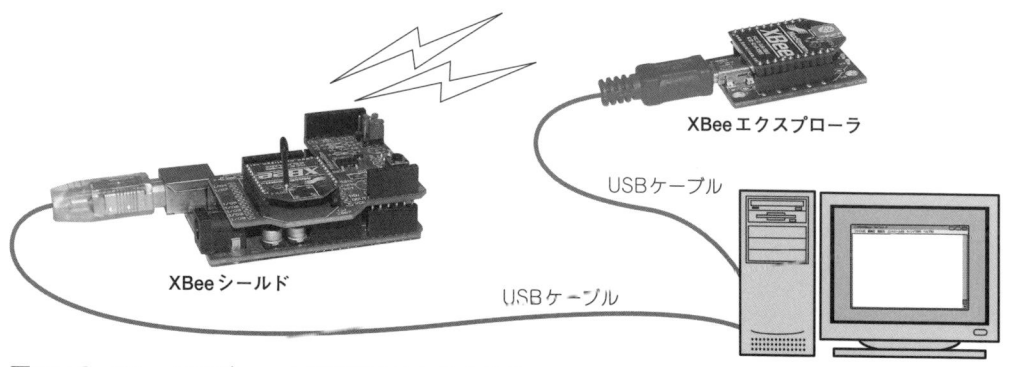

図10-28　XBeeのモジュールを設定するときの接続

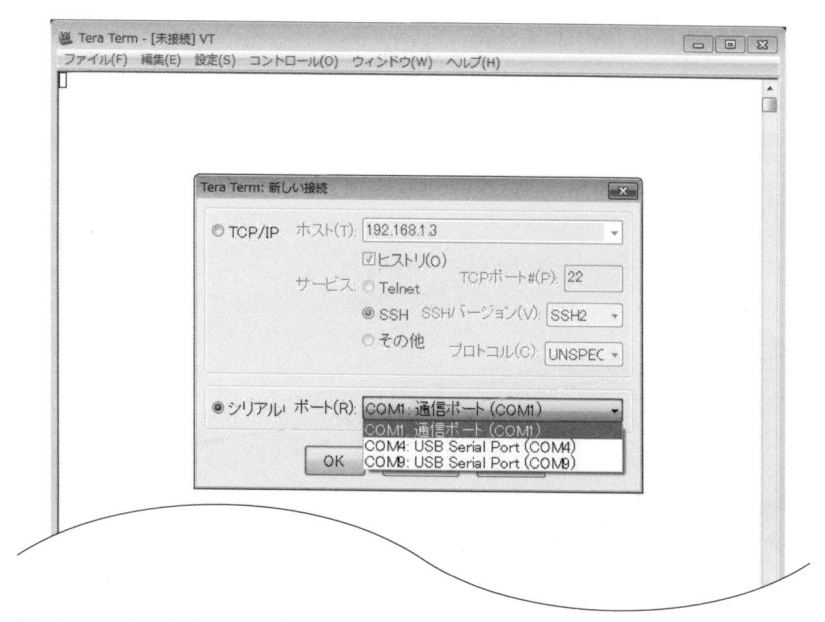

図10-29　ターミナルの設定-シリアル・ポート

◆ Tera Term（フリーソフト）をインストール

シリアル通信のテストなどではターミナル・プログラムがあると便利です．今回，XBeeの通信の確認はTera Termで行います．「TeraTerm Home Page」がTera TermのWebページです．ここからダウンロードのページに行けます．今回改めて最新のバージョンをダウンロードしてインストールしなおしました．バージョンは4.70でした．

```
http://ttssh2.sourceforge.jp/
```

◆ インストールしたTera Termを起動する

インストールしたTera Termを起動すると，図10-29に示すようにTCP/IPまたはシリアル通信のどちらかの接続先を設定するウィンドウが表示されます．シリアル通信を利用するのでシリアル・ポートをチェックし，ドロップダウン・リストを表示すると現在利用できるCOMポートの一覧が表

10-6　XBeeモジュールの設定　179

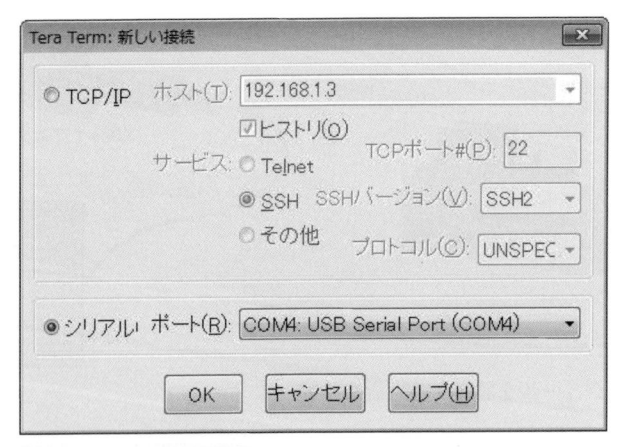

図10-30　COM4を選択

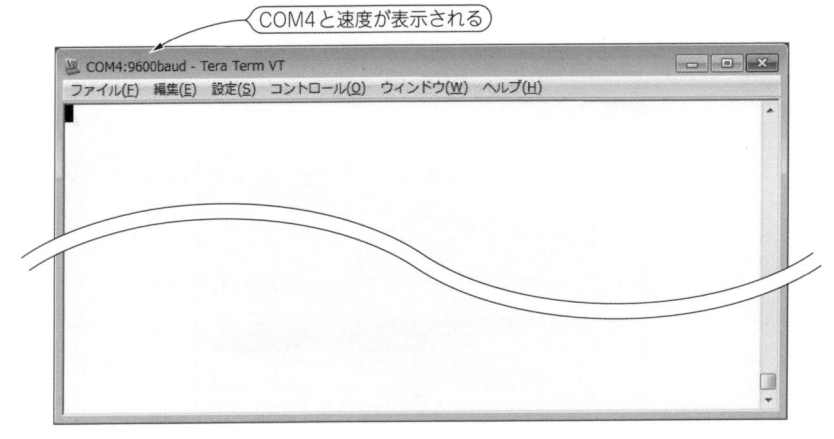

図10-31　接続できたときのTera Term

示されます．ここでは，「COM9」の「XBeeエクスプローラ」，「COM4」に「XBeeシールド」が接続されています．

◆ XBeeエクスプローラと接続する

　まず，XBeeエクスプローラとTera Termの通信を設定します．**図10-30**のようにCOM4を選択しOKボタンをクリックします．COM4ポートと接続できると，**図10-31**に示すようにTeraTermのタイトル・バーにCOMポートの番号と通信速度が表示されます．

　Tera Termは複数起動できるので，COM9用のTera Termを起動してシリアル・ポートをチェックしCOM9を選択します．

　XBeeエクスプローラとXBeeシールドをそれぞれPCにUSBケーブルで接続してからTera Termを起動します．XBeeシールドのジャンパはUSB側に設定して，XBeeシールドにセットしたXBeeとPCがシリアル・ポート経由で通信できるようにしておきます．

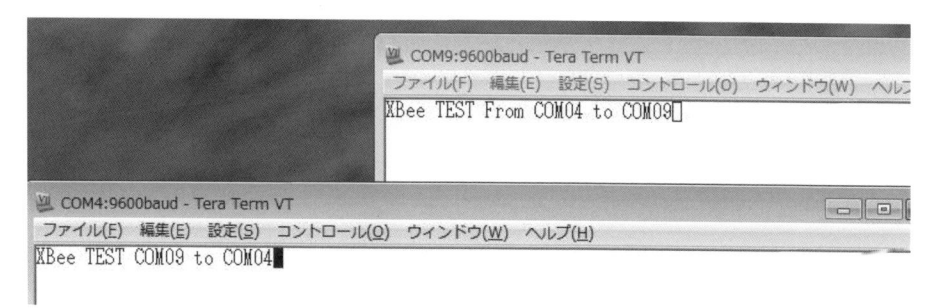

図10-32 二つのTera Term間で通信ができた

◆ 通信テスト

通信テストは，一方のTera Termのキーボードから入力した文字が，**図10-32**に示すようにもう一方のウィンドウに表示されたらXBeeの無線の通信が成功です．

ターミナルの設定は，デフォルトの設定ではキー入力のエコーバックはなく，キー入力してもウィンドウには入力したキーの文字は表示されません．通信先で入力した文字を受信したときターミナルのウィンドウに表示されます．

10-7　XBeeとArduinoとの接続

前項では，PCのCOMポート経由で，Tera Termを用いて2台のXBee間の通信を行いました．次は，XBeeシールド上の「XBee」と「シールドの下のArduino」との通信を行います．

XBeeの送受信ポートは，Arduinoのディジタル・ポートの0，1ポートのRX，TXに接続されています．

Arduinoとの通信を行う場合と直接USBと接続する場合の選択は，XBeeシールド上のジャンパ・ピンで選択します．前回はXBeeからUSB経由でPCと接続し通信しました．そのため，ジャンパ・ピンはUSB側に設定されています．今回はXBeeのシリアル送信をArduinoシリアル受信RXへ，XBeeのシリアル受信をArduinoのシリアル送信，TXへ接続するためにジャンパをXBEEに設定します（**図10-25**参照）．

10-8　テストのためのスケッチ

テストのようすを**図10-33**に示します．ⒶのXBeeシールドを搭載したArduinoはシリアル・ポートを9600bpsに設定し，相手からの受信を待ちます．データが受信されるとバッファからデータを読み出しそのまま相手に送信します．次のスケッチを作成し，Arduinoにアップロードします．

```
byte indata;
void setup(){
  Serial.begin(9600);
}
void loop(){
  if (Serial.available() > 0) {
```

```
if(Serial.available()>0) {
    indata=Serial.read();
    Serial.write(indata);
}
```

- XBeeからのデータの有無をチェック
- Serial.read()でXBeeで受信し，Arduinoの受信バッファに渡されたデータを読み取る
- この他に，Serial.print() Serial.println()も利用できる
- Serial.write()で1バイトのデータをXBeeに送り，そのXBeeは送信相手のXBeeに無線でデータを送る
- キーボードから入力されたデータがXBeeの無線でArduinoに渡され，同じデータが無線で返送され表示される

Ⓐ Arduino XBeeシールド
Ⓑ XBeeエクスプローラ
PCでは，ターミナル・ソフトを動かす
無線

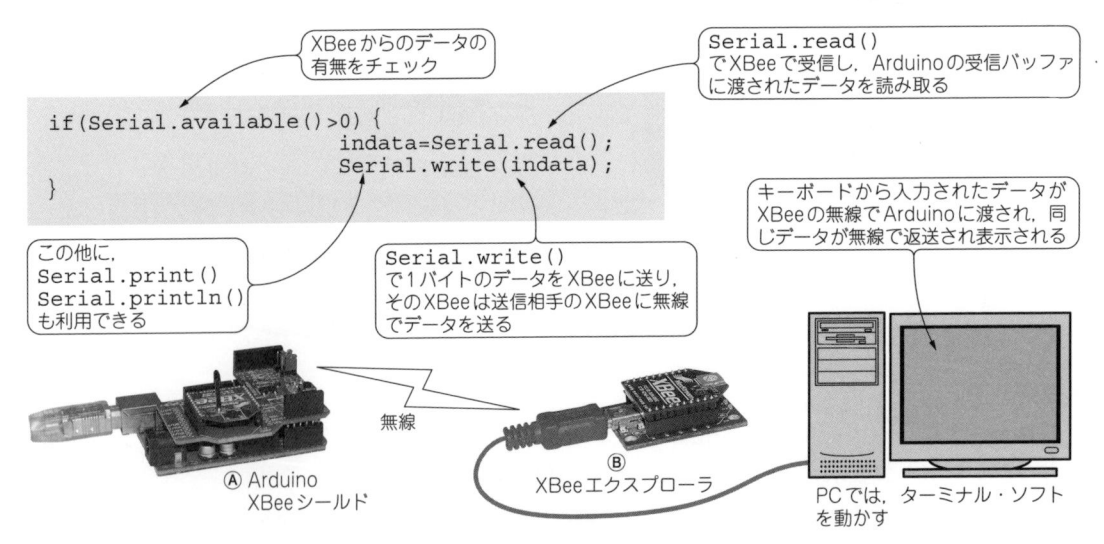

図10-33 ArduinoからSerial Read/WriteでXBeeと通信

```
        indata = Serial.read();
        Serial.write(indata);
    }
}
```

◆ Arduino IDEからスケッチをアップロードするとき

Arduino IDEからスケッチをアップロードする際は，XBeeシールド上のXBEE/USBを選択するジャンパを外しXBeeのシリアル通信ポートを切り離しておきます．XBeeとArduinoを通信できるようにしておくとArduino IDEからアップロードできない場合があります．

アップロードが終わったら，ジャンパを戻してテストします．

◆ テスト結果

テスト結果は，Ⓑ側のTera Termのキーボードから入力したデータがウィンドウに表示されます．相手からのデータなのかどうか疑問がある場合，

　　`Serial.write(indata);` を `Serial.write("A");`

などとスケッチを変えると，Tera Termから何を入力してもAと表示されるようになり，ArduinoからのデータをXBee経由で受信したことが確認できます．

これで，XBeeを利用する場合の通信の確認ができました．

10-9　無線通信できる温度計測ステーション

図10-34に示すようにXBeeシールドの上に小型の基板を追加し，LM35の温度センサへのケーブルの引き出し線を接続するコネクタをセットし，温度センサから温度を読み取り測定した結果をXBeeで発信します．

図10-34　XBeeを使った温度計測ステーション

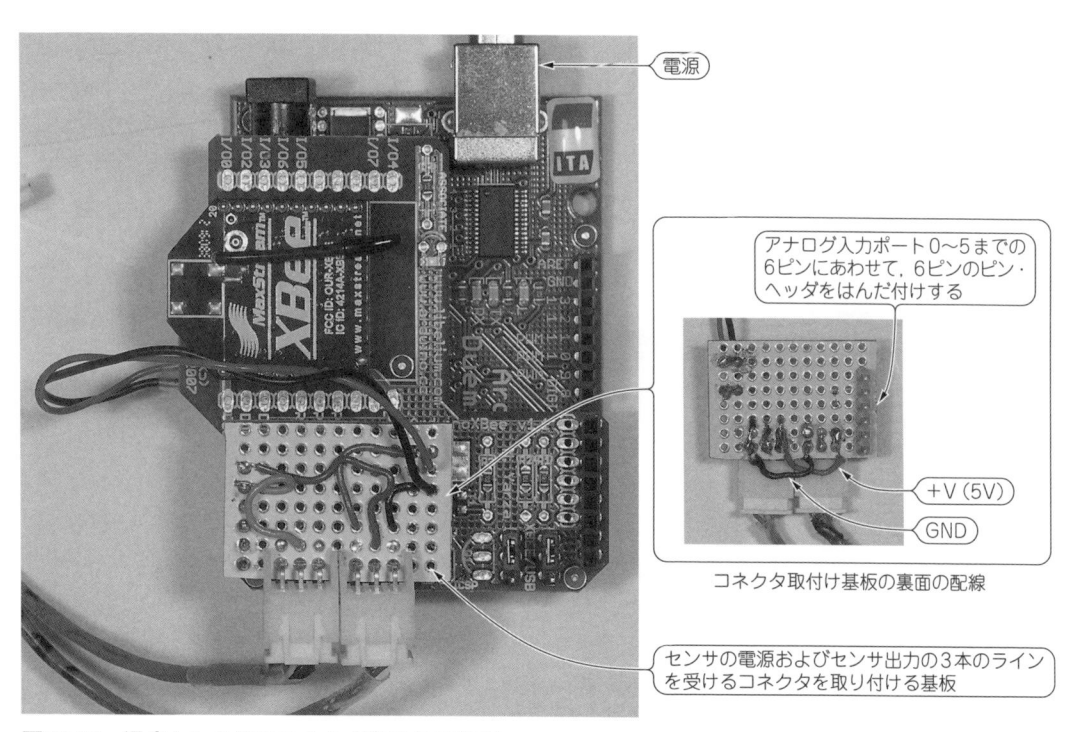

図10-35　温度センサ用のコネクタ取り付け基板

◆ コネクタはJSTのXHシリーズの基板配線用コネクタ

　センサのコネクタのために，図10-35に示すように，両面ユニバーサル基板の一部を切り取って使用しました．

◆ コネクタの両端にプラス電源とGNDの電源ラインを接続

　温度センサICのLM35のケーブルとコネクタの加工は，図10-36に示すように行いました．LM35の接続方法，コネクタの接続については，第4章にLM35の使い方も含めて説明しているので，そちらも参考にしてください．

（a）温度センサのケーブル

（b）LM35DZの足を短くする

（c）2芯シールド線の処理（被覆をむいた部分は少し多めにはんだメッキする）

（d）はんだ付けはリード線を重ねて温める

（e）エポキシ接着剤でモールドする（写真のモールドは耐熱性のエポキシ接着剤EP001Nを使用）

（f）温度センサに使用したコネクタ

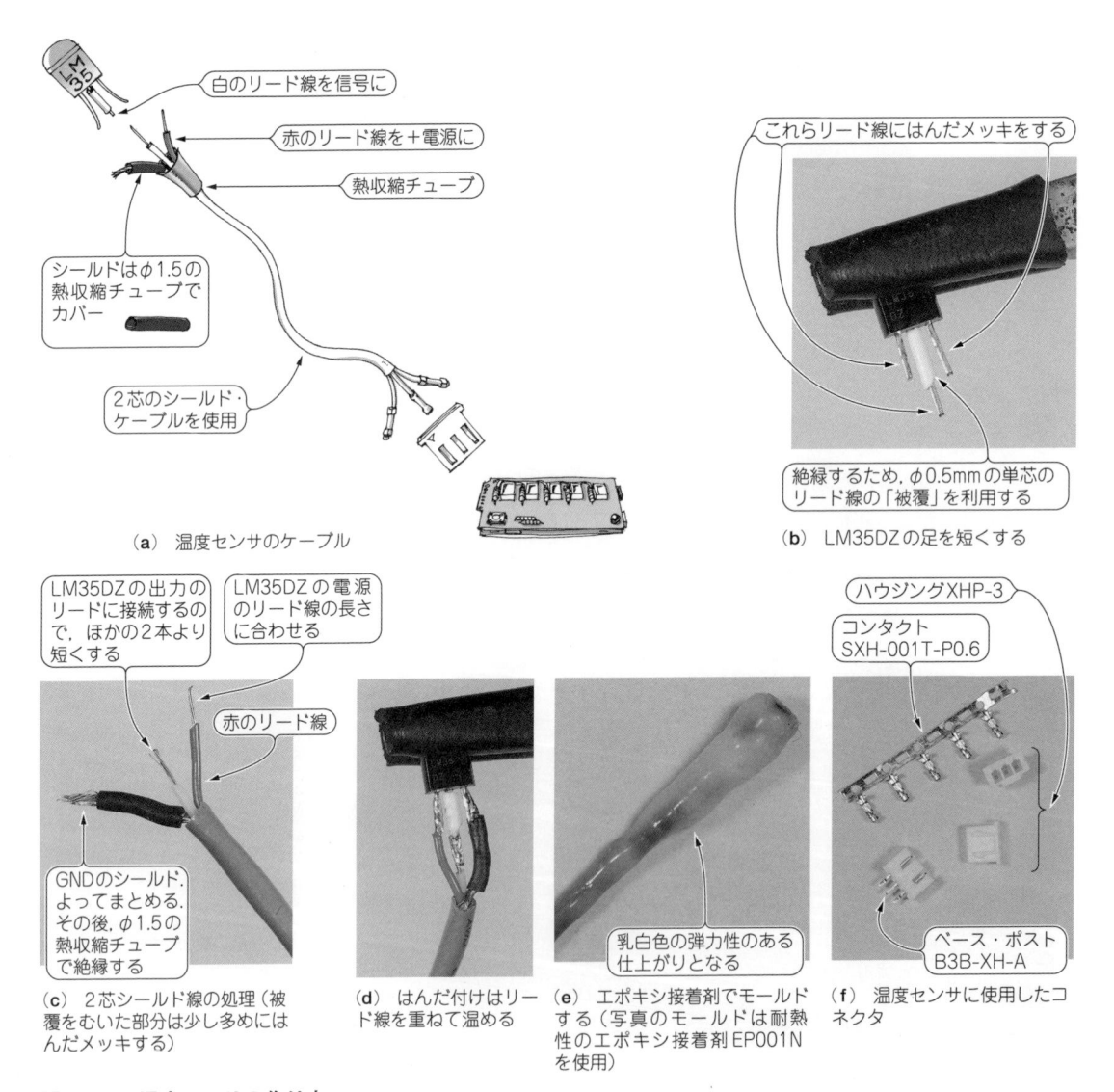

図10-36　温度センサの作り方

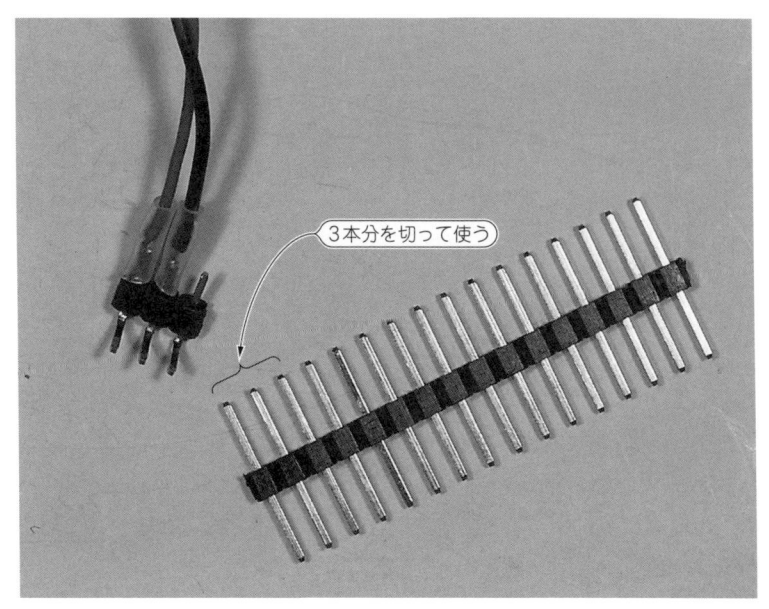

図10-37 電源取り出し用の端子を作る(3本分を切って使う)

◆ 電源のプラス・マイナスを間違えない

　赤いリード線をArduinoの5Vの電源に，黒いリード線をArduinoのGNDのラインに接続します．コネクタ，LM35の端子もすべてこの極性に合わせて接続します．反対に接続すると，大量の電流が流れた結果，センサが過熱して手で持てなくなります．

　センサを接続して，ArduinoのLEDの表示が暗くなったり，5V電源電圧が下がったりしたら極性を間違えた可能性があるので，すぐにセンサを外して確認してください．

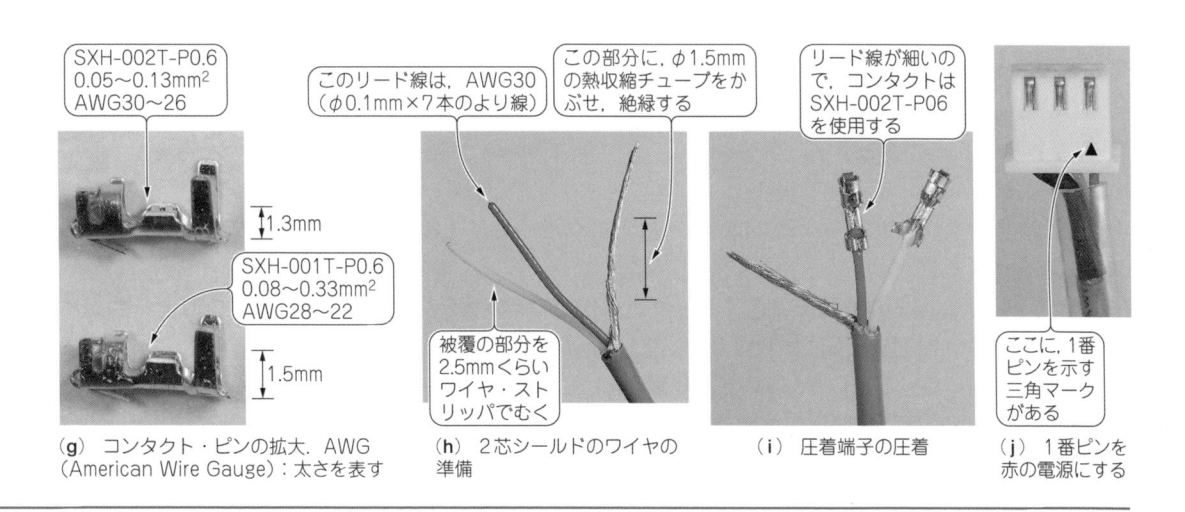

(g) コンタクト・ピンの拡大．AWG（American Wire Gauge）：太さを表す
 - SXH-002T-P0.6　0.05〜0.13mm²　AWG30〜26　1.3mm
 - SXH-001T-P0.6　0.08〜0.33mm²　AWG28〜22　1.5mm

(h) 2芯シールドのワイヤの準備
 - このリード線は，AWG30（φ0.1mm×7本のより線）
 - この部分に，φ1.5mmの熱収縮チューブをかぶせ，絶縁する
 - 被覆の部分を2.5mmくらいワイヤ・ストリッパでむく

(i) 圧着端子の圧着
 - リード線が細いので，コンタクトはSXH-002T-P06を使用する

(j) 1番ピンを赤の電源にする
 - ここに，1番ピンを示す三角マークがある

10-9 無線通信できる温度計測ステーション

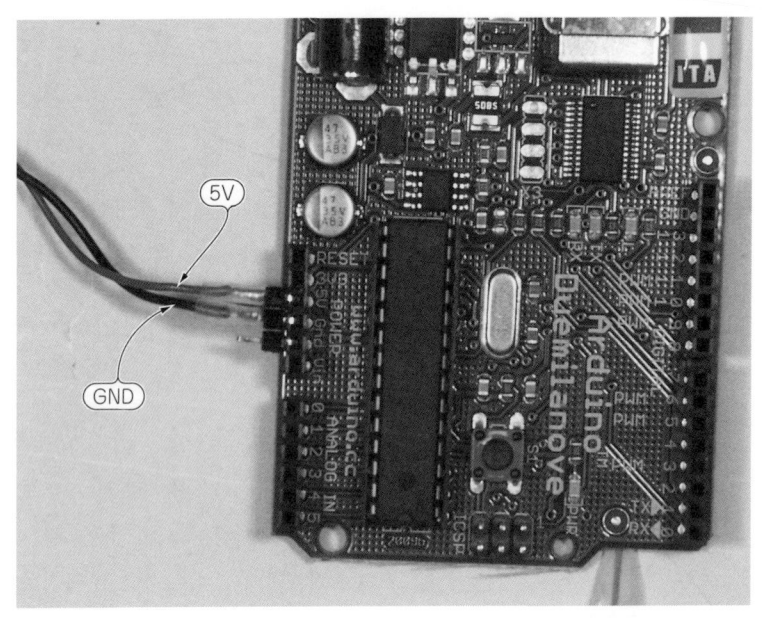

図10-38　センサの電源の取り出し

　テスト中，間違えてセンサを加熱させてしまいましたが，短時間のためか，正しく接続してからは正しい温度を表示しています．

◆ **中継用の両方が同じ長さのピン・ヘッダの足を曲げる**

　電源の5VとGNDをArduinoのピン・ソケットから取り出しています．このピン・ソケットの上にXBeeシールドの基板が載るので，基板が当たらないようにします．そのため，**図10-37**に示すように，中継用のピン・ヘッダの一方を曲げリード線をはんだ付けしました．

　ピン・ヘッダの頭が横に曲がって差し込まれるので，**図10-38**に示すようにXBeeシールドの基板に当たらなくなります．GNDのピンは一つ余っています．

　これで，センサの準備ができました．次は，Arduinoのスケッチを作ります．

10-10　無線通信できる温度計測ステーションのスケッチを作る

　LM35の半導体センサ2本をArduinoのアナログ・ポート0，1に接続した温度計測ステーションのスケッチを作ります．

　LM35DZには0，5Vの電源を加え，温度計測の出力は0℃から高くても100℃以下の温度を測定するものとします．LM35の温度係数は10mV/℃なので，100℃までの温度を測定すると，アナログ入力の電圧の最高電圧は1000mV＝1Vとなります．

◆ **ArduinoのA-D変換の基準電圧を内蔵の基準電圧にする**

　Arduinoのアナログ入力は，アナログ入力電圧が基準電圧を1/1024した最小基準電圧を何倍かして入力電圧と等しくなる倍数のディジタル値に変換します．

この際利用する基準電圧が,
- Arduinoの電源電圧を利用する場合
    `analogReference(DEFAULT)` …… デフォルト時はこの設定
- Arduinoの内蔵基準電圧 (1.1V) を利用する場合
    `analogReference(INTERNAL)`
- 外部の基準電圧を利用する場合
    `analogReference(EXTERNAL)`

の3通りの方法が用意されています.

今回はアナログ入力の電圧が多くても1Vくらいなので,Arduinoの内部の基準電圧を用います. そのため`void setup()`の中で`analogReference(INTERNAL)`を実行します.

◆ スケッチの実際

二つのセンサを利用するので,それぞれの温度測定結果を格納する変数を,`temp1`,`temp2`とし実数 (`float`) として定義します.

```
int anain;
float temp1,temp2;
void setup(){
  Serial.begin(9600);
  analogReference(INTERNAL);
  }
```

`setup`の初期化の処理では,XBeeとの通信を行うためにシリアル通信の初期化のため`Serial.begin(9600)`でXBeeとの間で9600bpsでの通信速度を設定します. `analogReference(INTERNAL);`ではA-D変換の基準電圧を内蔵の1.1Vの基準電圧を使用することを設定します.

```
void loop(){
    anain=analogRead(0);
    temp1=anain*1.1/1024*100;
    temp2=analogRead(1)*1.1/1024*100;
    Serial.print("temp1=,");
    Serial.print(temp1);
    Serial.print(",temp2=,");
    Serial.println(temp2);
  delay(1000);
}
```

◆ アナログ・ポートからの入力データは整数

アナログ入力ポートからの入力データが整数なので,`int`型の変数`anain`に読み取ります. そのためのスケッチが次の1文です.

    `anain=analogRead(0);`

読み取った値は,

    `anain*1.1/1024`

の計算で入力データの単位はVになります. また,計算中に1.1の実数が含まれているので,計算

は実数で行われます．Vの単位を100倍して10mV/℃の換算を行い℃の単位としています．結果をtemp1に代入しています．

temp2の計算のように，計算式に変数の代わりにanalogRead(1)の関数を使用することも

リスト10-1 温度をXBeeで送信するスケッチ全体

```
int anain;                          変数定義を行っている
float temp1,temp2;
void setup(){
    Serial.begin(9600);             XBeeと通信するためにシリアル・ポートを初期化する
    analogReference(INTERNAL);      アナログ入力の基準電圧としてマイコン内部の1.1Vを利用する
}
void loop(){
    anain=analogRead(0);            変数に入力値をセットする．この方法を用いると後で
                                    この値を保存したり，別の計算などに利用できる
    temp1=anain*1.1/1024*100;
    temp2=analogRead(1)*1.1/1024*100;   式の中に入力の関数を用いると
                                         スケッチがコンパクトになる
    Serial.print("temp1=,");
    Serial.print(temp1);            このシリアル・ポートへの書き出しで，
    Serial.print(",temp2=,");       XBeeの無線による送信となる
    Serial.println(temp2);
 delay(1000);                       1秒ごとに送信を繰り返す
}
```

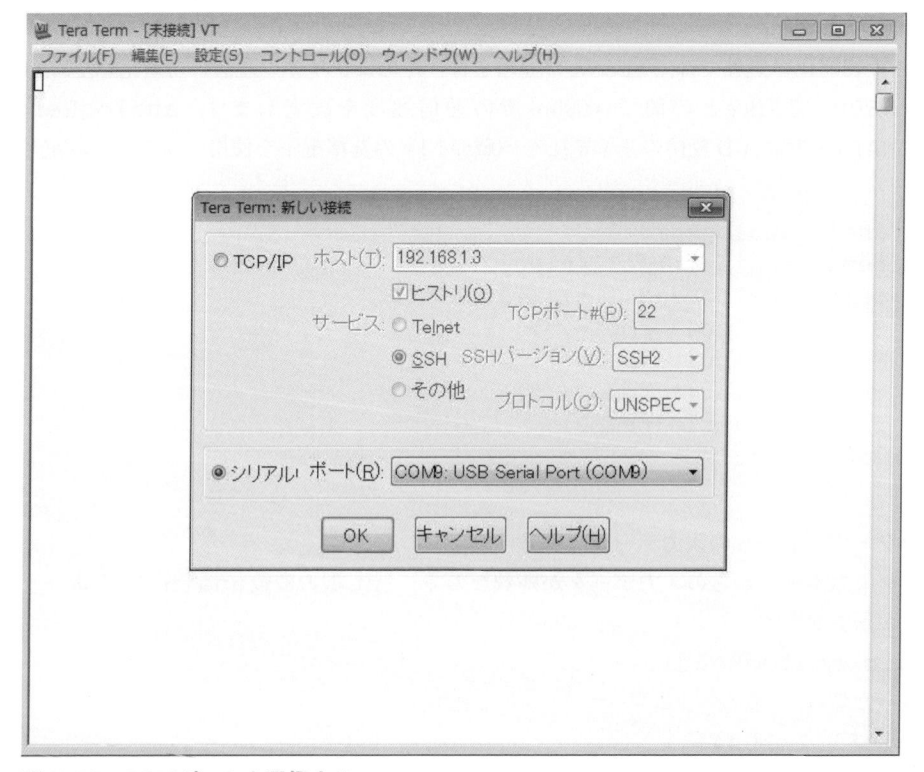

図10-39 COMポートを選択する

できます.処理時間,センサを読み取るタイミングが問題になる場合は少し検討が必要になりますが,ここではそのような問題はありません.

◆ XBee とのやりとりはシリアル通信

温度が計算されたら,

`Serial.print("temp1=,")`と`Serial.print(temp1)`

でデータの見出しと温度をシリアル通信で書き出し,XBee から送信します.temp2 の送信に`Serial.println(temp2)`と println を使用しているのは,このデータを受信した後,改行してデータの表示が重ならないようにするためです.

`delay(1000);`で1秒間の休止をおいて繰り返します.

スケッチ全体を**リスト 10-1**に示します.

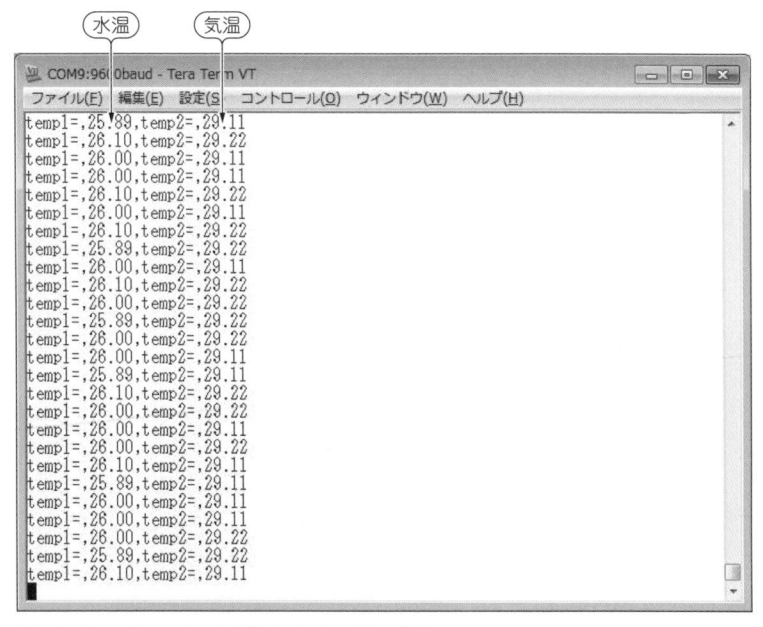

図 10-40　XBee から送信された水温,気温

図 10-41　デスクトップで常時モニタ

◆ PC側はTera Termで受信

　PC側は，XBeeエクスプローラにXBeeをセットして，USBケーブルでPCに接続します．PCに接続した後，Tera Termのターミナル・プログラムを起動します．Tera TermはTCP/IPのインターネット接続と，シリアル通信に対応しています．図10-39に示すように，起動時の新しい接続のウィンドウでシリアル・ポートをチェックし，XBeeエクスプローラが接続されているCOMポートを選択します．

◆ Tera Termが起動すると

　Tera Termが起動すると，図10-40に示すように二つのセンサによる温度が順次表示されます．

　temp1は庭の池の水温で，temp2は池の側のつつじの上にセンサを載せて気温を測っています．

　現在時点の温度の確認なら，表示を小さくして図10-41のように常時デスクトップに表示しておくこともできます．

　記録が必要な場合は，Tera Termのログ機能でファイルにデータを保存することができます．保存したデータをEXCELで利用できるように見出しとデータの間にカンマ（ , ）を入れてあります．

Appendix6

Arduinoの割り込みでパルスを数える

● Arduinoの外部割り込みに関する命令

Arduinoでは，外部からのディジタル信号をディジタル・ポートで割り込み信号源として受信することができます．割り込みが発生すると，割り込み時に実行するように設定した関数が実行されます．この割り込み処理の関係を図A-1に示します．この割り込み処理を実行する，次のスケッチの命令が用意されています．

attachInterrupt(interrupt, function, mode)

◆ interrupt

interruptでは割り込み処理の信号源のディジタル・ポート番号に対応した番号を割り込み番号として指定します．割り込み信号源となるのは，標準のArduinoではディジタル・ポート3，ディジタル・ポート2のみです．拡張されたArduino Megaではこのほかに，ディジタル・ポート18，19，20，21の4ポートが割り込み源として使用することができます．

interruptに設定する値とディジタル・ポートの番号は次のような関係になります．

interrupt	ディジタル・ポート番号
0	2
1	3
以下Megaの場合	
2	21
3	20
4	19
5	18

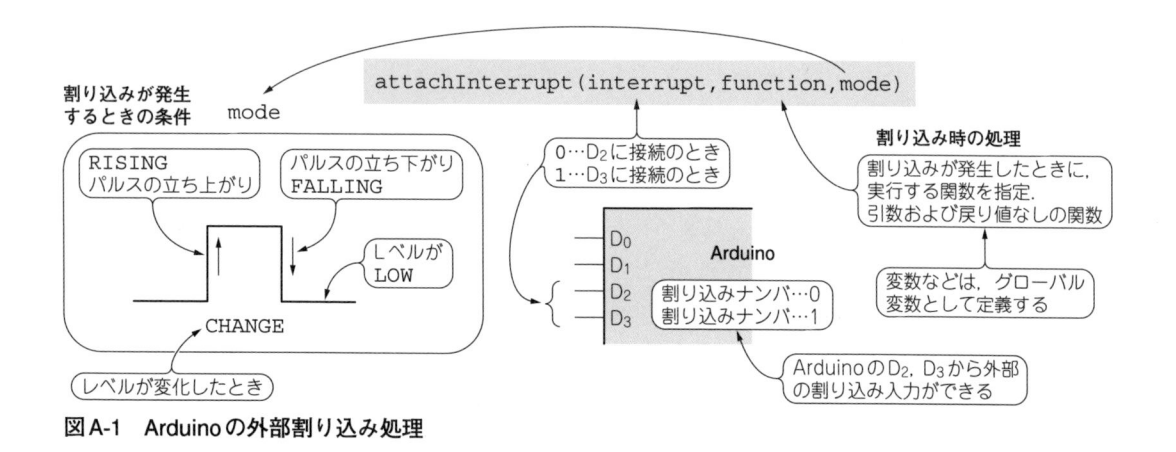

図A-1 Arduinoの外部割り込み処理

◆ **function**
　functionでは，割り込み発生時に行う処理を実行する関数を指定します．ここで指定される関数は，戻り値がなく，引数の受け渡しを行いません．関数内で定義した変数は関数外では利用できません．関数とのデータの受け渡しはグローバル変数を使用して行います．

◆ **mode**
　modeは，信号がどのように変化したら割り込みが発生するか示し，次の四つのモードがあります．
　　LOW ················ 割り込み信号がLOW (0) のときに割り込みが発生する
　　CHANGE ············ 割り込み信号がLOWとHIGHの間で状態が変わったときに割り込みが発生
　　RISING ············ 割り込み信号がLOWからHIGHに変化したときに割り込みが発生する
　　FALLING ·········· 割り込み信号がHIGHからLOWに変化したときに割り込みが発生する

● デフォルトでは割り込み可

　Arduinoはデフォルトの状態で，割り込み可の状態で，計時処理やシリアル通信などは割り込み処理を利用しています．そのため割り込み源を配線しattachInterrupt()を実行すると，即座に割り込み信号の監視を開始します．attachInterrupt()で設定した割り込み処理を停止するためにはdetachInterrupt(interrupt)の命令で設定したinterruptの番号の割り込み処理を停止します．

　以上が，マイコン外からの信号源による割り込み処理となります．このほかに割り込みを禁止するnoInterrupts()と割り込みを開始するinterrupts()があります．しかし，Arduinoの実行にあたって表面には現れてはいませんが，シリアル通信や時間を計る関数などが割り込みを使用していて，不用意にnoInterrupts()関数を使用すると通信データの取りこぼしなどいろいろな問題が生じるので，attachInterrupt()とdetachInterrupt()のみで割り込み処理に対応しています．

● 割り込みの実例

　この割り込み処理の例として，図A-2に示すSeeedstudio製の水流センサからのパルスを数えるスケッチを作ります．

◆ 水流センサ（SeeedStudio）
　水流センサはSeeedStudio製の水流センサです．水道管の呼び径13のパイプやジョイントが接続できます．この水流センサを使用して，ガーデニングの散水量の計測，コントロールや水の使用量の監視などに利用できないか検討します．スペックは表A-1に示すようになります．

◆ 水流の出力パルスを数えるスケッチ
　リストA-1に水流センサによる水流計測のスケッチを示します．水流センサからのパルスの累計値を記憶するカウンタの変数をnum_pulseとします．この変数にはvolatileの指令を前置します．またスケッチの最初に設定してグローバル変数として定義します．このvolatile指令は，コンパイラに対する指令で，このnum_pulseの変数はコンパイル時に最適化の対象にしないことを指令します．これにより，割り込み処理中に操作される変数が最適化の対象になりデータの受け渡しなどに誤りが紛れ込むことを防止します．

プログラム開始時よりの累計流量を格納する変数を`flow_sum`とし，1分間に流れる流量を格納する変数を`flow_rate`とします．この変数は実数型（`float`）で定義します．`ir_port`はセンサからの割り込み信号を入力するポート番号をセットします．ディジタル・ポートD_2に接続するので，対応する割り込み番号0を`ir_no`にセットします．

◆ **割り込み処理で実行される関数**

　次に定義されている`sum_pulse()`関数が，割り込み処理で実行される関数です．パルスを累計するカウンタの変数`num_pulse`を一つカウントアップするだけです．`num_pulse++`は`num_pulse=num_pulse+1`の処理を行う表記です．

　割り込み処理で実行される関数はカウントアップだけのシンプルなものです．通信や計時などのほかの処理への影響を可能な限り小さくするために，割り込み処理で実行するスケッチはシンプルなものにします．

表A-1　水流センサの仕様

項　目	内　容
動作電圧［V］	5～24
最大電流［mA］	15（DC 5V）
パルス出力	DC5Vのとき，"H" 4.5V以上，"L" 0.5V以下
電源／信号	黒（GND），赤（電源），黄色（センサ出力）
重量［g］	43
流量レンジ［ℓ/min］	1～30
動作温度［℃］	0～80
流体温度	＜120℃
動作時の湿度［%RH］	35～90
流量Qと周波数n	n（Hz）＝$7.5 \times Q$（ℓ/min）
動作時の圧力	1.2MPa以下（水道管の耐圧は0.74MPaまで）

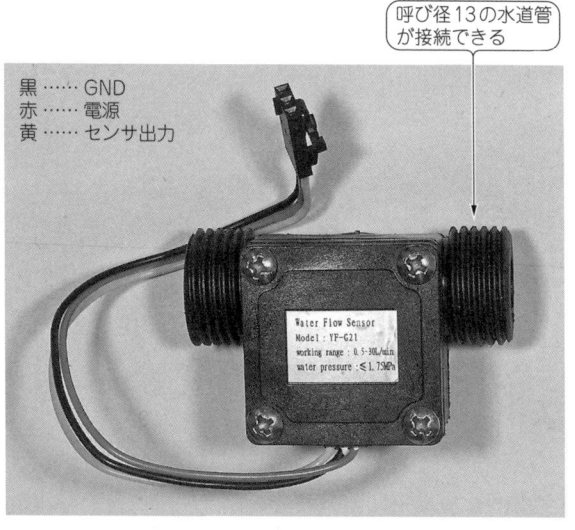

図A-2　水流センサ（SeeedStudio）

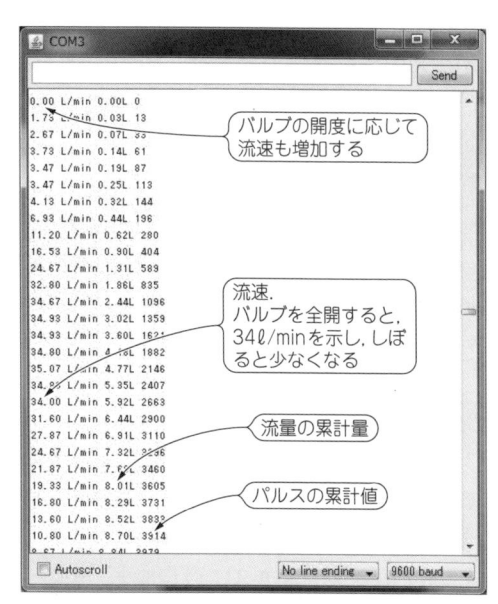

図A-3　流量計による測定結果

リスト A-1　水流測定スケッチ (waterflow020.ino)

```
volatile int num_pulse;                          ← センサのパルスを数えるカウンタ
int rotate_value,rotate_value_before;
float flow_sum,flow_rate;
int ir_port = 2;                                 ← 割り込みを受けるディジタル・ポート番号
int ir_no=0;                                     ← 割り込み No.
void sum_pulse () {
  num_pulse++;                                   割り込み処理で実行される関数．
}                                                センサからのパルスを累計する
void setup() {
  pinMode(ir_port, INPUT);                       ← センサからの出力を受けるポートを入力に設定
  Serial.begin(9600);
  attachInterrupt(ir_no, sum_pulse, RISING);     ← 外部割り込みを設定
}
void loop () {
  rotate_value_before=num_pulse;                 ← センサからの出力の累計値をセット．
  delay (1000);                                  ← 1秒間待つ     計数の開始値となる
  rotate_value=num_pulse;                        ← センサからの出力の累計値をセット．
  flow_rate = (rotate_value-rotate_value_before)  / 7.5;   計数の終了値となる
  flow_sum=rotate_value/(7.5*60);                ← 流速を求める
  Serial.print (flow_rate);                      累積流量
  Serial.print (" L/min ");
  Serial.print (flow_sum );                      測定結果をシリアル通信で
  Serial.print("L ");                            PCのモニタ画面に表示する
  Serial.print (rotate_value );
  Serial.println(" ");
}
```

◆ 初期化の処理

　初期化の処理は，割り込み処理を行うディジタル入力ポートの設定，測定結果を PC に送信するためのシリアル通信の初期化，`attachInterrupt(ir_no, sum_pulse, RISING)` のスケッチでディジタル・ポート 2 に対応する割り込み番号の 0 に入力された信号が LOW から HIGH になると，割り込みが発生し関数 `sum_pulse` が実行されるように設定します．以上で初期化を終えます．

◆ メインの loop 関数では

　メインの loop 関数では，まずパルスの累計カウンタ `num_pulse` の値を変数 `rotate_value_before` にセットします．`delay(1000)` で 1 秒間待ちます．この間，水流センサからの入力パルスがあれば割り込み処理によってカウンタ `num_pulse` がカウントアップされます．

　1 秒経過後，累計カウンタ `num_pulse` の値を変数 `rotate_value` にセットします．この二つの値から流速を `flow_rate = (rotate_value-rotate_value_before) / 7.5;` で求め，累計水量を `rotate_value/(7.5*60)` で求めます．流速 (`flow_rate`)，水量 (`flow_sum`) と `rotate_value` をシリアル通信で PC に送信します．

　スケッチでは，このように割り込み処理もシンプルなものになります．水道管からの出力に接続し，テストした結果を図 A-3 に示します．水道からバケツへ給水途中にセンサを入れ，累積流量を体重計で量り，累積流量 12.15ℓ に対して重量は 12.2kg となりました．

[第11章]

湿度，気圧，明るさ，電流，アルコール，距離，温度，圧力

各種センサをつないで測定

本章では，Arduino用に用意された多くのセンサを実際に動かします．それぞれのセンサの使い方がわかると，後は今までの説明に従いSDカードに保存したり，ネットワークに送信したりできるようになります．

11-1 湿度センサHIH-4030

Arduinoには，アナログ出力のセンサに対してはアナログ入力ポートが，ディジタル出力のセンサに対してはSPI，I²Cなどのシリアル・インターフェースが用意されています．本章までにいくつかのセンサを扱ってきましたが，さらに，現在入手できるセンサをいくつか取り上げて，測定をしてみます．

まず湿度センサから始めます．最初は，スイッチサイエンスから入手したHIH-4030湿度センサ・モジュールを試します．

◆ HIH-4030湿度センサ

HIH-4030湿度センサは，ハネウェルのHIH-4030/31シリーズとして発売されている湿度センサ・デバイスHIH-4030を，図11-1-1に示すように小さな基板に実装し，プラス/マイナスの電源とセンサの出力の三つの端子を2.54mmピッチで用意しています．

利用する前に，これらの端子に2.54mmピッチのピン・ソケットを接続します（図11-1-2）．ピン・ソケットをはんだ付けするとセンサとArduinoの配線はジャンパ・ピンで行うことができます．また基板にセットする場合は基板に3ピンのピン・ヘッダをはんだ付けします．そうすれば，センサをピン・ヘッダに差し込むだけで利用できるようになります．

図11-1-1　HIH-4030（ハネウェル社）湿度センサ

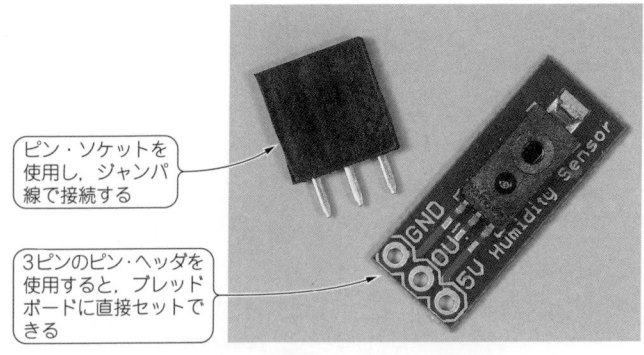

図11-1-2　3ピンのピン・ソケットをはんだ付けする

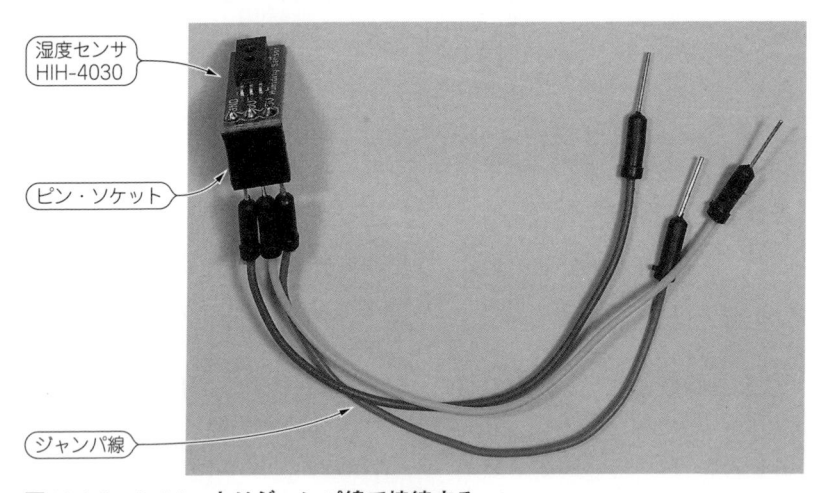

図11-1-3　Arduinoとはジャンパ線で接続する

テスト時は，図11-1-3に示すようにピン・ソケットにジャンパ・ピンを差し込んでおきます．

◆ HIH-4030の仕様

HIH-4030の主な仕様は次のとおりです．

　　電源電圧 ……………… 4V 〜 5.8V DC
　　動作時の周囲温度 …… −40℃ 〜 85℃
　　動作時の周囲湿度 …… 0% RH 〜 100% RH
　　確度 …………………… ±3.5% RH

電源電圧が4 〜 5.8VDCなので，Arduinoの電源電圧の5Vをセンサの電源とします．3.3V動作のArduinoでは電源電圧が不足します．

● Arduinoとの接続

センサの出力は5Vで動作時に0% RHで1V以下となり，100% RHで3.5 〜 4Vのセンサの出力電圧となります．負荷は80kΩ以上にします．出力電圧は温度によっても変化します．この出力の範囲で

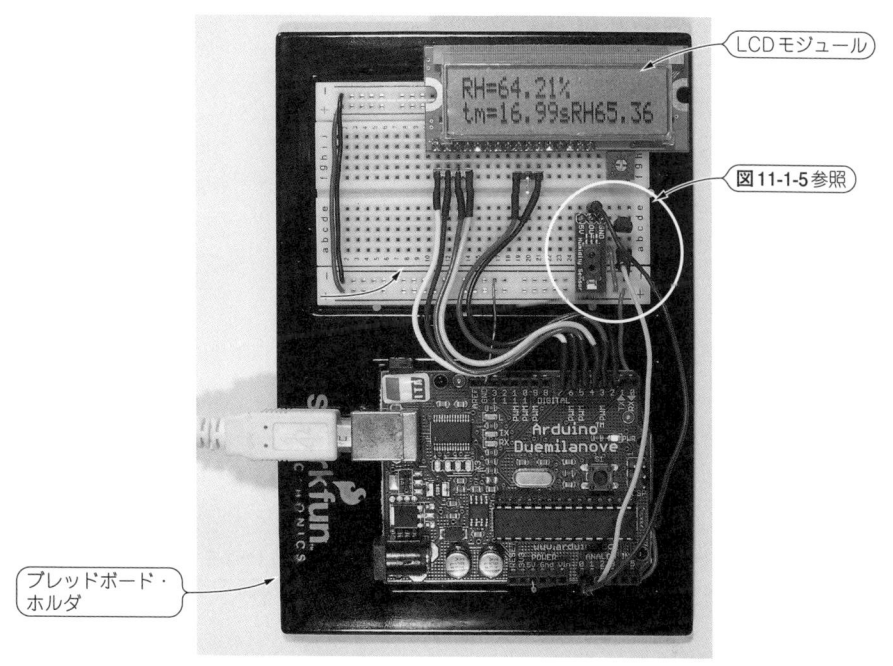

図11-1-4 テスト回路の全体像
LCDモジュールの接続の詳細は第5章参照.

あれば，デフォルトのArduinoのアナログ入力で対応できます．基準電圧も電源電圧の5Vで良好な精度が得られます．

センサの出力をアナログ入力ポートの0番に接続します．電源とGNDはArduinoの電源ヘッダの5VとGNDに接続します．

センサを接続した状態を**図11-1-4**に示します．Arduinoの基板を載せている台およびLCDモジュールとArduinoとの接続方法などは第5章に詳しく説明してあるので，そちらを参照願います．

湿度センサは周囲温度によって補正が必要なので，温度センサと共に使います．いずれもアナログ出力のセンサで，GNDと+5Vの電源を加えると出力の端子から湿度，温度に応じた出力電圧が生じます．それぞれジャンパ線でアナログ入力0に湿度センサの出力，アナログ入力1に温度センサLM35の出力を接続します（**図11-1-5**）．LM35の各ピンの機能を**図11-1-6**に示します．これでハードウェアの準備は完了したので，次にスケッチの作成に入ります．

◆ HIH-4030の出力電圧から湿度を求める

スケッチを描くために，HIH-4030のセンサの出力と湿度との関係を確認します．このセンサの基本的な使い方は，温度を25℃と仮定して出力電圧から湿度を求め，その値に対して実際の温度と25℃との差を補正します．

◆ 電圧から湿度を求める

電圧と出力の関係は，HIH-4030のデータシートに25℃のときの出力電圧と湿度の関係が**図11-1-7**のように示されています．

11-1 湿度センサHIH-4030 | **197**

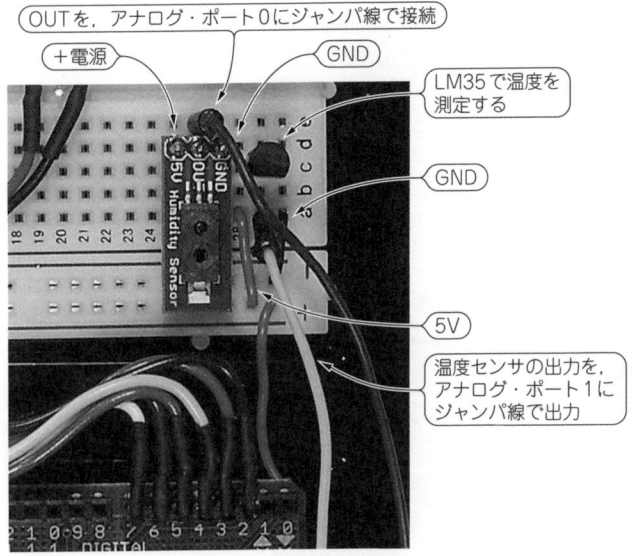

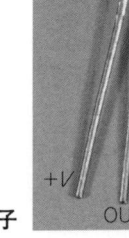

図11-1-5 ブレッドボードに各センサをセット

図11-1-6 LM35の端子

◆ センサの出力は気温の影響も受ける

　センサの出力は，気温の影響を図11-1-8に示すように受けます．とくに，湿度の値が大きい場合は変動が大きくなるので，補正する必要があります．

　センサの出力電圧，そのときの気温を基にグラフから湿度を容易に求められます．室温の場合はあまり大きな変動はないので，25℃のときの電圧-湿度の直線から湿度を求めてもそれほど大きな変動にはなりません．

　しかし，Arduinoはもっと厄介な計算もできますし，データシートにも25℃の温度での電圧から湿度を求める式と，25℃を仮定して湿度から実際の気温の湿度を求める式が記載されているので，補正をしてみます．

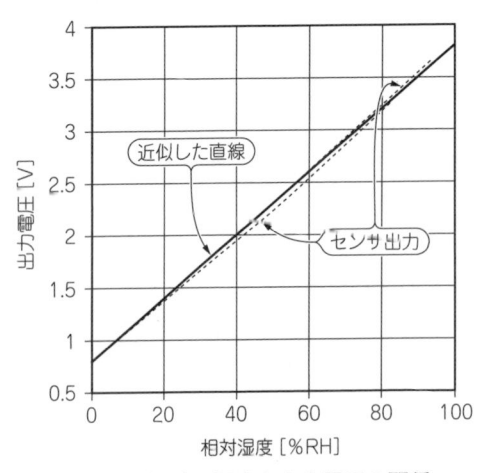

図11-1-7 25℃時の湿度と出力電圧の関係

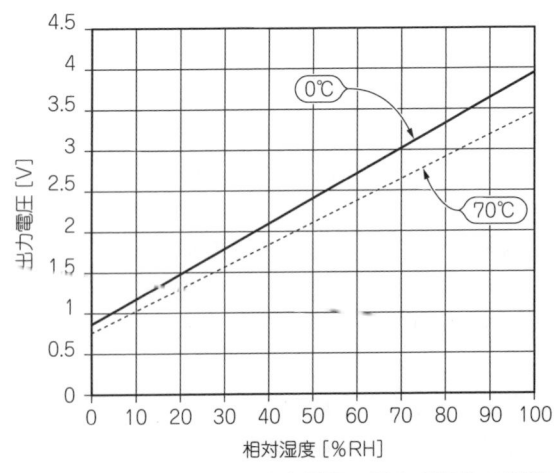

図11-1-8 湿度センサの出力電圧に対する温度の影響

◆ センサの出力電圧から湿度を計算する

HIH-4030のデータシートに25℃におけるセンサの出力電圧と相対湿度の関係が，式(11-1-1)で与えられています．

$$V_{out} = (V_{dd})(0.0062\,(sensorRH) + 0.16) \quad \cdots\cdots (11\text{-}1\text{-}1)$$

V_{out} ：センサの出力電圧
V_{dd} ：センサの電源電圧
$sensorRH$ ：この温度での相対湿度

式(11-1-1)を変形して$sensorRH$を求める式にします．

$$sensorRH = (V_{out}/V_{dd}) \times (1/0.0062) - 0.16 \quad \cdots\cdots (11\text{-}1\text{-}2)$$

電源電圧とセンサの出力電圧に対して，切片-0.16で傾きが$1/0.0062$の直線になります．この$sensorRH$から実際の気温T℃のRHを求める式は，式(11-1-3)で与えられています．

$$RH = sensorRH / (1.0546 - 0.00216 \times T) \quad \cdots\cdots (11\text{-}1\text{-}3)$$

センサからの出力電圧値は次の計算式で求められます．

$$V_{out} = V_{dd} \times (アナログ入力値/1024)$$

式(11-1-2)の(V_{out}/V_{dd})は（アナログ入力値/1024）と等しくなります．これは湿度センサHIH4030の電源電圧とアナログ入力ポートのアナログ/ディジタル変換の基準電圧が同じV_{dd}を使用しているために，A-D変換されたアナログ・ポートの入力値が利用できます．

$$sensorRH = (V_{dd} \times (アナログ入力値/1024)/V_{dd}) \times (1/0.0062) - 0.16$$
$$sensorRH = (アナログ入力値/1024) \times (1/0.0062) - 0.16$$

以上の検討結果に基づき，HIH-4030の出力電圧から湿度を求めるスケッチを作ります．

● スケッチの作成

◆ ライブラリのインポート

メニューバーのSketch＞Import Library＞LiquidCrystal
で公式にサポートされているライブラリのリストが表示されます．その中からLCDのライブラリを使用するためにLiquidCrystalを選択すると，スケッチの記述エリアにLiquidCrystal.hを使用するためのヘッダ・ファイルを読み込む命令が書き込まれます．キー入力してもかまわないのですが，この操作のほうがミスなく入力できます．

```
#include <LiquidCrystal.h>
```

次の命令でLiquidCrystal型の変数lcd162を定義します．変数名は任意な名前が付けられます．LCDモジュールとは6本の信号線で接続します．ディジタル・ポート2～7番に対してrs, E, d4, d5, d6, d7を割り当てています．

```
LiquidCrystal lcd162(2, 3, 4, 5, 6, 7);
```

アナログ入力ポート0でHIH-4030のセンサからの出力データをセットする変数indataをint型の変数，温度補正する前の湿度sRH，温度補正した湿度RH，温度の測定値tmをそれぞれfloat型の変数として定義しています．アナログ入力の基準電圧を電源電圧としているので，電源電圧は実際の電圧値で初期化しています．Vddは電源電圧をセットするfloat型の変数で，最初に実測した値で初期化しています．

```
  int indata;
  float sRH,RH,tm,Vdd=4.97;
```

setup()関数では,LCDは16文字2行表示で,シリアル処理は9600bpsのスピードで初期化を行っています.

```
void setup(){
  lcd162.begin(16,2);
  Serial.begin(9600);
}
```

loop( )の処理では`lcd162.clear();`でLCDの画面のクリアを行い,湿度センサからデータを読み取り,sRHを計算しています.

次に,温度センサを読み取って電圧に変換し,温度の測定値を求めています.この温度とsRHからRHを計算しています.

```
void loop(){
  lcd162.clear();
  indata=analogRead(0);
  sRH=(indata/1024.0)/0.0062-0.16;
  tm=analogRead(1)*Vdd/1024.0*100;
  RH=sRH/(1.0546-0.00216*tm);
```

測定した結果をシリアル通信でPCに送信しています.

```
  Serial.print(analogRead(0));
  Serial.print(" sensorRH(%)");
  Serial.println(sRH);
```

以下の記述で,測定し温度補正した湿度を,見出しを付けてLCDに表示しています.

```
  lcd162.print("RH=");
  lcd162.print(RH);
  lcd162.print("% ");
```

2行目の表示のため`lcd162.setCursor(0,1);`で下段の左端にカーソルをセットします.

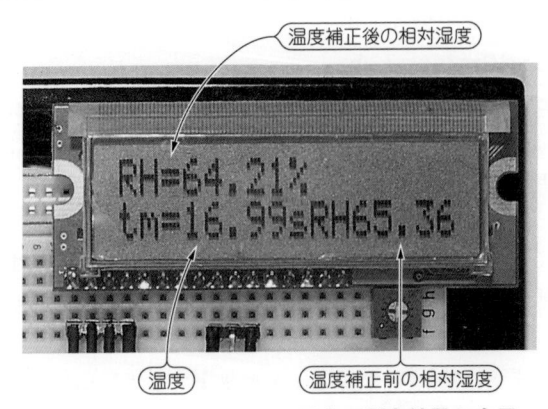

図11-1-9　HIH-4030による湿度の測定結果の表示

次のlcd162.print()の処理で，このセットされたカーソルの位置から表示されます．
　温度，sRHの値を見出しと共に表示します．

```
lcd162.setCursor(0,1);
lcd162.print("tm=");
lcd162.print(tm);
lcd162.print("sRH");
lcd162.print(sRH);
```

表示の後，500ms待って先頭の処理に戻ります．

```
delay(500);
}
```

図11-1-9に示すようにLCDの表示は，RH=の見出しの後に，温度補正した湿度を表示します．下の段には温度を示すためにtm=の見出しの表示を行いLM35で測定した気温を表示します．気温の表示の後に参考のため温度補正する前の25℃の温度とした場合の湿度をsRHの見出しで表示しています．スケッチの全体像をリスト11-1-1に示します．

　これで，車でもシガー・ソケット対応のUSB電源から5V電源を得て利用できる温湿度計ができました．

リスト11-1-1　HIH-4030湿度センサによる湿度測定スケッチ

```
#include <LiquidCrystal.h>
LiquidCrystal lcd162(2, 3, 4, 5, 6, 7);   ← 変数名は任意の名前が付けられる
int indata;
float sRH,RH,tm,Vdd=4.97;                 ← テスタなどで実測した電源電圧値をセットする
void setup(){
  lcd162.begin(16,2);
  Serial.begin(9600);
}
void loop(){
  lcd162.clear();
  indata=analogRead(0);
  sRH=(indata/1024.0)/0.0062-0.16;        ← 湿度が求まる
  tm=analogRead(1)*Vdd/1024.0*100;        ← 温度が決まる
  RH=sRH/(1.0546-0.00216*tm);             ← 湿度の温度補正を行う
  Serial.print(analogRead(0));
  Serial.print(" sensorRH(%)");           } PCへ送信
  Serial.println(sRH);
  lcd162.print("RH=");
  lcd162.print(RH);
  lcd162.print("% ");
  lcd162.setCursor(0,1);                  } LCDへ出力
  lcd162.print("tm=");
  lcd162.print(tm);
  lcd162.print("sRH");
  lcd162.print(sRH);
   delay(500);                            ← 0.5秒待って次に進む
}
```

11-2　I²Cインターフェースの気圧センサBMP085

Bosch Sensortec製の気圧センサBMP085を用いたモジュールがSparkfunから発売されています（**図11-2-1**）．国内ではスイッチサイエンスから1,995円（執筆時）で入手できます．

真ん中にBMP085のデバイスがはんだ付けされています．左側には100nFの電源のデカップリング・コンデンサ，右側のチップ抵抗は4.7kΩのSDA，SCLのI²Cバスのプルアップ抵抗です．

BMP085のチップからは8本の端子が出ていますが，1本は何も接続されていないNCとなっています．電源端子は，デバイスへの電源端子とディジタル回路の電源端子の二つがありますが，このモジュールでは接続され一つになっています．残りの端子は**図11-2-2**に示すように，I²CバスのSDA，SCLとBMP085をクリアするためのディジタル入力信号XCLR，変換の完了を示すディジタル出力信号EOC，電源のV_{CC}とGNDで，この6端子がモジュールに用意されています．

このモジュールにはピン・ヘッダをはんだ付けする方法もありますが，ここでは**図11-2-3**に示すように，秋月電子通商で販売されている丸ピンのIC連結ソケット（両端オス）を使用します．受け手はシングル20Pの丸ピンICソケットを必要な長さに切断して利用します．

図11-2-1　I²CインターフェースのBMP085気圧センサ

図11-2-2　モジュールの端子の機能

● BMP085の電源電圧は3.6Vまで

BMP085は気圧と気温を測定するディジタル・インターフェースをもったセンサです．電源電圧は1.8～3.6Vまでが動作範囲です．そのためArduinoと同じ5Vの電源は使用できません．Arduinoのボードから供給される3.3Vの電源を使用することになります．

◆ 電圧レベルの変換は第6章の3項による

SDA，SCLは電圧レベルの変換を行います．この変換はNXP製のPCA9306で変換します．この変換は第6章の3項で行ったものをそのまま利用します．

◆ BMP085のI^2Cのアドレス

BMP085のI^2Cインターフェースではスレーブとして動作し，スレーブ・アドレスは0x77となります．Arduinoではwireライブラリが用意されているので，容易にBMP085からデータを読み取って計算し，測定結果を表示することができます．

● 温度・気圧の測定

温度，気圧の測定は，まず温度の測定を次に気圧の測定を行います．手順を図11-2-4に示します．温度，気圧の測定はレジスタ0xF4にコマンドを書き込んで計測を開始し，所定時間経過した後に測定結果がレジスタ0xF6からの温度の場合2バイト，気圧の場合には3バイトのデータを読み込んでキャリブレーションの元データとします．

図11-2-3 IC連結ソケットをはんだ付け

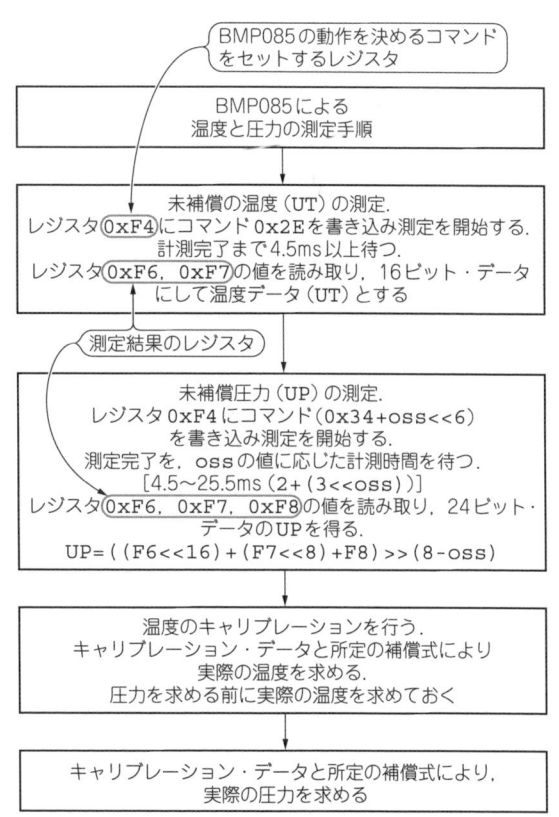

図11-2-4 BMP085による気圧の測定手順

表11-2-1　BMP085測定モードの設定
コマンド（制御レジスタの設定値）を書き込み，変換時間が経過するのを待って，結果を読み取る．

測定モード	oss	制御レジスタに設定した値	変換時間[ms]
温度測定		0x2E	4.5
気圧測定			
ultra low power	0	0x34	4.5
standard	1	0x74	7.5
hight resolution	2	0xB4	13.5
ultra high resolution	3	0xF4	25.5

ossはキャリブレーションで使用する．
気圧測定の場合，
　0x34 + oss<<6
の値となる．

パラメータ	BMP085レジスタ・アドレス	
	MSB	LSB
AC1	0xAA	0xAB
AC2	0xAC	0xAD
AC3	0xAE	0xAF
AC4	0xB0	0xB1
AC5	0xB2	0xB3
AC6	0xB4	0xB5
B1	0xB6	0xB7
B2	0xB8	0xB9
MB	0xBA	0xBB
MC	0xBC	0xBD
MD	0xBE	0xBF

スケッチではB1→DB1，B2→DB2とする．

図11-2-5　初期処理で読み取るキャリブレーション・パラメータ
EEPROMに格納されているキャリブレーションのための係数．各パラメータは，16ビットのデータで，スケッチの最初に読み込み，測定値のキャリブレーションに利用する．

　各測定における制御レジスタ（0xF4）にセットする値と，測定が完了するまでの変換時間を**表11-2-1**に示します．

◆ EOC，XCLRは使用しない

　EOC，XCLR端子は現在時点は使用しません．EOCは出力ですので，何もせずそのままにしておきます．XCLRはモジュール内で120kΩでプルアップされているので，使用しないときは何も接続しなくてかまいません．この端子をArduinoでドライブするときは電圧レベルの変換が必要です．

　EOCは温度や気圧の計測を開始して，データが有効になったことを示す信号です．データが有効になり読み出せることを確認するためにこのEOCを調べますが，それぞれの測定の最大待ち時間が決まっています．そのため，測定を開始したに後に所定の待ち時間（4.5～25.5ms）を待つことでEOCを利用しなくて済みます．

◆ EEPROMからキャリブレーション・データを読み取って測定の準備をする

　BMP085のEEPROMに，センサから求めた値から温度と気圧を求めるためのキャリブレーションのデータが格納されています．このパラメータをsetup()（初期化処理）の中でEEPROMから読み変数にセットします．

　データシートでは**図11-2-5**に示すように11種類のパラメータについてAC1～AC6，B1，B2，MB，MC，MDと名付けられています．

　データシートに示されるキャリブレーションの式もこの名称を使用しています．そのため，スケッチで読み込むときにこの図で定義した名称をそのまま使用しています．ただし，B1はArduino IDEのシステムが使用しているので，スケッチの中ではDB1，DB2とします．

　最初にキャリブレーション・データを読み込んだ後は，温度の測定を次の手順に従って行います．ossの値は2ビットで制御レジスタにセットする値の6，7ビット目に割り当てます．そのためoss<<6とossを6ビット左にシフトした値と，0x34を加算またはORのビット操作した値を，

2^{15}は<<15

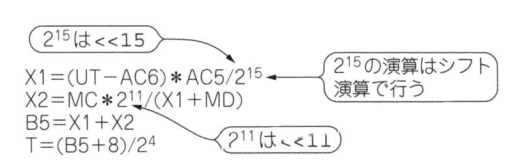

$X1=(UT-AC6)*AC5/2^{15}$
$X2=MC*2^{11}/(X1+MD)$
$B5=X1+X2$
$T=(B5+8)/2^4$

2^{15}の演算はシフト演算で行う

2^{11}は<<11

図11-2-6 温度の測定値のキャリブレーション

$B6=B5-4000$
$X1=(B2*(B6*B6/2^{12}))/2^{11}$
$X2=AC2*B6/2^{11}$
$X3=X1+X2$
$B3=((AC1*4+X3)<<oss+2)/4$
$X1=AC3*B6/2^{13}$
$X2=(B1*(B6*B6/2^{12}))/2^{16}$
$X3=((X1+X2)+2)/2^2$
$B4=AC4*$(unsigend long)$(X3+32768)/2^{15}$
$B7=$(unsigned long)$UP-B3)*(50000>>oss)$
if(B7<0x80000000) {p=(B7*2)/B4}
  else {p=(B7/B4)*2}
$X1=(p/2^8)*(p/2^8)$
$X1=(X1*3038)/2^{16}$
$X2=(-7357*p)/2^{16}$
$p=p+(X1+X2+3791)/2^4$

図11-2-7 気圧の測定値のキャリブレーション

制御レジスタにセットする値とします．

- ◆ **温度の元データ（未補償データ）UTの読み取り**

  レジスタ0xF4にコマンド0x2Eを書き込んで測定を開始します．その後，計測完了まで4.5ms以上待ち，レジスタ0xF6，0xF7の値を読み取り16ビットの未補償の温度の測定値UTを得ます．

- ◆ **未補償圧力（UP）の測定**

  ▶ レジスタ0xF4にコマンド（0x34+oss<<6）を書き込み測定を開始する
    ▷ 測定完了までossの値に応じた計測時間を待つ（4.5～25.5ms）
    ▷ レジスタ0xF6，0xF7，0xF8の値を読み取り24ビットのUPを得る

  ▶ 温度のキャリブレーションを行う

  圧力を求める前に実際の温度を求めておきます．温度は，測定したUTとキャリブレーション・データで図11-2-6に示すキャリブレーションの式により，実際の温度を求めます．

- ◆ **気圧の測定**

  気圧の測定には温度のキャリブレーションで計算したB5の値を使用します．B5，UPとキャリブレーション・データで図11-2-7に示すキャリブレーションの式を用いて，実際の圧力を求めます．

  温度，気圧の測定の手順が決まり，測定データのキャリブレーションの式も決まりました．以上の手順をスケッチにします．

● スレーブからデータを読み取る関数を作る（i2creadint関数）

キャリブレーション・データの読み込みなどは，16ビットのデータを読み込むので，I²Cのデバイスから2バイトのデータを読み込むことのできる少し汎用性のある関数とします．

- ◆ **関数に渡す引数**

  ① スレーブ・デバイスのアドレス（i2cadr）と ② 読み込むデータの格納アドレス（address）とします．

- ▶ **戻り値**

  指定したスレーブのデバイス内の指定したメモリのアドレスの内容と，次のアドレスの内容の2バイトで構成した16ビットの整数が戻り値となります．名称をi2creadintとします．

スレーブのアドレスはchar型，メモリのアドレスはbyte型に．

```
int i2creadint(char i2cadr,byte address){
  byte datah
  Wire.beginTransmission(i2cadr);
  Wire.write(address);
  Wire.endTransmission();
```

ここまでで，デバイスのメモリの読み取るデータのあるアドレス(address)を設定します．この後Wire.requestFrom()関数で2バイトのデータを読み取って戻り値にしています．

```
  Wire.requestFrom(i2cadr,2);
  while(Wire.available()<2);
  datah=Wire.read();
  return (int) datah<<8|Wire.read();
}
```

この関数が使えると，キャリブレーション・データの読み込みは次のようになります．BMP085のスレーブ・アドレス0x77はchar BMP085_ADR=0x77と事前に定義しておきます．キャリブレーション・データのパラメータを一つ読み込むには次の1行で済みます．

```
  AC1=i2creadint(BMP085_ADR,0xAA);
```

AC1からの11のパラメータを読み込む処理をvoid getcaldata()の名の関数として定義し，スケッチの最初にこの関数を呼び出し，キャリブレーション・データを読み込みます．

◆ utの読み込みスケッチ

未補償の温度データ(ut)の読み込みは次のように行います．制御レジスタ(0xF4)に0x2Eを書き込み，温度の測定を開始し5ms待ち，そして，i2creadint(BMP085_ADR,0xF6)でutを読み取っています．

```
unsigned int bmp085Readut(){
  Wire.beginTransmission(BMP085_ADR);
  Wire.write(0xF4);
  Wire.write(0x2E);
  Wire.endTransmission();
  delay(5);
  return i2creadint(BMP085_ADR,0xF6);
}
```

◆ utから温度の計算

utからの温度計算は次の関数で行っています．2の15乗は>>15のシフト演算で行います．データシートの計算式をそのままスケッチにします．utやAC6の前の(long)は元のint型では計算の途中経過がオーバフローする可能性があるのでlong型の変数に型変換を行い，計算過程によるオーバフローを避けます．

```
int bmp085Caltemp(unsigned int ut){
  long x1,x2;
  x1=((long)ut-(long)AC6)*(long)AC5>>15;
```

```
    x2=((long)MC<<11)/(x1+MD);

    b5=x1+x2;
    return ((b5+8)>>4);
}
```

気圧の計算はもう少し複雑になり，未補償の気圧（up）の測定は次のようになります．

```
unsigned long bmp085Readup(){
  unsigned long up;
  Wire.beginTransmission(BMP085_ADR);
  Wire.write(0xF4);
```

ossの値は測定のモードに応じて0から3になり，これはコマンドの7，6ビットです．

```
  Wire.write(0x34+(oss<<6));
  Wire.endTransmission();
```

ここで測定の完了を待ちます．待ち時間はossで指定した測定モードによって異なります．

```
  delay(2+(3<<oss));
```

所定の時間経過後3バイトの測定データを読み取ります．

```
  Wire.beginTransmission(BMP085_ADR);
  Wire.write(0xF6);
  Wire.endTransmission();
  Wire.requestFrom(BMP085_ADR,3);
  while(Wire.available()<3);
  up=Wire.read();
  up=(up<<8)+Wire.read();
  up=(up<<8)+Wire.read();
  up=up>>(8-oss);
```

設定されたモードに応じて補正します．

```
  return up;
}
```

◆ upから気圧を求める関数

この計算は，データシートの計算式をそのままスケッチにしたもので，累乗の計算をシフト計算にしている以外はデータシートの計算そのままです．ただし，スケッチではシフト演算の優先順位は加減算より下位で実際の優先順位と異なるので，()でくくり，乗除演算より優先度を高くして実際の計算の順序に合わせています．

```
long bmp085Calpress(unsigned long up){
  long x1,x2,x3,b3,b6,p;
  unsigned long b4,b7;
  b6=b5-4000;
  x1=(DB2*(b6*b6>>12))>>11;
  x2=(AC2*b6)>>11;
  x3=x1+x2;
```

```
    b3=((((long)AC1*4+x3)<<oss)+2)>>2;
    x1=AC3*b6>>13;
    x2=(DB1*((b6*b6)>>12))>>16;
    x3 = ((x1 + x2) + 2)>>2;
    b4 = (AC4 * (unsigned long)(x3 + 32768))>>15;
    b7 = ((unsigned long)(up - b3) * (50000>>oss));
    if (b7 < 0x80000000){
      p = (b7*2)/b4;
    }
    else{
      p = (b7/b4)*2;
    }
    x1 = (p>>8) * (p>>8);
    x1 = (x1 * 3038)>>16;
    x2 = (-7357 * p)>>16;
    p += (x1 + x2 + 3791)>>4;
    return p;
  }
```

　戻り値はPa（パスカル）単位の気圧で，通常気圧はhPa（ヘクト・パスカル）表示されるので，実数にして1/100するとヘクト・パスカルの単位の気圧となります．

　これらの関数を次のloop関数内で呼び出して，シリアル・ポートに書き出します．

```
  void loop(){
    temp=bmp085Caltemp(bmp085Readut());
    pressure=bmp085Calpress(bmp085Readup());
    Serial.print("temp 0.1C=");
    Serial.println(temp);
    Serial.print("temp deg C=");
    float ta=temp/10.0;
```

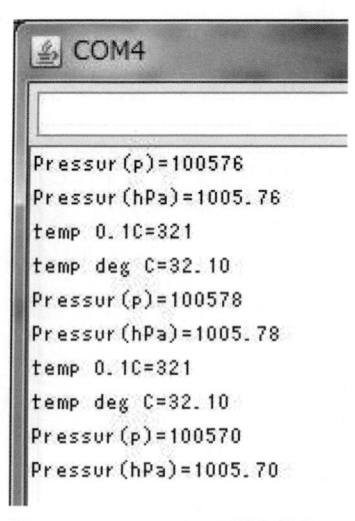

図11-2-8　BMP085の測定結果

```
      Serial.println(ta);
      Serial.print("Pressur(p)=");
      float pa=pressure/100.0;
      Serial.println(pressure);
      Serial.print("Pressur(hPa)=");
      Serial.println(pa);
      delay(2000);
```

実際の測定結果を**図11-2-8**に示します.

長々とした計算が要求されていますが,計算式はそのままスケッチで記述できるので,それほど困りません.一度関数化しておけば,後はデータをセットして関数を呼び出すだけです.スケッチの全体を**リスト11-2-1**に示します.

リスト11-2-1　BMP085による気圧測定スケッチの全体

```
#include <Wire.h>
int oss=2;                     ← 測定モードをossにセット
char BMP085_ADR=0x77;          ← BMP085のアドレス
int AC1;
int AC2;
int AC3;
unsigned int AC4;
unsigned int AC5;
unsigned int AC6;
int DB1;
int DB2;
int MB;
int MC;
int MD;
long b5;
long temp,pressure;

byte i2creadbyte(char i2cadr,byte address){
  Wire.beginTransmission(i2cadr);
  Wire.write(address);
  Wire.endTransmission();
  Wire.requestFrom(i2cadr, 1);
  while(!Wire.available());
  return Wire.read();
}                              ← スレーブからデータを読み取る

int i2creadint(char i2cadr,byte address){
  byte datah,datal;
  Wire.beginTransmission(i2cadr);
  Wire.write(address);          ← 読み取るデータのあるアドレスをセット
  Wire.endTransmission();
  Wire.requestFrom(i2cadr,2);   ← 2バイトのデータを読み取る
  while(Wire.available()<2);
  datah=Wire.read();
```

リスト11-2-1　BMP085による気圧測定スケッチの全体（つづき）

```
//    datal=Wire.read();
    return (int) datah<<8|Wire.read();
}

void getcaldata(){                              ← AC1から11のパラメータを読み込む
    AC1=i2creadint(BMP085_ADR,0xAA);
    AC2=i2creadint(BMP085_ADR,0xAC);
    AC3=i2creadint(BMP085_ADR,0xAE);
    AC4=i2creadint(BMP085_ADR,0xB0);
    AC5=i2creadint(BMP085_ADR,0xB2);
    AC6=i2creadint(BMP085_ADR,0xB4);
    DB1 =i2creadint(BMP085_ADR,0xB6);
    DB2 =i2creadint(BMP085_ADR,0xB8);
    MB  =i2creadint(BMP085_ADR,0xBA);
    MC  =i2creadint(BMP085_ADR,0xBC);
    MD  =i2creadint(BMP085_ADR,0xBE);
}

void showcaldata(){
    Serial.print("AC1=");
    Serial.println(AC1);
    Serial.print("AC2=");
    Serial.println(AC2);
    Serial.print("AC3=");
    Serial.println(AC3);
    Serial.print("AC4=");
    Serial.println(AC4);
    Serial.print("AC5=");
    Serial.println(AC5);
    Serial.print("AC6=");
    Serial.println(AC6);
    Serial.print("DB1=");
    Serial.println(DB1);
    Serial.print("DB2=");
    Serial.println(DB2);
    Serial.print("MB=");
    Serial.println(MB);
    Serial.print("MC=");
    Serial.println(MC);
    Serial.print("MD=");
    Serial.println(MD);
    Serial.print(B1);
}                                                ← 未補償のデータutの読み込み

unsigned int bmp085Readut(){
    Wire.beginTransmission(BMP085_ADR);
    Wire.write(0xF4);
    Wire.write(0x2E);
    Wire.endTransmission();
    delay(5);
```

```
    return i2creadint(BMP085_ADR,0xF6);
}
```
← ut から温度の計算をする
```
int bmp085Caltemp(unsigned int ut){
  long x1,x2;
  x1=((long)ut-(long)AC6)*(long)AC5>>15;
  x2=((long)MC<<11)/(x1+MD);
  b5=x1+x2;
  return ((b5+8)>>4);
}
```
← 未補償の気圧の測定
```
unsigned long bmp085Readup(){
  unsigned long up;
  Wire.beginTransmission(BMP085_ADR);
  Wire.write(0xF4);
  Wire.write(0x34+(oss<<6));
  Wire.endTransmission();
  delay(2+(3<<oss));
  Wire.beginTransmission(BMP085_ADR);  ⎫
  Wire.write(0xF6);                     ⎪
  Wire.endTransmission();               ⎪
  Wire.requestFrom(BMP085_ADR,3);       ⎬ 3バイトの測定データを読み取る
  while(Wire.available()<3);            ⎪
  up=Wire.read();                       ⎪
  up=(up<<8)+Wire.read();               ⎪
  up=(up<<8)+Wire.read();               ⎭
  up=up>>(8-oss);
  return up;
}
```
← up から気圧を求める
```
long bmp085Calpress(unsigned long up){
  long x1,x2,x3,b3,b6,p;
  unsigned long b4,b7;
  b6=b5-4000;
  x1=(DB2*(b6*b6>>12))>>11;
  x2=(AC2*b6)>>11;
  x3=x1+x2;
  b3=((((long)AC1*4+x3)<<oss)+2)>>2;
  x1=AC3*b6>>13;
  x2=(DB1*((b6*b6)>>12))>>16;
  x3 = ((x1 + x2) + 2)>>2;
  b4 = (AC4 * (unsigned long)(x3 + 32768))>>15;
  b7 = ((unsigned long)(up - b3) * (50000>>oss));
  if (b7 < 0x80000000){
    p = (b7*2)/b4;
  }
  else{
    p = (b7/b4)*2;
  }
  x1 = (p>>8) * (p>>8);
  x1 = (x1 * 3038)>>16;
  x2 = (-7357 * p)>>16;
```

リスト11-2-1　BMP085による気圧測定スケッチの全体（つづき）

```
  p += (x1 + x2 + 3791)>>4;
  return p;
}                        ← 戻り値はPa単位
void setup(){
  Serial.begin(9600);
  Wire.begin();
  getcaldata();
  showcaldata();
}
void loop(){
  temp=bmp085Caltemp(bmp085Readut());
  pressure=bmp085Calpress(bmp085Readup());
  Serial.print("temp 0.1C=");
  Serial.println(temp);
  Serial.print("temp deg C=");
  float ta=temp/10.0;
  Serial.println(ta);              ← PCへ送信
  Serial.print("Pressur(p)=");
  float pa=pressure/100.0;
  Serial.println(pressure);
  Serial.print("Pressur(hPa)=");
  Serial.println(pa);
  delay(2000);                     ← 2秒待って次に進む
}
```

11-3　明るさセンサ TEMT6000, AMS302T

　明るさの測定は，長い間CdSを利用するのが一般的でしたが，CdSにはカドミウムが含まれているために，地域によっては使用が禁止されています．また最近は，CdSと同様な視感度をもちCdSと同様な使い方ができる照度センサが発売されています．Arduinoのオプション・パーツとして，図11-3-1に示すTEMT6000明るさセンサ・モジュールがあり，LilyPad用照度センサも同じセンサ・デバイスを利用しています．

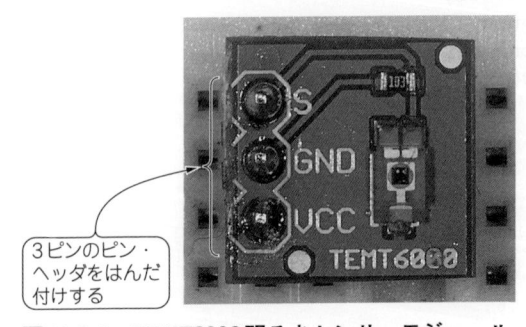

図11-3-1　TEMT6000明るさセンサ・モジュール

● TEMT6000，AMS302Tのセンサを利用する

このセンサの V_{CC}，GNDにはArduinoの電源の5VとGNDを接続します．GNDとSの間には10kΩの抵抗が挿入されています．この抵抗で照度センサに流れる電流の変化を検出します．この照度と電流の関係はデータシートによると，

　　　20luxで10μA，
　　　100luxで50μA

と明るさと流れる電流は比例関係にあります．

単体のデバイスとしても図11-3-2に示すようなPanasonicのAMS302Tの照度センサもマルツパーツのWebショップでは1個147円で発売されています．

この照度センサは，図11-3-3に示す回路で明るさを測定します．TEMT6000の回路も，負荷抵抗が10kΩになるほかは同じです．

AMS302TはTEMT6000より感度がよく，

　　　5lux　　13μA
　　　100lux　260μA

です．

各照度センサからの出力電圧をArduinoのアナログ入力で読み取り，読み取った値を電圧に換算します．この電圧と負荷抵抗からセンサに流れた電流を計算し，電流からそのときの明るさを求めてLCDに表示します．

LCDへの表示は，図11-3-4に示すブレッドボード・ホルダにセットしたモジュールで行います．

TEMT6000の出力をアナログ・ポート1，AMS302Tの出力をアナログ・ポート0に接続します．これで，ハードウェアの準備は終わりました．

● スケッチの作成

スケッチを作成します．LCDへ測定結果を表示するので最初にLiquidCrystal.hのヘッダ・ファイルを読み込み，LCDライブラリの初期化とインスタンスlcdを生成します．その他に電源電圧VDD，各センサの負荷抵抗R0，R1の値を決めます．VDDは実際の回路の電源電圧をテスタで測

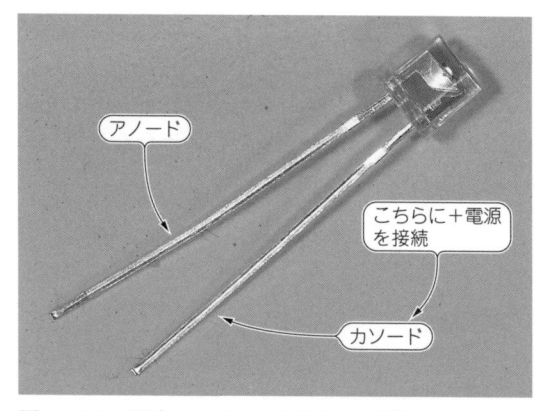

図11-3-2　照度センサAMS302Tの外観

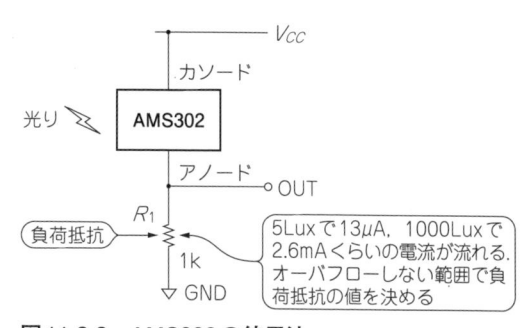

図11-3-3　AMS302の使用法

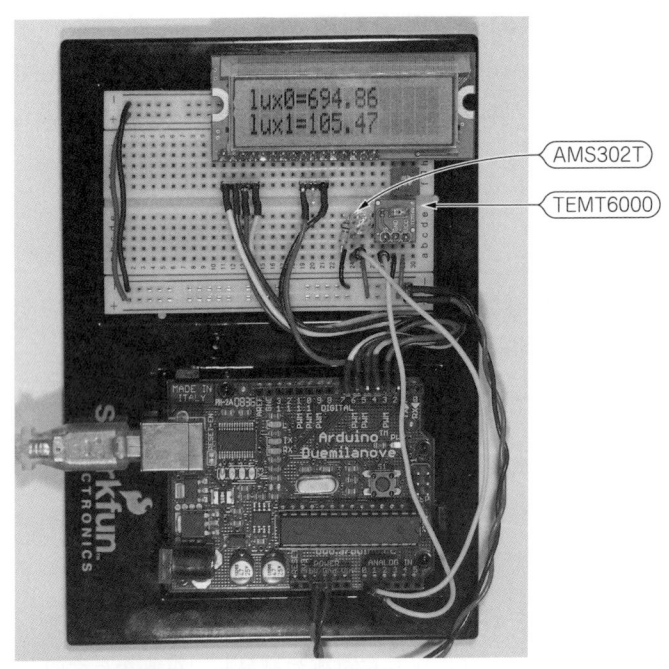

図11-3-4 明るさセンサのテスト回路

定して修正します．R0，R1はkΩ単位の抵抗値をセットします．計算した明るさをそれぞれセットする変数lux0，lux1をfloat型で定義します．

　スケッチの中で定義している負荷抵抗に流れる電流をセットするfloat型の変数ar0，ar1には，mA単位の電流値がセットされます．setup()の初期化処理ではLCDの表示範囲を決めています．

```
#include <LiquidCrystal.h>
LiquidCrystal lcd(2,3,4,5,6,7);
float VDD=5.0,R0=1,R1=10;
float lux0,lux1;
void setup(){
  lcd.begin(16,2);  ← 16文字2行の表示に設定
}
```

　メインのloop()では，最初にLCDの表示のクリアを行い，カーソル上段の左端にセットして測定結果の表示の準備を完了します．int indata0=analogRead(0);でセンサからセンサの出力を読み取ります．各変数の0はAMS302T，1はTEMT6000を示します．

```
void loop(){
  lcd.clear();
  int indata0=analogRead(0);
  int indata1=analogRead(1);
  float ar0=(indata0*VDD/1024)/R0;
  float ar1=(indata1*VDD/1024)/R1;
```

indata0*VDD/1024で入力値が電圧に変換され，(indata0*VDD/1024)/R0で入力電圧を負荷抵抗で割り，負荷に流れる電流値を求めます．この求められた電流値の単位はmAになります．各センサのデータシートから明るさを電流値で除算して得た換算係数(V/mA)に，負荷に流れる電流を乗算して明るさを求めます．

```
lux0=(5.0/0.013)*ar0;
lux1=(20.0/0.01)*ar1;
```

求めた明るさは，次のスケッチでLCDに表示します．

```
lcd.print("lux0=");
lcd.print(lux0);
lcd.sctCursor(0,1);
lcd.print("lux1=");
lcd.print(lux1);
delay(500);
}
```

完成したスケッチを図11-3-5に示します．実際の測定結果は，図11-3-6に示すようにAMS302がTEMT6000の6倍くらいの値が表示され，明るさを変えると同じ割合を保ちながら変化します．MASTECH製のMS8209に内蔵されている照度計のレンジで明るさを測定してみるとAMS302の半

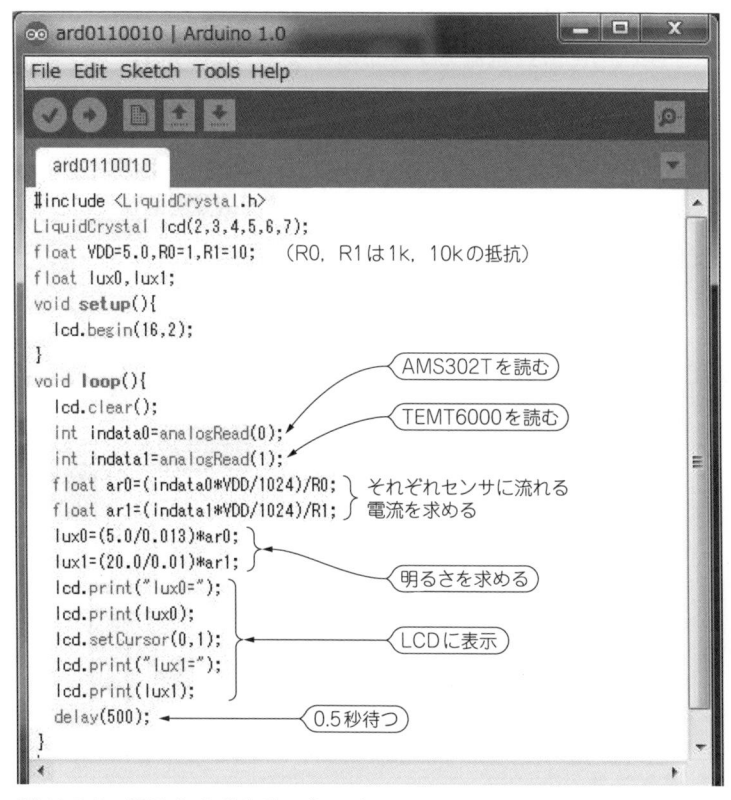

図11-3-5 明るさを求めるスケッチ

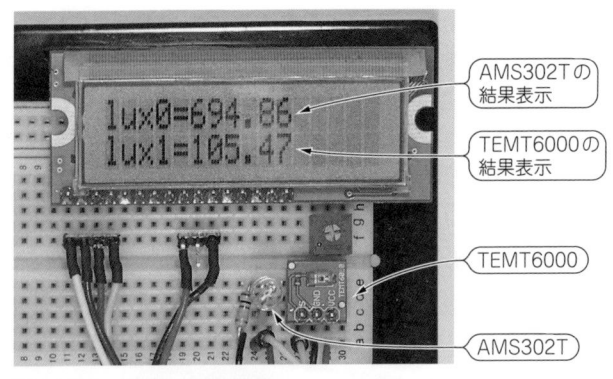

図11-3-6 照度の測定結果

分くらいの値になり，TEMTの3倍の値になりました．

明るさの変化を検出することはこれでできます．しかし，照度計とする場合は照度に関するJISの規格などに対応する必要があるので，もう少し工夫が必要です．

11-4 電流センサACS712

● 電流測定を行うACS712

電流測定用のICとして，ACS712電流センサがあります．このICは，電流の測定範囲に応じて±5A，±20A，±30Aの製品が用意されています．8ピンSOPの小型のICで単体を購入するとはんだ付けが少々厄介ですが，Sparkfunから図11-4-1に示すように小型の基板に実装したモジュールが発売されています．国内ではスイッチサイエンスなどで入手できます．

16mm×21mmの小型の基板にICがはんだ付けされ，各端子がそのまま引き出されています．1～4の測定する電流が流れる回路と，5～8のセンサの回路は絶縁されています．

◆ ACS712の使い方

ACS712の使い方は図11-4-2に示すように，測定対象の回路をIP$^+$（1，2）とIP$^-$（3，4）に接続します．IP$^+$とIP$^-$の間は1.2mΩの極めて低い抵抗値となっています．出力回路との絶縁も2.1kV（rms）と通常の100Vの商用電源での電流測定に十分満足できる絶縁特性になっています．直流，交流いず

図11-4-1 ACS712電流センサ・モジュール

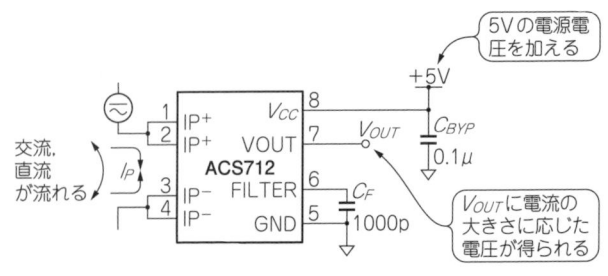

図11-4-2 ACS712の測定回路

れも測定することができます.

◆ 出力感度　185mV/A

　5Vの電源をV_{CC}に供給し,出力には回路の電流に対して185mV/Aの感度で出力されます.0Aの場合出力は$V_{CC}/2$の出力となります.極性が反転すると$V_{CC}/2$から電流の増大に応じて−185mV/Aの割合で電圧が減少します.

◆ Arduinoで検出できる電流値

　基準電圧に電源電圧を使用してACS712の出力をArduinoのアナログ・ポートで受けると,
　　$5000\,[\mathrm{mV}]/1024 = 4.88\,[\mathrm{mV}]$
4.88mV単位のディジタル・データとして入力されます.電流の検出感度は次の計算により,
　　$(1\,[\mathrm{A}]/185\,[\mathrm{mV}]) \times 4.88\,[\mathrm{mV}] = 0.0264\,[\mathrm{A}] = 26\,[\mathrm{mA}]$
したがって,26mA以下の変化は検出できないことになります.1A以上の電流が流れる電力回路の測定ではこれでもよいのですが,電子回路の測定では感度が不足します.そのために,図11-4-3に示すような出力信号を増幅するOPアンプを内蔵するモジュールも用意されています.

● AC100Vの交流回路の電流測定

　AC100Vの交流電源を測定する場合,1秒間に50〜60サイクル,電圧値,電流値が変化するので何らかの代表する値を測定する必要があります.また,代表値を求めるために変化する値について適切な間隔とサンプル数のデータを集計する必要があります.

　AC電源を利用する器具の消費電流を測定します.その過程で移動平均を求める方法,二乗平均の計算,Arduinoのスケッチでサンプリングの間隔をどのくらい縮められるかを検討します.

◆ 商用電源の電流測定

　商用電源のAC100Vの回路の電流を測定します.基板のV_{CC}, V_{OUT}, GNDからリード線を引き出し,Arduinoの基板に接続します.V_{CC}は5Vの電源に,GNDは基板のGNDに接続します.V_{OUT}はアナログ・ポート5に接続します.

　基板のV_{CC}とGNDの間には図11-4-4に示すように0.1μFの積層セラミック・コンデンサを基板の

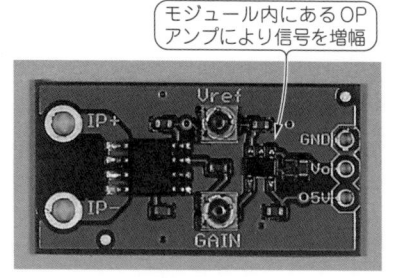

図11-4-3　ACS712電流センサ・モジュール(高感度タイプ)

図11-4-4　配線のはんだ付けとコンデンサの取り付け

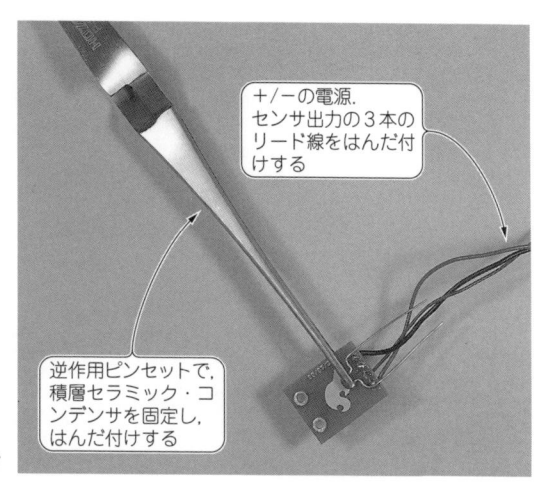

裏側にはんだ付けします.「逆作用ピンセット」はこのようなときに使うと便利です.

FILTの端子とGNDの間には，1000pFの積層セラミック・コンデンサをはんだ付けします.

ACS712の基板を図11-4-5に示すように，露出型のコンセントにはめ込みました．少し幅が狭かったので，図11-4-6に示したように切り込みを作り差し込んでいます．電源コードの白いコードはWと表示されたほうのコンセントの端子に接続します．

黒いコードは，基板の電流測定側にはんだ付けします．基板とコンセントの端子との間はFケーブルの1.6mmφの銅線を基板にはんだ付けをし，もう一方を端子にしっかりねじ止めしました．

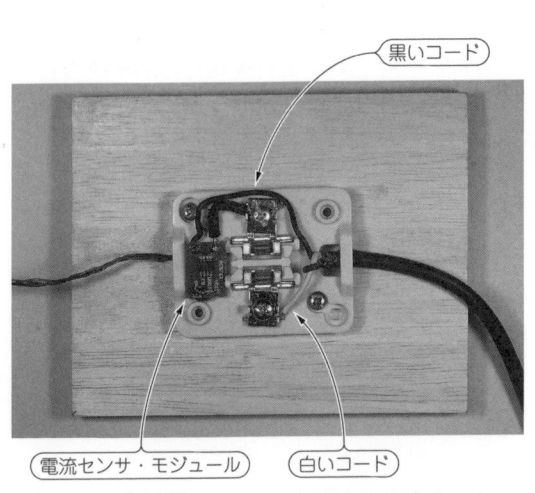

図11-4-5 露出型のコンセントにセンサをセット

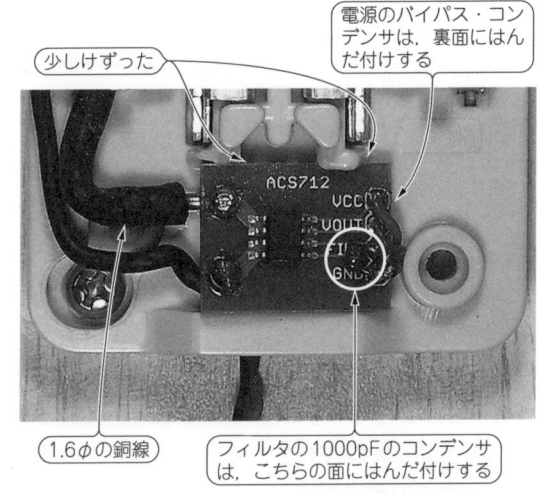

図11-4-6 セットされたACS712電流センサ・モジュール

図11-4-7 LCDモジュール付きArduinoテスト回路と電流測定モジュール

測定回路と測定対象の電流が流れる回路とは絶縁されています．センサの回路は感電する危険性はなくなります．

センサの出力と，V_{CC}，GNDの3本のリード線はJSTのHXタイプの3ピンのコネクタを接続し図11-4-7に示すようにLCDモジュール付きのArduinoのテスト回路に接続します．

電流センサの出力はArduinoのアナログ・ポート5に接続します．

● Arduinoによる商用電源の電流測定

◆ A-Dコンバータの変換速度

ArduinoのマイコンATmega328のA-Dコンバータのクロックは10ビットの分解能を得るためには，200kHz以下のクロックとなります．16MHzまたは8MHzのシステム・クロックから分周してA-Dコンバータ用のクロックの最大周波数は125kHzとなります．この上の周波数は250kHzとなり，10ビットの分解能を得るための上限の200kHzを超えてしまいます．

A-D変換の通常の変換サイクルは13クロックで，

$13/125$ [k/sec]
$= 0.104$ [ms]
$= 104$ [μs]

次のアナログ・ポートの読み取り処理のサイクルが，アナログ以外の処理も含めて120μsで繰り返されました．Arduinoのアナログ入力の最速の処理で行われているものと推測できます．

50Hzの商用電源の交流信号を1サイクル以上連続して測定するためには，

$1/50 = 0.02$ [s] $= 20$ [ms]

以上の時間測定する必要があります．そのために上記のスケッチの繰り返しの数を250にしてあります．

◆ 250の要素の配列に連続してデータを読み込む

交流信号のような変化する電流もACS712電流センサから読み込むので，250個の要素の配列に連続して電流値を示すセンサからの電圧を読み，書き込みます．配列はデータと，マイクロ秒単位の経過時間の二つの配列を用意します．この処理は，データと経過時間を読み込む以外のことは行いません．

この処理は次の3行のスケッチで行います．

```
for (int i=0; i<250; i++){
  indata[i]=analogRead(5);
  intime[i]=micros();
}
```

Arduinoの標準関数．プログラムの開始からの経過時間をμs単位で得られる

16MHz，ATmega328，Arduino 1.0のシステムで，約110μ秒間隔でデータが読み込まれていました．完成したスケッチをリスト11-4-1に示します．

◆ 電流センサの値を読み取るスケッチ

リストの①の部分はデータの定義部で，配列はここで定義しています．②は初期化処理でLCD処理とシリアル通信の初期化を行っています．③シリアル・ポートからの文字を読み取り，mのときPCに読み込んだデータを送信します．また10秒間PCからの入力がなければ，PCへの送信を行わずLCDへの表示を繰り返します．④の3行の表示で250回電流データを読み込みます．⑤では配列に格

リスト11-4-1　完成した電流センサの値を読み取るスケッチ

```
#include <LiquidCrystal.h>
LiquidCrystal lcd(2,3,4,5,6,7);
int anin055,ta=125,indata[250];
long intime[250],av_indata=0,av2_indata=0;
char inpdata='m';
float sm15,maxdata=-100.0,mindata=100.0,amp_data;
```
① LCDの初期化
　電流，時間データの配列および
　必要な変数を定義

```
void setup(){
  lcd.begin(16,2);
  Serial.begin(9600);
}
```
② LCD，シリアル・ポートの初期化

```
void loop() {
  if (inpdata=='m')
  {
    Serial.println();
    Serial.println("Type  m  serial monitor  start");
    while (!Serial.available() && (millis()<10000));
    if(millis()>=10000){
      inpdata='0';
    }
    else{
      inpdata=Serial.read();
    }
    Serial.flush();
  }
```
③ mの文字がシリアル・ポートから入力された場合，測定データをPCに送信する．10秒以上PCからの送信がない場合，以後PCへの送信を行わない

```
  for (int i=0; i<250; i++){
    indata[i]=analogRead(5);
    intime[i]=micros();
  }
```
④ 電流センサからのデータを読み取り，配列にセットする

```
  maxdata=0.0;
  mindata=1000.0;
  for (int i=0; i<(250-15); i++){
    sm15=0.0;
    for (int j=0; j<15; j++){
      sm15=sm15+(((indata[i+j]*5.00/1024)*1000-2500)/185.0);
    }
    sm15=sm15/15;
    if( maxdata < sm15) {      ─最大値を求める
      maxdata=sm15;
    }
    if (mindata > sm15) {      ─最小値を求める
      mindata=sm15;
    }
  }
```
ノイズ除去のため15ポイントの移動平均する計算

⑤ 最大値，最小値を求める処理

```
  if (inpdata=='m'){
    Serial.print("maxdata=");
    Serial.print(maxdata);
    Serial.print( " mindata=");
    Serial.println(mindata);
```
─最大，最小値を送信

⑥ シリアル通信でPCへ測定データを送信する処理

```
    av_indata=0;
    av2_indata=0;
    for ( int i=0; i<250; i++){
      Serial.print("i,");
      Serial.print(i);
      Serial.print( ",indata=,");
      Serial.print(indata[i]);
      Serial.print(", time=,");
      Serial.print(intime[i]);
      Serial.print( ",V=,");
      Serial.print(indata[i]*5.00/1024);            ── アナログ入力値から
      Serial.print(",ampere=,");                       電流を計算する処理
      amp_data=((indata[i]*5.00/1024)*1000-2500)/185.0;
      Serial.print(amp_data);                         ⑥ シリアル通信でPCへ
      Serial.print(", time=,");                          測定データを送信する
      Serial.println(intime[i]-intime[0]);               処理
      av_indata=av_indata+amp_data;                 ── 経過時間を計算し,
      av2_indata=av2_indata+amp_data*amp_data;         PCへ送信する
    }
    Serial.print("av_indata=");       ⎫
    Serial.print(av_indata);          ⎬ 測定値の合計
    Serial.print("  av2_indata=");    ⎫
    Serial.println(av2_indata);       ⎬ 測定値の二乗の合計
}
```

```
  lcd.clear();
  lcd.print("MX=");                    ⎫
  lcd.print(maxdata);                  ⎬ 最大値
  lcd.print("MN=");                       最小値
  float vval=((maxdata-mindata)/2);    ⎬ mAへ換算
  lcd.print(mindata);
  lcd.setCursor(0,1);                     ⑦ LCDへ表示する処理
  int vval2=1000*vval;
  lcd.print("mA=");
  lcd.print(vval2);
  lcd.print("RSMA=");                     正弦波を仮定し,
  lcd.print((vval2-0)/1.414);             実効値を計算し
  delay(500);                             表示する
}
```

納したデータの最大値,最小値を求めます.ノイズによるデータの変動を除くために次のスケッチで移動平均値を求めます.

```
  for (int i=0; i<(250-15); i++){
    sm15=0.0;
    for (int j=0; j<15; j++){
      sm15=sm15+(((indata[i+j]*5.00/1024)*1000-2500)/185.0);
    }
```

求めた移動平均値について最大値か最小値か確認し，必要に応じて最大値か最小値の更新を行っています．

```
    sm15=sm15/15;
    if( maxdata < sm15) {
      maxdata=sm15;
    }
    if (mindata > sm15) {
      mindata=sm15;
    }
  }
```

⑥でデータをPCに送信し，⑦でLCDへ表示しています．

◆ 結果のモニタへの表示

　70Wのはんだゴテに通電して，電流を測定しました．その結果を図11-4-8に示します．電流の実効値688.1mAと表示されています．70Wのはんだゴテの電力と同等の結果が得られました．PCへシリアル通信で送信した結果を図11-4-9に示します．

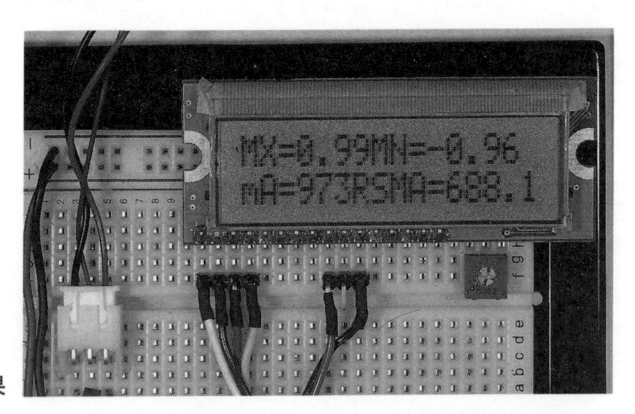

図11-4-8
70Wのはんだゴテの測定結果

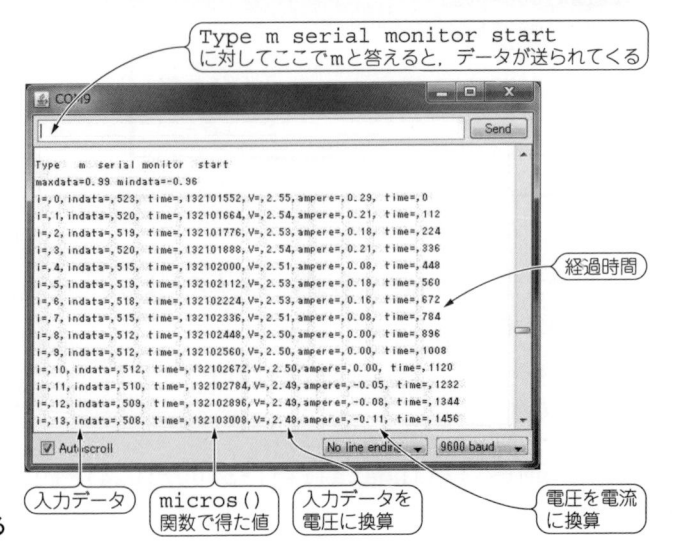

図11-4-9
測定結果をPCで受信する

第11章　各種センサをつないで測定

● EXCELのcsvファイル用のデータを作る

シリアル・モニタに表示されたデータをテキスト・ファイルにして，EXCELに読み込ませ，測定した電流値と経過時間などを","で区切り，csvファイルを作れるようにします．

◆ EXCELで利用するために

シリアル・モニタで受信したデータをEXCELに読み込ませるために，次の手順でcsvファイルを作りました．

◆ シリアル・モニタのデータを選択しクリップボードにコピー

① シリアル・モニタの受信データをマウスでドラッグして選択します．コピーするデータの背景が青色になり選択されます．

② 必要なデータが選択されたら，CtrlキーとCのキーを押して選択されたデータをクリップボードにコピーします．

③ クリップボードにコピーしたデータを新規に開いたメモ帳にペーストします．ペーストはマウスの右ボタンをクリックしドロップダウン・リストの貼り付けを選択して行います．CtrlキーとVキーを押してペーストすることもできます．

④ このメモ帳のデータをcsvのエクステント（拡張子）のファイル名で保存します．

◆ EXCELで結果を表示

70Wのはんだゴテの通電時の電流値をEXCELに読み込み，15ポイントの移動平均でスムージングした結果のグラフを図11-4-10に示します．交流の電圧波形と同様な電流値の波形が得られました．最大値と最小値の差を1/2にして，2の平方根で割ることで実効値の電流を求めることができます．

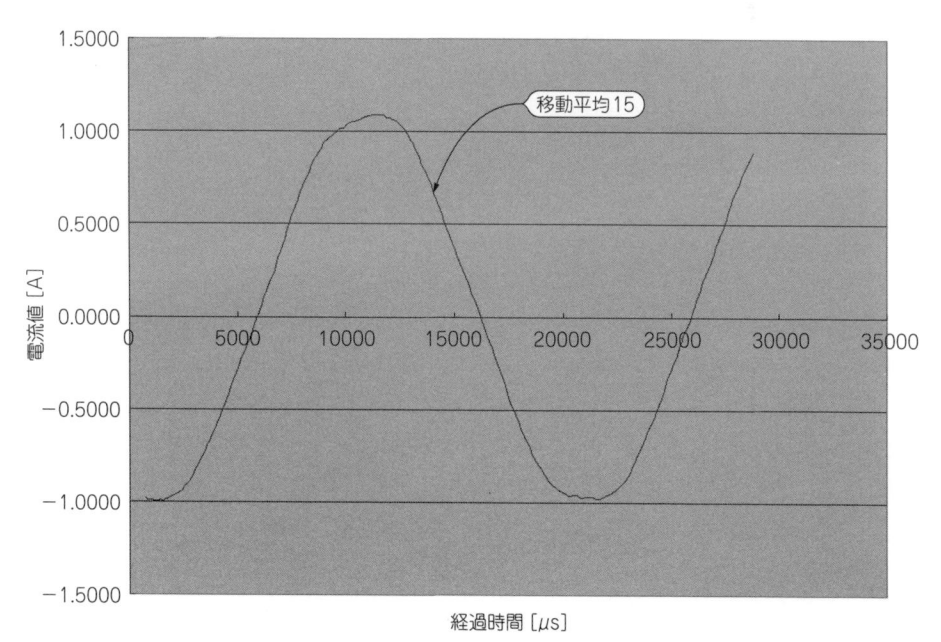

図11-4-10 70Wのはんだゴテの通電時の電流値

11-5　アルコール・センサMQ-3

　微量のガスを検出するためのセンサとして2酸化錫（SnO_2）の半導体ガス・センサが用いられています．ガス・センサの例としてSparkfunから発売されているアルコール・センサMQ-3の動作を確認してみます．このアルコール・センサは，国内ではArduinoを販売している，千石電商，若松通商などの販売店で入手できます．このアルコール・センサは図11-5-1に示すような形状のセンサです．このセンサを2.54mmピッチのユニバーサル基板やブレッドボードにセットするための図11-5-2に示す変換基板が用意されています．この基板を利用してユニバーサル基板やブレッドボードで容易にこのアルコール・センサのテストができます．

◆ 変換基板

　変換基板は，ピン・ヘッダを接続する端子に端子名が表示されているので，この表示に従い配線できるようになっています．また，MQ-3のヒータおよびセンサは抵抗と同じように電圧を加える方向を選ばず，＋，－どちらの接続でも同じ結果になります．あわせて，ピンの配置も左右対象になっていてどちらの向きにも装着できるようになっています．

◆ センサの接続

　センサの配線は図11-5-3に示すように行います．ヒータのコイルに電源を供給するH1に5Vの電

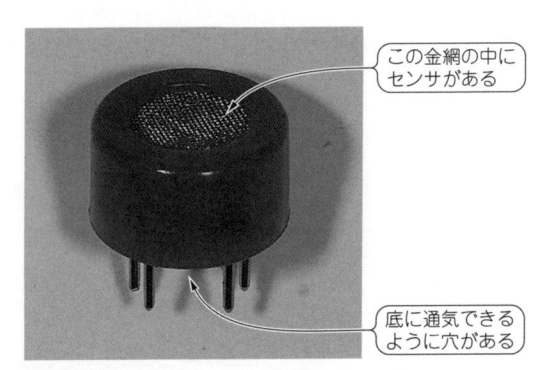

図11-5-1　アルコール・センサ（MQ-3）

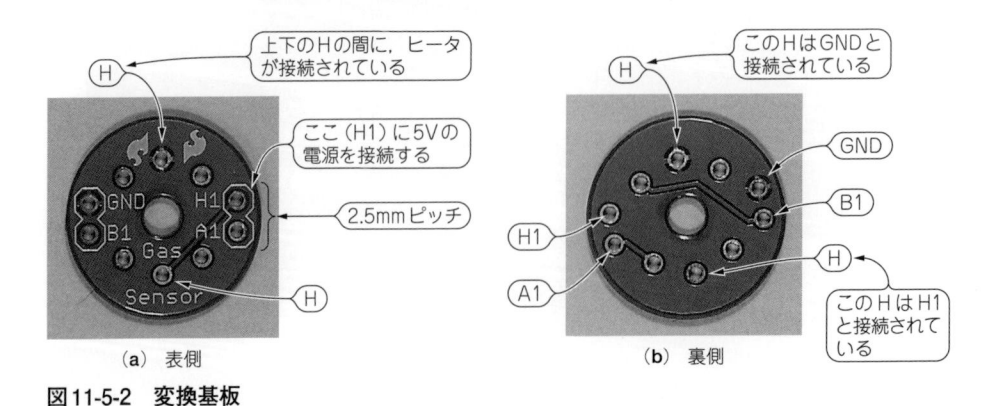

（a）表側　　　（b）裏側

図11-5-2　変換基板

源を接続します．このヒータは抵抗を測定すると，ディジタル・マルチメータで30Ωの抵抗値を示しました．約170mAの比較的大きな電流が流れますから，このセンサに供給する電源の容量には留意する必要があります．Arduinoの電源供給はUSB経由で受ける場合で500mAが上限となります．ACアダプタなどの外部電源を利用する場合でも，Arduino Unoの場合，ボード上のレギュレータIC MC33269の供給電流の上限が800mAまでとなっています．

センサの出力は，B1とA1間に流れる電流を検出します．図11-5-3に示したように，アルコールの濃度に応じてセンサの抵抗値が変わり，センサに流れる電流も変化します．この電流の変化を負荷抵抗で電圧に変換し出力としています．あわせて，負荷抵抗をボリュームにして感度も調整できるようにしています．

◆ GND・B1とH1・A1にはピン・ヘッダなどをはんだ付け

変換基板には，図11-5-4に示すように2.54mmピッチのピン・ヘッダまたは連結丸ピン・ソケット（オス-オス）をはんだ付けします．変換基板にピン・ヘッダをはんだ付けし，ユニバーサル基板にピン・ソケットをはんだ付けしておけばセンサの交換が簡単に行えます．丸ピンのICソケットを使用すると取り付けの高さを少し低くすることができます．少し高価になりますが，変換基板に連結丸ピン・ソケット（オス-オス）をはんだ付けし，基板側には丸ピン・シングルICソケットを切断して使用し

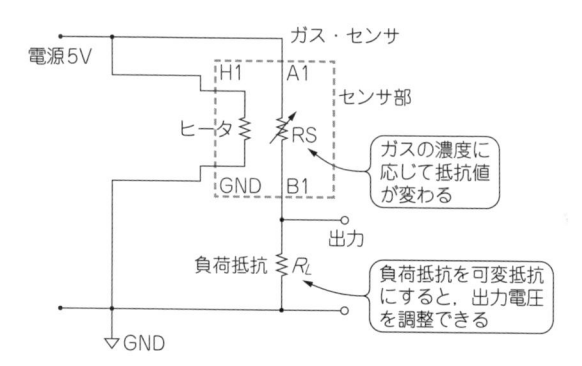

図11-5-3 アルコール・センサのテスト回路

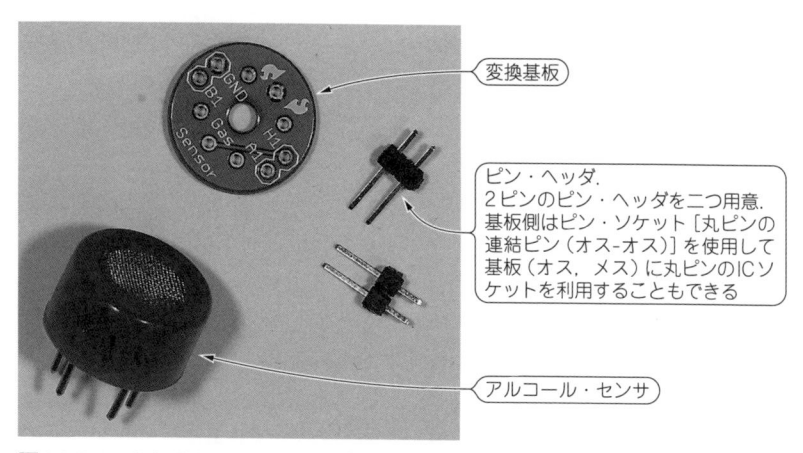

図11-5-4 センサに2.54mmのピン・ヘッダを取り付ける

ます．ブレッドボードで使用する場合はどちらもほぼ同じように利用できます．

変換基板にピン・ヘッダをはんだ付けするときは図11-5-5に示すようにブレッドボードにピン・ヘッダをセットしてはんだ付けすると，変換基板に対して垂直にはんだ付けすることができます．変換基板へはまずピン・ヘッダをはんだ付けし，その後，センサに変換基板をはんだ付けします．

◆ センサと負荷抵抗をモジュール化する

図11-5-6に示すように，小型の基板にセンサと半固定抵抗を取り付けセンサ・モジュールとします．ピン・ソケットは6ピンのピン・ソケットを，2ピンのピン・ソケットと3ピンのピン・ソケットに分割してはんだ付けしました．3ピンのソケットは1ピン余分ですが，基板にはんだ付けするピンの数を増やし接続強度の強化を図っています．負荷抵抗として500kΩの多回転半固定抵抗をはんだ付けしています．半固定抵抗を調整して出力電圧を調整します．基板にセンサをセットした状態を図11-5-7に示します．コネクタは日本圧着端子製造（JST）のXHシリーズの3ピンのものを利用しま

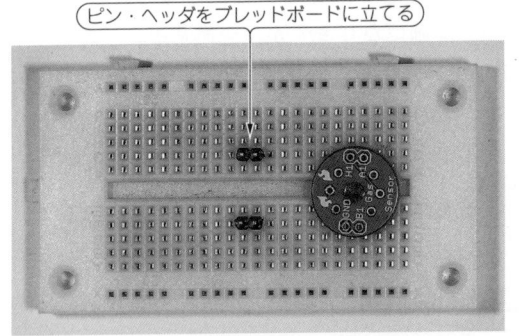

(a) ブレッドボードを利用してはんだ付けをする　　(b) 変換基板を載せてはんだ付け

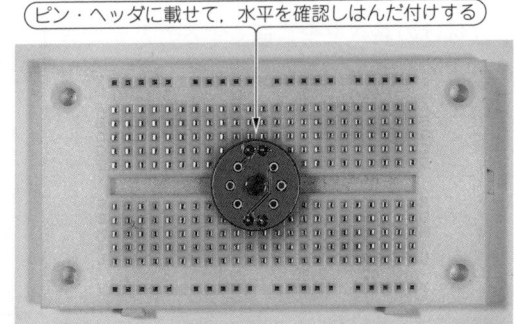

図11-5-5　変換基板にピン・ヘッダをはんだ付けする

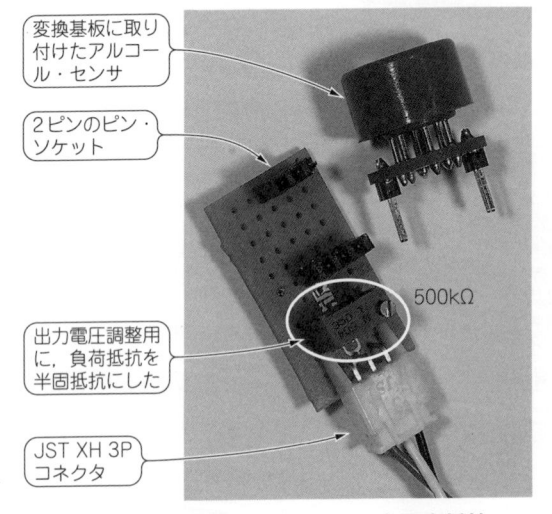

図11-5-6　基板にピン・ソケット，半固定抵抗，コネクタをはんだ付け

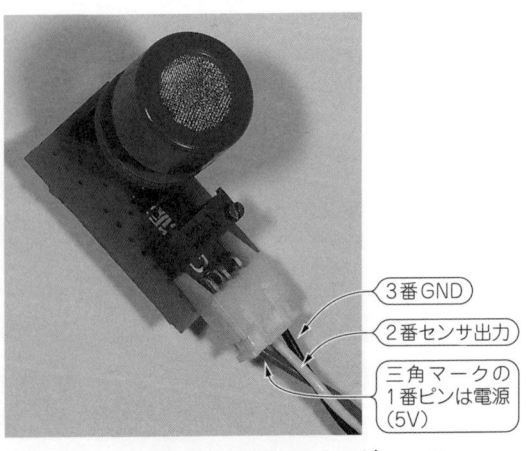

図11-5-7　できあがったセンサ・モジュール

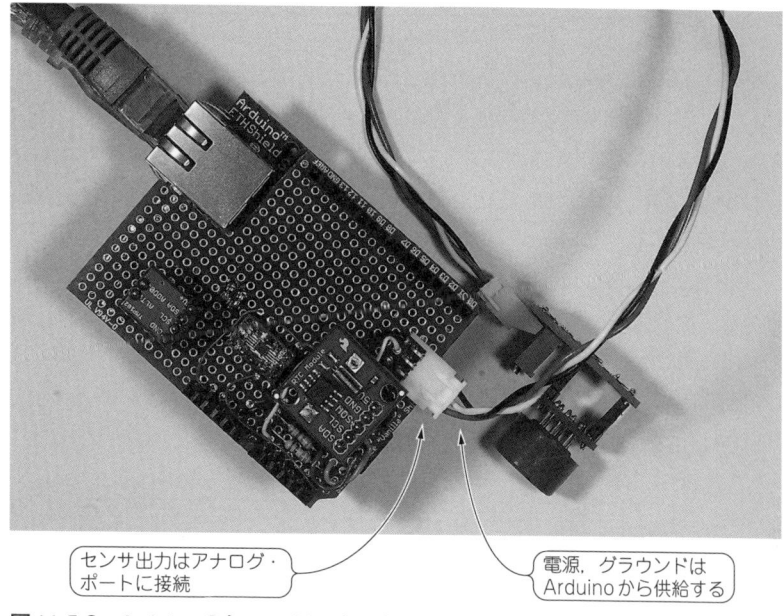

図11-5-8 Arduinoのシールドにもコネクタを用意

した．端子の圧着にはエンジニアリング社の圧着ペンチ（PA-09）を使用しました．

Arduinoのシールドにも，同じXHシリーズのコネクタを図11-5-8に示すように取り付けています．コネクタの端子への配線は次のようにしています．

1番ピン …… 電源（5V）（1番ピンには▲マークがある）
2番ピン …… センサ出力．アナログ入力ポートに接続
3番ピン …… GND

このように決めておくと，Arduinoで利用できるアナログ出力のほかのセンサも利用することができます．

● センサ出力とガス濃度の関係

SparkfunのWebのMQ-3のページのデータシートから，R_s/R_oとアルコール濃度の関係を読み取って表11-5-1にまとめました．R_oはアルコール濃度が0.4mg/ℓ（空気）のときのセンサの抵抗値で，R_s

表11-5-1 データシートから読み取ったR_s/R_oとアルコール濃度Cの関係

R_s/R_o	C [mg/l]	$\log(R_s/R_o)$	$\log(C)$
2.20	0.10	0.34242	−1.00000
1.00	0.40	0.00000	−0.39794
0.53	1.00	−0.27572	0.00000
0.20	4.00	−0.69897	0.60206
0.11	10.00	−0.95861	1.00000

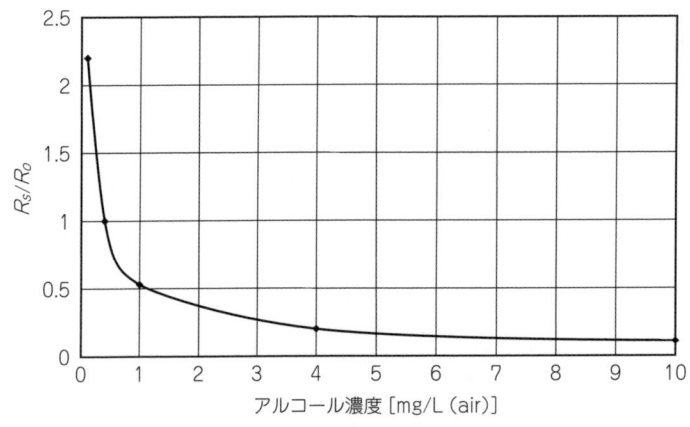

図11-5-9 R_s/R_oとアルコール濃度との関係

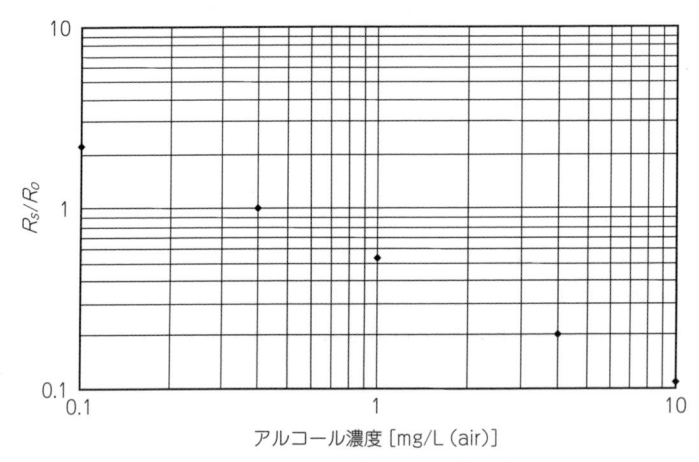

図11-5-10 R_s/R_oとアルコール濃度の関係（対数メモリ）

は各アルコール濃度の空気に晒したときのセンサの抵抗値です．表には，R_s/R_oとアルコール濃度Cとあわせて，それぞれの対数の値も載せてあります．**図11-5-9**にR_s/R_oとCの関係をグラフ化しました．

　直線にならないので，**図11-5-10**にX・Y軸共に対数メモリにしたグラフを示します．良好な直線関係が認められるので，$\log(R_s/R_o)$と$\log(C)$の関係を**図11-5-11**に示します．$\log(R_s/R_o)$と$\log(C)$の回帰式もEXCELの近似式の追加で得られるので，グラフに追加してあります．センサの出力からアルコールの濃度を得るArduinoのスケッチは，この回帰式を利用して計算します．

◆ **電源はUSB電源では不足**

　センサの電源をArduinoから供給すると，USBからの電源のみでArduinoにアルコール・センサを接続して電源電圧を測定すると4.8Vくらいになっていました．アルコール・センサのGNDとH1のヒータ部の抵抗値を測ってみると30Ωあり，5Vの電圧を加えると約170mAの電流が流れることになります．そのためUSB電源では不足となります．センサを外すとUSBから供給されるArduinoの

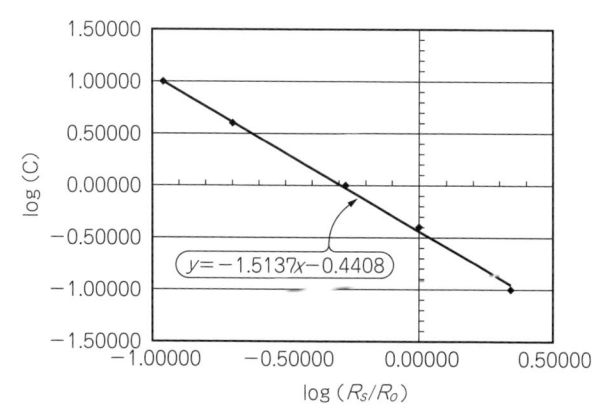

図11-5-11 log (R_s/R_o) と log (C) 回帰式で測定値から濃度を求める

電源の電圧は5Vに戻ります．

そのため，別の電源を用意してDCプラグから電源供給することにします．このDCプラグから供給される電源は7～12Vの範囲とします．

Arduinoのレギュレータはシリーズ・レギュレータなので，供給する電源電圧とArduinoの駆動電圧5Vとの電圧差と流れる電流は，熱となって基板や周囲の温度を上げてしまいます．

5V以上の電圧のAC-DCアダプタは12Vが普通です．12VのAC-DCアダプタを使用するとヒータ分の電流に基づく発熱だけでも（12V－5V）×0.17A＝7×0.17＝1.19Wの発熱となります．その上，Arduino上のレギュレータの特別な放熱器も用意されていなく基板に放熱しています．そのため基板が触れないくらいに熱くなりました．

最近は，スイッチング・タイプのAC-DCアダプタでも9V出力のものが販売されているので，それらを利用すると発熱を下げることができます．

◆ **センサの抵抗値の測定**

清浄な空気中では，センサの抵抗値はおおよそ8kΩくらいになりました．データシートの負荷抵抗は200kΩですが，センサの抵抗の変化を感度良く検出するために，負荷抵抗はセンサの抵抗値と同じくらいの値にします．

◆ **センサの出力電圧とセンサの関係**

負荷抵抗R_Lおよびセンサに流れる電流iは数十～数百μAの範囲になり，Arduinoのアナログ入力ポートに流れる電流が最大でも±50nAなので無視できます．そのため，負荷抵抗，センサに流れる電流が等しくなります．

センサに流れる電流（i）とセンサに加わる電圧（$V_{cc} - V_{out}$）とセンサの抵抗値（R_s）の関係は，次のようになります．

$i = (V_{cc} - V_{out})/R_s$

負荷抵抗に流れる電流（i）と負荷抵抗に加わる電圧（この電圧は出力電圧と同じ電圧）と負荷抵抗の値R_Lの関係は，次のようになります．

$i = V_{out}/R_L$

この二つの式が示す回路に流れる電流iは同じなので，上記の二つの式は次のようになります．

$(V_{cc} - V_{out})/R_s = V_{out}/R_L$

$R_s = V_{out}/((V_{cc} - V_{out}) \times R_L)$

R_L，V_{cc}は既知の値でV_{out}は測定値として得られます．そのため，SnO_2センサの抵抗値が決まります．基準となる濃度のガスを測定したときの出力電圧をV_oとし，未知のガスを測定したときのセンサの抵抗値をR_s，出力電圧をV_sとすると抵抗値の比は，次のようになります．

$R_s/R_o = (V_s/(V_{cc} - V_s) \times R_L)/(V_o/(V_{cc} - V_o) \times R_L)$

$\qquad\quad = (V_s/(V_{cc} - V_s))/(V_o/(V_{cc} - V_o))$

$\qquad\quad = (V_s/V_o) \times ((V_{cc} - V_o)/(V_{cc} - V_s))$

抵抗値の比を求める場合は，上記に示したようにR_Lの値はR_s/R_oの計算から排除することができます．したがって，基準の濃度のガスを測定したときの出力電圧と測定サンプルの気体を測定したときの出力電圧がわかればR_s/R_oが求められます．

また，基準濃度のガスを測定したときの出力電圧を1Vなどのように特定の出力電圧に調整します．この方法を用いると，上記の式のV_oの値も定数なのでスケッチにV_oの値を教える必要がなくなりスケッチがシンプルになります．

◆ センサの検量曲線の回帰式を求める

図11-5-11の回帰式から，次に示すようにして濃度Cを求めます．

$Y = -1.5137x - 0.4408$

$\log(C) = -1.5137 \log(R_s/R_o) - 0.4408$

となります．

$\log(C)$をa_1として測定値から，

$a_1 = -1.5137 \log((V_o/V_s) \times ((V_{cc} - V_s)/(V_{cc} - V_o))) - 0.4408$

を計算して，その答えから次の計算を行って濃度を推定します．

$C = \mathrm{pow}(10, a_1)$

以上の処理をArduinoのスケッチにすると次のようになります．

```
idata=analogRead(0);              // センサの値を読み取る
Vs=VCC*idata/1024;                // 電圧に変換する
RsRo=(VO/Vs)*(VCC-Vs)/(VCC-VO);   // 抵抗値の比を算出する
a1=-1.5137*log10(RsRo)-0.4408;    // 一次回帰式より濃度を求める
cenc=pow(10,a1);                  // 対数から元の値に戻す
```

これらの処理を行い，LCDに途中経過を示しながら測定結果を表示するスケッチをリスト11-5-1に示します．

参考のためLCDには，アナログ入力値，電圧に変換した値，R_s/R_oの値なども示しています．また，図11-5-12にLCDに表示されているようすを示します．

◆ 希薄なアルコール濃度の基準となるガス

アルコール・ガスの濃度はデータシートでは基準が0.4mg/ℓ（air）となっています．1ℓの空気中に0.4mgのアルコールが含有していることになります．アルコールは消毒用のアルコールとして80％V/Vのものが入手できますが，mg単位の計量は実験室でないと少し大変です．1ℓの水に1gを溶か

リスト11-5-1　アルコール濃度の測定スケッチ

```
#include <LiquidCrystal.h>
LiquidCrystal lcd(2,3,4,5,6,7);
int idata;
float Vs,RsRo,cenc,a1;
const float VO=1.0;
const float VCC=5.0;        ← 電源電圧

void setup() {
  lcd.begin(16, 2);
}
void loop(){
  idata=analogRead(0);         ← センサの値を読む
  Vs=VCC*idata/1024;           ← 電圧に変換
  RsRo=(VO/Vs)*(VCC-Vs)/(VCC-VO); ← 抵抗値の比を算出
  a1=-1.5137*log10(RsRo)-0.4408; ← 一次回帰式より濃度を求める
  cenc=pow(10,a1);             ← 対数から元の値に戻す
  lcd.clear();
  lcd.print(idata);
  lcd.setCursor(5,0);
  lcd.print(Vs);
  lcd.print("V ");              } LCDへ出力
  lcd.print(RsRo);
  lcd.setCursor(0,1);
  lcd.print(cenc);
  lcd.print("mg/L");
  delay(200);                  ← 0.2秒待ってloopの先頭に戻り，繰り返す
}
```

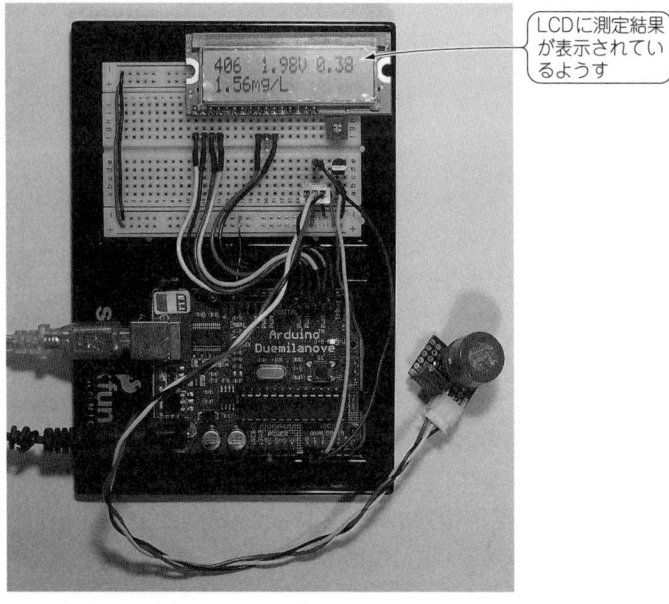

図11-5-12　アルコール・センサのテスト・モジュール

すと0.8g/ℓの濃度のアルコール溶液ができます．0.8mg/mℓの濃度の，この溶液1gを2ℓのペットボトルに滴下し温めて水分を蒸発させることにしました．これで，濃度は0.4mg/ℓになります．いったんすべて蒸発しますが冷えると水滴が残ります．一応この濃度サンプルの中にセンサを入れ，出力0.4mg/ℓになるように負荷抵抗の半固定抵抗を調整します．

　80% V/Vのアルコール溶液を2ℓのペットボトルのキャップに約50mg秤量します．秤量したらすばやくペットボトルを逆さまにしてふたをします．すばやくキャップをしないとアルコールが蒸発してしまいます．これでしばらくするとアルコールは蒸発し，20mg/ℓのアルコール含有のサンプルができます．このサンプルを測定して，おおよそオーダーが合う値が表示されました．この秤量には，アクセサリなどの秤量に利用する最少0.01g電子秤を使用しました．

　このセンサは非常に感度がよく反応しますが，正確な値を求めようとすると毎回既知の濃度のサンプルで較正する必要があります．

11-6　距離センサGP2Y0A21YK

● 赤外線測距センサSHARP製GP2Y0A21YKで近くを探ってみる

　赤外線測距センサで近づくものを検出することを考えます．センサは秋月電子通商で販売しているシャープ測距モジュールGP2Y0A21YK（@400円，執筆時）を使用します．**図11-6-1**に示すように赤外線LEDと，距離を測定するために対象から反射して戻ってくる赤外線を受光するセンサが組み合わされています．

　このセンサは5Vの電源ラインとGNDラインで電源を供給すると，センサの出力としてセンサと対象物の距離に応じた出力電圧が得られます．対象物との距離が離れるに従い，電圧の値が小さくなります．

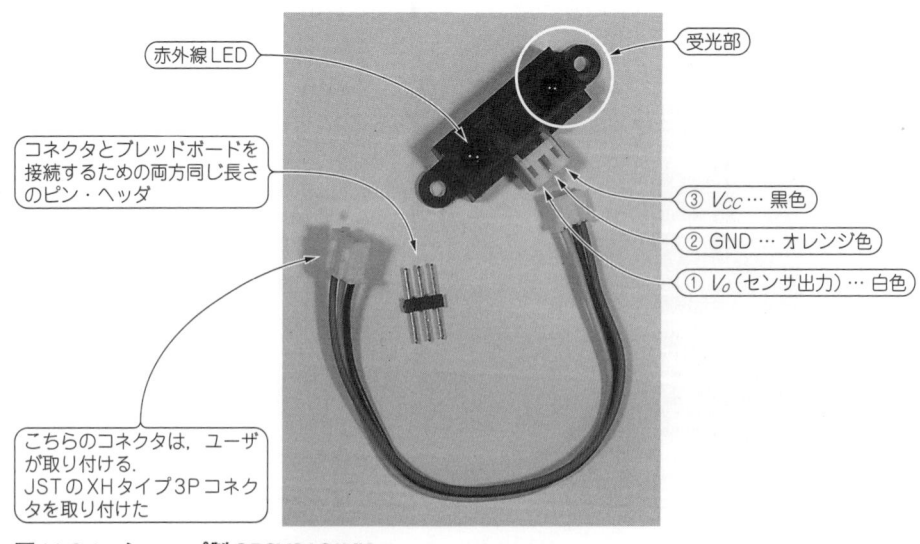

図11-6-1　シャープ製GP2Y0A21YK

センサからの出力をArduinoのアナログ入力ポートから受信し，電圧値に換算してその電圧値からセンサの特性曲線を基に距離を求めます．求めた距離を図11-6-2に示すようなLCDとArduinoを組み合わせたテスト・モジュールのLCDに出力します．

◆ GP2Y0A21YKの出力特性

GP2Y0A21YKは，シリーズの中で一番近距離の10～80cmの範囲の対象となっています．価格も一番安価でした．また，距離とセンサの出力電圧の関係がデータシートに記載されています．

◆ データシートのグラフから距離と出力電圧の値を読み取る

データシートのカーブと同じになりますが，データシートからこのセンサの距離と出力電圧の関係を読み取りEXCELのグラフに表示しました．カーブの元になる値が得られたので，この値を基に後でセンサの出力電圧から距離を計算する式を求めます．センサからの測定対象の距離とセンサの出力電圧の関係は次に示すようになります．

- ▶ 距離0では出力電圧も0
- ▶ 距離5cmくらいで3.2Vくらいのピークになる
- ▶ 以後距離が伸びるに従い出力電圧が低下する

したがって，実際の距離が測定できる範囲は10～80cmとなります．

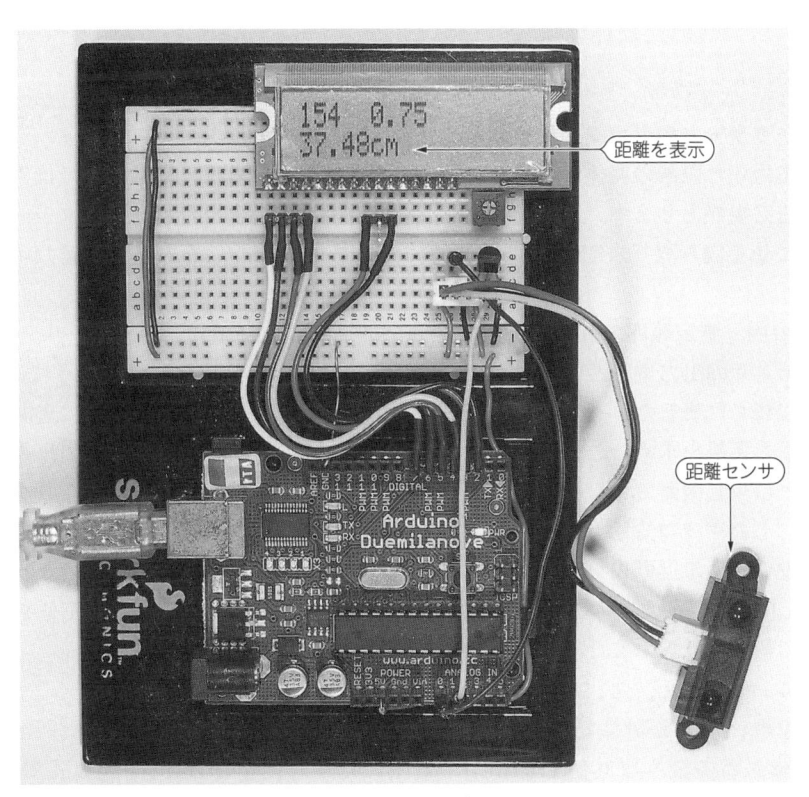

図11-6-2 LCD付きのArduinoのテスト・モジュール

表11-6-1　GP2Y0A21YKの出力電圧
（データシートから読み取った値）

距離 [cm]	アナログ出力 [V]
0.000	0.000
2.143	1.000
3.857	2.000
4.500	3.000
5.000	3.150
6.643	3.000
10.000	2.273
20.000	1.309
30.000	0.924
40.000	0.730
50.000	0.595
60.000	0.500
70.000	0.441
80.000	0.395

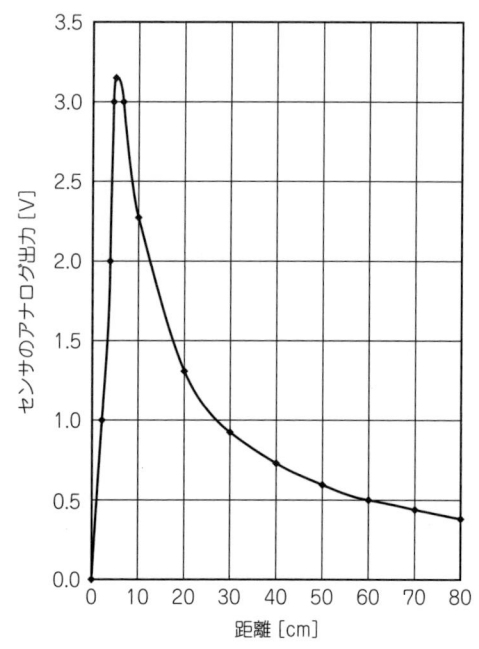

図11-6-3　EXCELで作成したGP2Y0A21YKの出力電圧のグラフ

◆ ノギスでデータシートのグラフの値を読む

　センサの出力電圧と距離の関係が単純な直線関係でないため，多次元回帰式または累乗関数による近似式を求める必要があります．その近似式を求めるデータが必要なため，データシートのグラフをノギスで測って値を読み取り，EXCELの表11-6-1を作成しました．その表から図11-6-3のグラフを作りました．

　このグラフの内，測定範囲の10～80cmまでのデータで図11-6-4にデータシートと同様にX軸を距離，Y軸をセンサの出力電圧として表示しました．近似式も図11-6-4に示すように6次多項近似式で良好な結果が得られました．グラフの電圧の値から距離を読み取る場合は，軸に無関係に出力電圧と曲線の交点から距離を求めることができます．しかし，この多次元多項式のYの出力電圧から距離Xを求めることは少し困難です．そこで，XとY軸を入れ替えると計算が簡単になります．図11-6-5にY軸を距離にしたグラフを示します．ただし，多次元の多項式では良好な近似式が得られません．そこで，累乗近似式よる近似式を求めたところ，同図に示すように良好な結果を得ました．

　出力電圧をx[V]で与えた次の近似式で，データシートの出力電圧と距離との関係をよく近似します．スケッチで累乗を計算するためにはpow()が使用できます．

　　　y=26.549*pow(x,-1.2091)

　この関数で距離y[cm]が計算できます．

　LCDには，センサの読み取り値indata，電圧に変換した値data1，近似式で計算した距離dstを表示します．

6次元多項式で良好な近似式が得られる

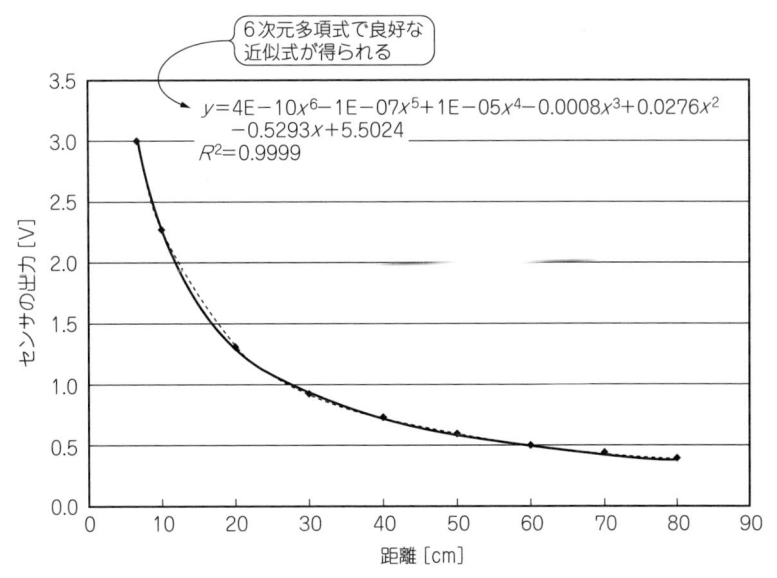

$y = 4E{-}10x^6 - 1E{-}07x^5 + 1E{-}05x^4 - 0.0008x^3 + 0.0276x^2 - 0.5293x + 5.5024$
$R^2 = 0.9999$

図11-6-4　データシートから読み取った値から近似式を求める

$y = 26.549x^{-1.2091}$
$R^2 = 0.9986$

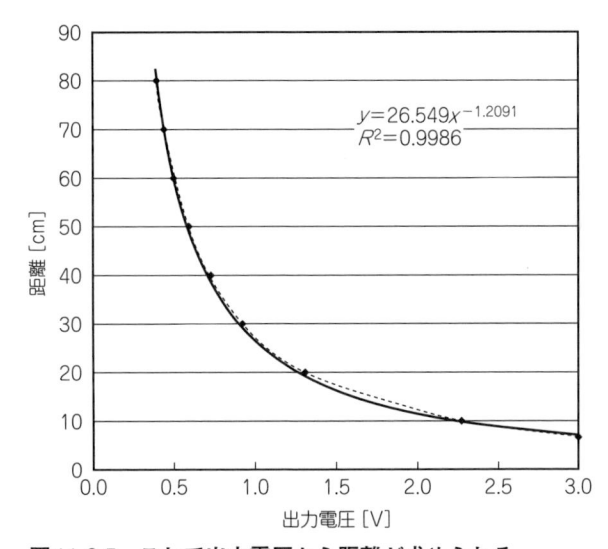

図11-6-5　これで出力電圧から距離が求められる

● スケッチの作成

　LCDの表示などは従来と同じなので，距離の計算部分について説明します．まず，この近似式による計算のスケッチを作ります．センサの出力はアナログ入力ポート0に接続されているので，次のスケッチの命令でセンサの出力値が読み取られます．

```
idata=analogRead(0);
```

　アナログ入力基準電圧はデフォルトの電源電圧の5Vですから，次のスケッチでセンサの出力電圧値に変換します．

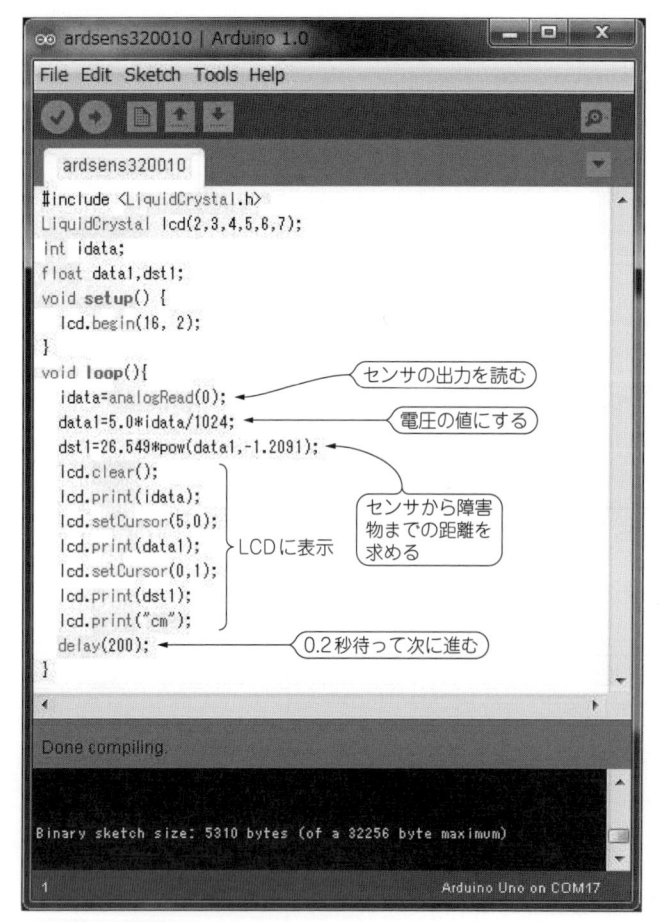

図11-6-6　測距のためのスケッチ

図11-6-7　測距結果の表示

```
data1=5.0*idata/1024;
```
次の計算式で出力電圧から，センサから障害物までの距離を求めます．
```
dst1=26.549*pow(data1,-1.2091);
```
これらの計算結果をLCDに表示してスケッチの完成です．完成したスケッチを図11-6-6に示します．テストのためにセンサの上にダンボールをかざし上下に移動させると，センサの位置からダンボールまでの距離がLCDに表示されます（図11-6-7）．

11-7　サーミスタ103AT-11で温度を計る

　温度計測の定番の一つにサーミスタがあります．サーミスタ（Thermistor）はThermally Sensitive Resistorと呼ばれる，熱にセンシティブな抵抗体のことを指しています．この熱に敏感に抵抗値が変化する抵抗体の中で，温度の上昇により抵抗値が下がる負の温度係数をもつものが一般にサーミスタと呼ばれています．温度，抵抗値に比例関係が認められるので，多様な場面で温度センサとして利用

されています．このサーミスタは，主に金属酸化物を高温焼結したセラミック半導体で，製造方法，構造によって各種の形状，特性のものが開発され，さまざまな用途に応じた製品が供給されています．

ここでは，**図11-7-1**に示すSEMITEC（旧：石塚電子）のATサーミスタ（高精度サーミスタ）103AT-11を使用します．25℃のゼロ負荷抵抗値[*1]は10.0kΩでB定数が3435Kとなっています．

● サーミスタの温度と抵抗値の関係

基準温度時の抵抗値，測定時の温度とサーミスタの抵抗値，サーミスタのB定数との間には，次に示す関係があります．基準温度は25℃が選ばれ，そのときの抵抗値がデータシートに記載されています．あわせて，B定数がデータシートに記載されているので，これらのデータを基に，次の式 (11-7-1) によりサーミスタの抵抗値からサーミスタの周囲の温度を計算により求めることができます．

$$R = R_o \exp(B(1/T - 1/T_o)) \qquad (11\text{-}7\text{-}1)$$

周囲の温度：T　　　抵抗値　　：R
基準温度　：T_o　　基準抵抗値：R_o（基準温度時の抵抗値）

データシートには温度と抵抗値の関係が数表でも示されています．この数表をグラフ化してグラフの曲線を用いて抵抗値から温度を求めることもできます．

● サーミスタの抵抗値を求める回路

サーミスタの抵抗値の変動を精密に測定するためには，ブリッジ回路を組んでOPアンプでブリッジの出力を検出するなどの方法があります．多くのアプリケーションでは**図11-7-2**に示すような，定電圧の電源に抵抗と直列にサーミスタを接続し温度変化に伴うサーミスタの抵抗値の変化を電圧変動として検出します．今回は，この図に示すような定数でテストします．

V_{cc}は電源電圧で定電圧化された電源を用い，ここではR_1を3.3kΩの既知の抵抗を用います．センサの出力電圧V_{out}が決まると，サーミスタの抵抗値Rは次の式 (11-7-2) のように計算されます．

$$R = R_1 \times V_{out}/(V_{cc} - V_{out}) \qquad (11\text{-}7\text{-}2)$$

このサーミスタの抵抗値から温度を求めるために式 (11-7-1) を変形し，次の式 (11-7-3) を得ます．対数計算がありますが，Arduinoも対数関数が利用できるので少々厄介な計算式でも対応できます．

$$T = 1/(\ln(R/R_0)/B + (1/T_0)) \qquad (11\text{-}7\text{-}3)$$

図11-7-1　サーミスタ103AT（SEMITEC製）の外観

（*1）ゼロ負荷抵抗値　自己発熱で温度上昇が起きないような十分低い電力で測定したサーミスタの抵抗値．周囲温度25℃で測定した値が用いられる．

```
      +5V ──── V_CC
       │
      R₁
      3.3k        サーミスタの抵抗
       │         R = R₁ × V_out / (V_CC − V_out)
       ├──○ V_out
       │         T = 1/(ln(R/R₀)/B + (1/T₀))
     103AT        103AT
       ▽          T₀ = 25 + 273.15 = 298.15K
       │          R₀ = 10kΩ
      GND         B = 3435K
```

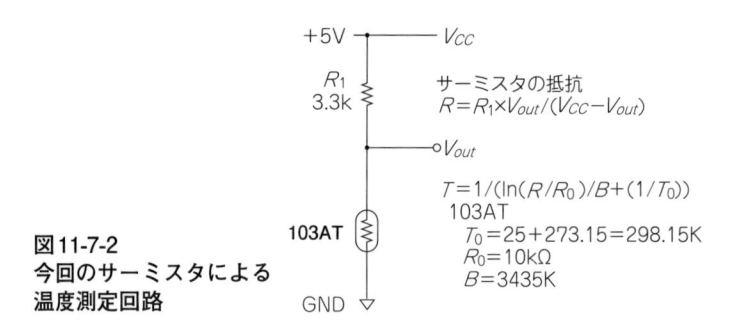

図11-7-2 今回のサーミスタによる温度測定回路

103ATでは，T_0が25℃のときのゼロ負荷抵抗値R_0は10kΩで，B定数は3435Kです．温度は絶対温度で示すので，式 (11-7-3) の T，R 以外は次のようになります．

　T_0 = 25 + 273.15 = 298.15K

　R_0 = 10k

　B = 3435K

ArduinoのマイコンとLCDを使用し，センサのV_{out}の電圧をArduinoのアナログ入力で読み取り，対数関数を用い温度を計算しLCDに表示します．Cの関数では，自然対数の一般表記の`ln`でなく`log()`で自然対数を示しています．常用対数は`log10()`となります．

ブレッドボードに図11-7-2に示した回路の3.3kΩの抵抗をセットし，電源とサーミスタ103ATのリードを接続して測定回路を完成させます．抵抗は実測したら3.25kΩでしたのでR_1 = 3.25kΩとして計算します．

● スケッチの作成

Arduinoを使用せずに温度を測定する場合は，電源電圧とR_1の抵抗値を調整し，温度を測定する範囲内で出力電圧と温度の関係の直線性が良く，目的とする温度の差が検出でき，マイコンなどのアナログ入力の分解能で読み取れるだけの感度が得られるようにします．

今回は，Arduinoとサーミスタの特性式に基づいて計算するので，出力電圧と温度の関係の直線性については気にしていません．

測定範囲内でできるだけ大きな出力電圧の変化が得られることと，サーミスタの自己加熱を防止するために可能な限り電流が小さくなるようにしています．

103ATではデータシートから25℃のときのゼロ負荷抵抗値が10kΩ，0℃で28k，85℃で1.45kΩとなっています．R_1を3.3kΩにすると，0℃のときにV_{cc}の約0.9倍，85℃のときにV_{cc}の約0.3倍の出力電圧が得られます．5Vの電源で，25℃の場合電流は5V/(10k + 3.3k) = 0.376mAでサーミスタの消費電力は1.4mW，85℃のときで電流も1.05mAくらいでサーミスタの消費電力は1.6mWになります．定格電力は13mW（at 25℃）です．

電源電圧はArduinoと同じ電源電圧として5Vとし，R_1の抵抗値は消費電力，出力電圧の範囲から3.3kΩとしました．

◆ 出力電圧からサーミスタの抵抗値を求める

電源電圧，出力電圧の次の比にR_1の値を乗算してサーミスタの抵抗値Rを求めます．

$$R = R_1 \times V_{out}/(V_{cc} - V_{out}) \quad \cdots\cdots\cdots (11\text{-}7\text{-}4)$$

出力電圧は，Arduinoのアナログ入力値nから次の式で求めます．

$$V_{out} = n \times V_{cc}/1024$$

　　　V_{cc}は基準電圧

そのため式 (11-7-4) は次のようになります．

$$R = R_1 \times n \times V_{cc}/1024/(V_{cc} - n \times V_{cc}/1024)$$

$$R = R_1 \times n/(1024 - n) \quad \cdots\cdots\cdots (11\text{-}7\text{-}5)$$

　　　n：Arduinoのアナログ・ポートからの入力値

◆ サーミスタの抵抗値

サーミスタの抵抗値Rは式 (11-7-5) で得られましたので，式 (11-7-3) に式 (11-7-5) を代入して，Arduinoのアナログ入力値nからサーミスタで温度T（絶対温度）が計算できます．

$$T = 1/(\ln((R_1 \times n/(1024 - n)/R_0)/B + (1/T_0)) \quad \cdots\cdots\cdots (11\text{-}7\text{-}6)$$

◆ Arduinoのスケッチ

LCDに測定結果を表示するので最初にLCDライブラリを読み込むための`#include <LiquidCrystal.h>`を記述し，次の`LiquidCrystal lcd(2,3,4,5,6,7);`では，ArduinoとLCDモジュールの配線方法を指定します．

```
#include <LiquidCrystal.h>
LiquidCrystal lcd(2,3,4,5,6,7);
```

次に，実数としてBでサーミスタのB定数，T0で25度の絶対温度293.15を設定し，この温度のときのサーミスタの抵抗値R0が10kΩであることを示します．抵抗の値はkΩの単位となっています．そのあと，R1の抵抗値をディジタル・マルチメータで測定した値，実測抵抗値の3.25kΩを指定しています．rr1は測定時のサーミスタの抵抗値，tは測定された絶対温度の測定値がセットされます．以上の定数，変数は`float`型にしてあります．

この他にINT型のアナログ入力値nが定義され，変数・定数の定義を終えます．

```
float B=3435,T0=298.15,R0=10.0,R1=3.25,rr1,t;
int n;
```

次の，`setup()`関数でシリアル関数の初期化を行っています．デバッグ時にPCに経過を送信するためのものです．LCDに途中経過も表示しているので必要なければ削除してもかまいません．`lcd.begin(16,2);`の命令はLCDを16文字2行表示にするためのものです．この命令を実行しないとLCDの表示が2行になりません．

```
void setup(){
  Serial.begin(9600);
  lcd.begin(16,2);
}
void loop(){
  n=analogRead(1);
```

メインの`loop()`の最初に，アナログ・ポート1に接続されたサーミスタの出力を読み取ります．サーミスタの出力から次の式で，サーミスタの抵抗値を`rr1`にセットします．

図11-7-3 サーミスタによる温度測定のスケッチ

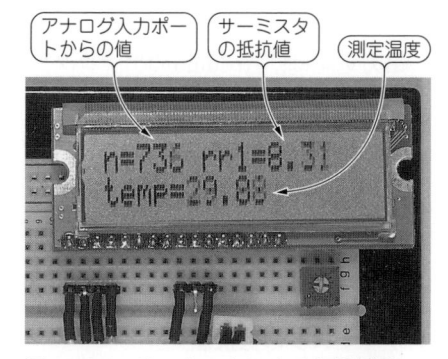

図11-7-4 サーミスタによる気温測定

```
rr1=R1*n/(1024.0-n);
```
rr1に求められたサーミスタの抵抗値を用いて，次の命令で温度を求めtにセットします．
```
t=1/(log(rr1/R0)/B+(1/T0));
```
以上で温度の計測が完了したので次のスケッチでLCDへの表示を行います．

```
    lcd.clear();
    lcd.print("n=");
    lcd.print(n);
    lcd.print(" rr1=");
    lcd.print(rr1);
    lcd.setCursor(0,1);
    lcd.print("temp=");
    lcd.print(t-273.15);
    delay(500);
}
```

delay(500)で少しタイムラグを置きながら繰り返します．完成したスケッチを図11-7-3に示します．このスケッチで実際に気温を測定しているようすを図11-7-4に示します．

Arduinoでは対数計算も問題なく対応できるので，サーミスタの測定値から数行の計算で温度が求まります．

11-8 ストレイン・ゲージによる重さの測定

　金属の弾性変形のようすをストレイン・ゲージで調べ，フックの法則に従えば，金属に加わった重量を測定することができます．この項は，スイッチサイエンスで発売している図11-8-1に示すストレイン・ゲージを使用します．ほかのストレイン・ゲージを使用する場合も基本的に同様に処理できます．このセンサは，最大荷重が110ポンドと約50kgまで量ることのできる電子台秤用のようです．

◆ センサからは3本のリード線が出ている

　図11-8-1に示すセンサからは黒，白，赤の3本のリード線が出ています．この各リード線間の抵抗値を測定しました．測定結果は黒-白間 2.07kΩ，赤-黒間 1.03kΩ，赤-白間 1.03kΩ となりました．赤-黒間は荷重を加えると抵抗値が増減しました．このセンサに2本の抵抗を追加して，測定のためのブリッジを作ります．

◆ 重量センサを万力で固定

　このセンサは，台秤用のセンサでこのセンサを固定する治具が必要になります．このセンサに合う固定用の治具が見つからず自作も少し困難なので，今回のテストでは図11-8-2に示すように万力に挟んで固定することにしました．センサの先にフックをぶら下げ，そのフックにいろんな荷重になるものを入れたトートバッグを吊り下げます．

　通常，万力は上に向けて固定しますが，今回は，図11-8-3に示すように角材に万力を固定し，その角材を水平な机にバイスで固定しました．荷重が大きいと角材がねじれるので，できるだけ大きな角材を使うか，厚手の板を使用します．

◆ 荷重は身近な重いものをトートバッグに入れ作る

　荷重になるものとして，図11-8-4に示すように5kgの漬物の重石二つで11kg，体重計で重量を確認しました．その他に，ペットボトルのみりん，そばつゆ，2ℓの空のペットボトルに水を入れた物を用意しました．これらは，A&D製はかり UH-3201-W の MAX 3kg，最小0.1gの電子秤で秤量しました．

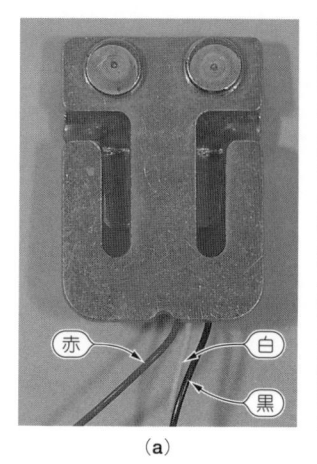

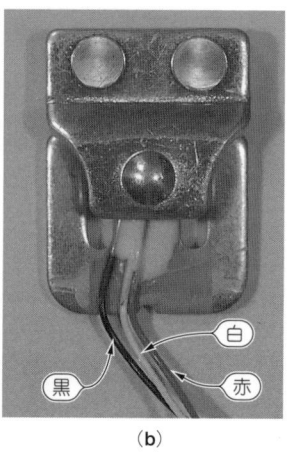

図11-8-1　重量センサ（ストレイン・ゲージ）

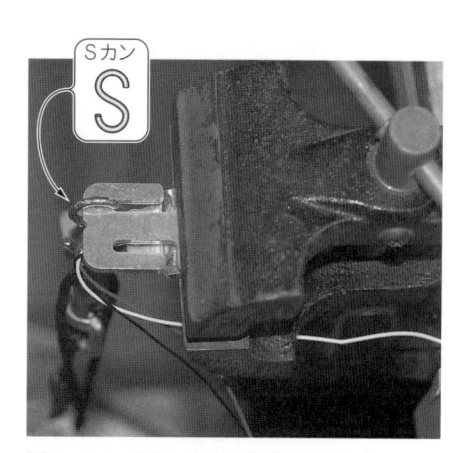

(a)　(b)

図11-8-2　万力でセンサを固定する

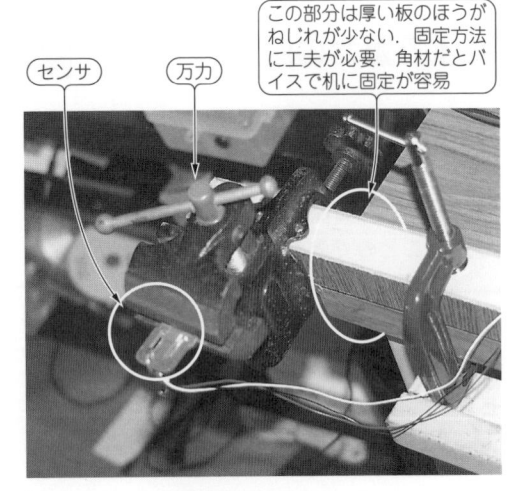

図11-8-3　万力を横に向けてセット

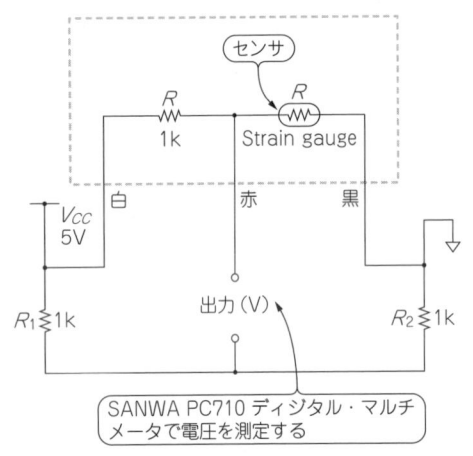

（センサ／万力／この部分は厚い板のほうがねじれが少ない．固定方法に工夫が必要．角材だとバイスで机に固定が容易）

図11-8-5　重量検出のためのブリッジ回路

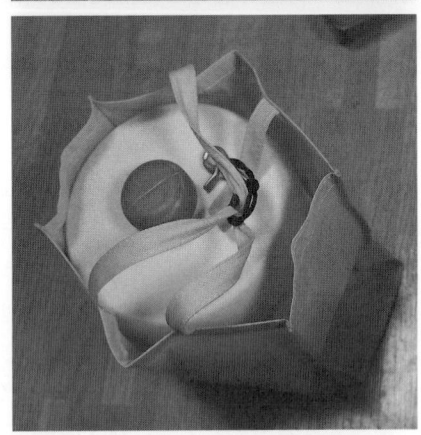

（センサ：R 1k、Strain gauge R／V_{CC} 5V／R_1 1k、R_2 1k／出力(V)／白・赤・黒／SANWA PC710 ディジタル・マルチメータで電圧を測定する）

図11-8-4　身近なもので荷重のサンプルを作る

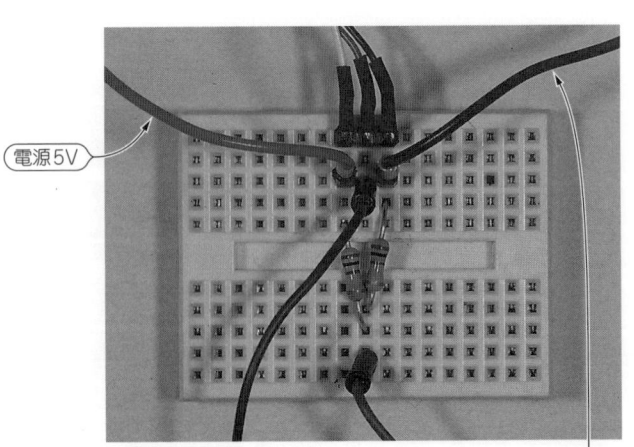

図11-8-6　重量センサの出力を検出するブリッジ回路

（電源5V／センサ出力．ディジタル・マルチメータ（SANWA PC710）で測定／電源GND）

● ストレイン・ゲージの抵抗値の変化を検出する回路

センサからの出力は図11-8-5のブリッジ回路に5V電圧を加え測定すると，ブリッジの出力電圧は数mVとなります．具体的なテスト回路は図11-8-6に示すように小型のブレッドボード上に作ります．電源はArduinoマイコン・ボードから取り出し，ブリッジ回路の+5VとGNDに接続します．後ほど，ブリッジの出力電圧はArduinoで処理します．

センサの出力電圧は数mVですが，SANWAのディジタル・マルチメータのPC710は0.01mVまで測れるので，このPC710で測定します．

◆ ディジタル・マルチメータの測定結果

荷重が0のときでも2.12mVのセンサからの出力があります．ブリッジに零点調整用の可変抵抗を挿入して無荷重のときに出力をゼロとすることもできますが，後でArduinoに接続するのでスケッチで補正することにします．

図11-8-7に測定結果を示します．抵抗のバラつきや，ブレッドボードなどで接触抵抗などが一定しないため，無負荷のときの出力がバラつきます．同じ状態で，荷重を変え繰り返したときの再現性は悪くありません．次に図11-8-8に示すように，センサを裏返してセットして測定した結果を図11-8-9に示します．荷重を加えると今度はストレイン・ゲージが伸び抵抗値が下がります．そのため裏返す前と反対の傾きになっています．ただし，電源の接続も反対にするとプラスの傾きをもった直線になります．

● Arduinoのアナログ入力に対応するためブリッジの出力を増幅する

ストレイン・ゲージの数mVの出力をArduinoのアナログ入力で十分に読み込めるように，1V以上の出力が得られるように増幅します．この増幅のために，計装アンプと呼ばれる増幅器を使用します．ここではリニアテクノロジーのワンチップ計装アンプLT1167を使用しました．

一般に計装アンプは図11-8-10に示すように三つのOPアンプで構成されています．この回路は，リニアテクノロジーのLT1114が4個パッケージなったクワッドのOPアンプで構成した計装アンプの例で，LTspiceでシミュレーションした結果です．

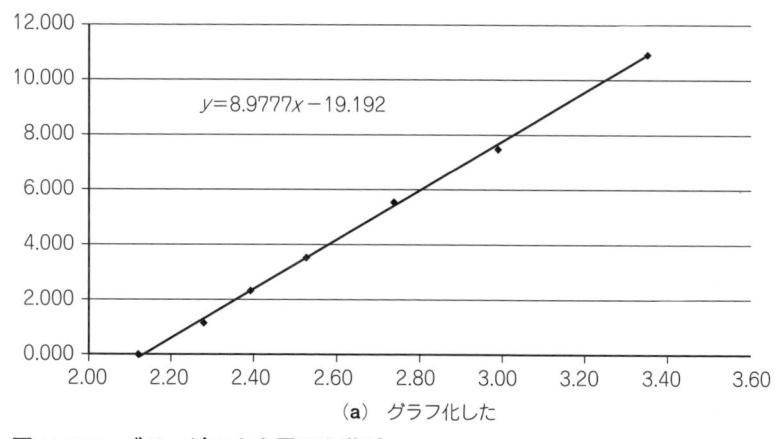

$y = 8.9777x - 19.192$

出力 [mV]	荷重 [kg]
2.12	0.000
2.28	1.099
2.39	2.305
2.53	3.471
2.74	5.522
2.99	7.448
3.35	11.000

(a) グラフ化した　　(b) 測定データ

図11-8-7 ブリッジの出力電圧と荷重

図11-8-8 センサを反転してセットする

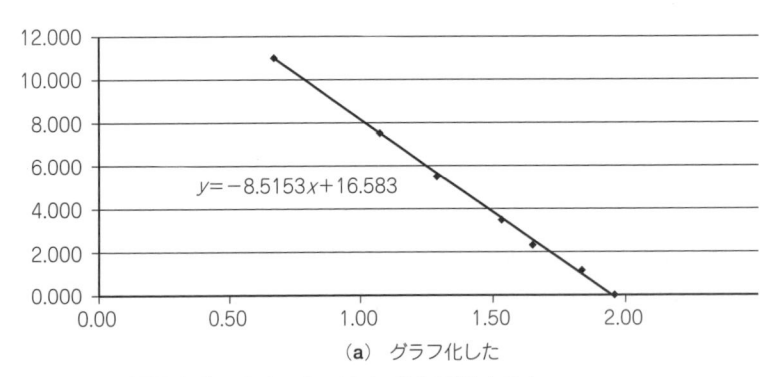

出力 [mV]	荷重 [kg]
1.96	0.000
1.84	1.099
1.65	2.305
1.53	3.471
1.29	5.522
1.07	7.448
0.67	11.000

(a) グラフ化した　　(b) 測定データ

$y = -8.5153x + 16.583$

図11-8-9　回路をそのままにしてセンサを反転すると

　入力信号は赤い1Vの正弦波が計装アンプの±の入力に同相で加わっています．この正弦波にプラスして上段の水色の1mVの正弦波が，計装アンプの入力に加わっています．ただしこの1mVの正弦波はプラス入力とマイナス入力の間に加わっています．そのため，同相で加わった1Vの正弦波は増幅されず，1mVの信号のみ下段の緑色の1Vの振幅をもつ正弦波として増幅されています．

　この性能を出すためには，外付けの抵抗を同じ値にしなければなりません．しかし，一般に入手できる抵抗は高精度のものであっても1％の金属皮膜抵抗です．

　これらの抵抗などをレーザー・トリミングして可能な限り同一の値にし，計装アンプとしての高精度な性能をもったワンチップICも各社から用意されています．今回はまずその中で秋月電子通商から1個400円で販売されているLT1167を使用します．このLT1167のブロック図を図11-8-11に示します．入力には過電圧の保護回路が加わり，計装アンプとして必要なものはゲインの調整用のR_g抵抗以外はすべて内蔵されています．

　パッケージは図11-8-12に示すように，電子工作ではありがたい8ピンDIPのパッケージになっていて，ノイズ対策，発振などの問題はありますが，ブレッドボードでも何とか動作の確認はできそうです．

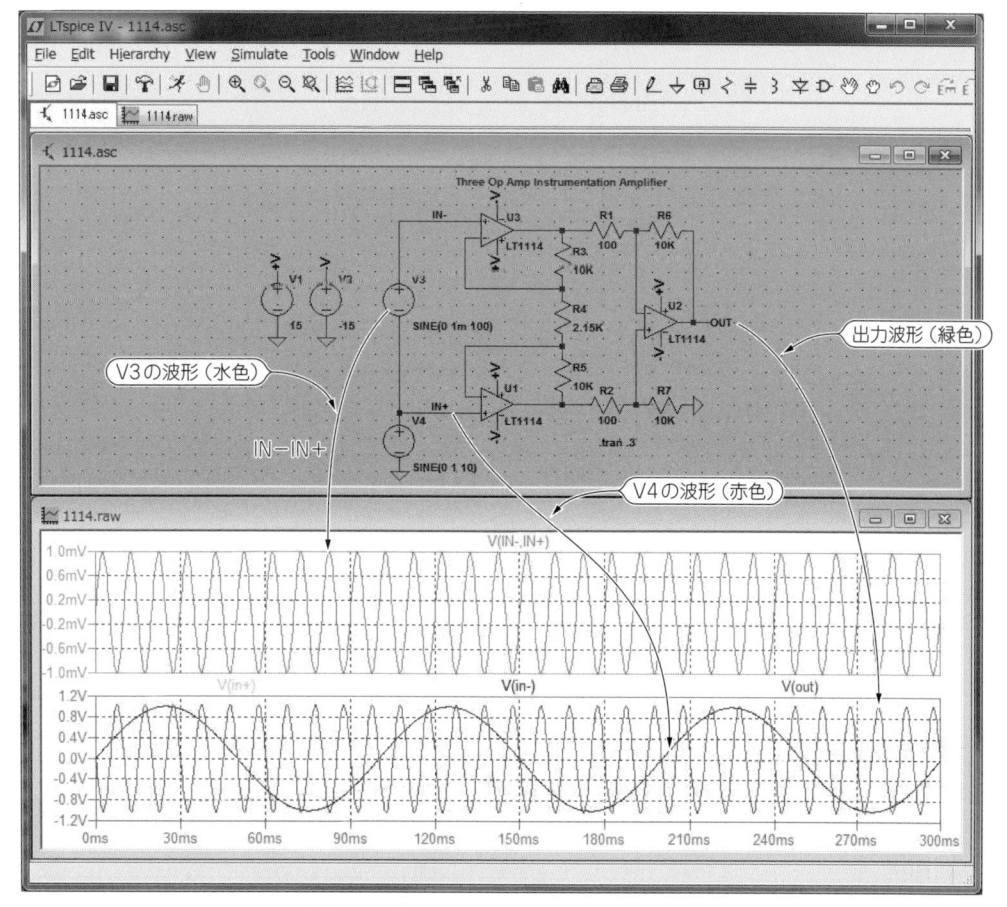

図11-8-10　LTspiceによる計装アンプの動作確認

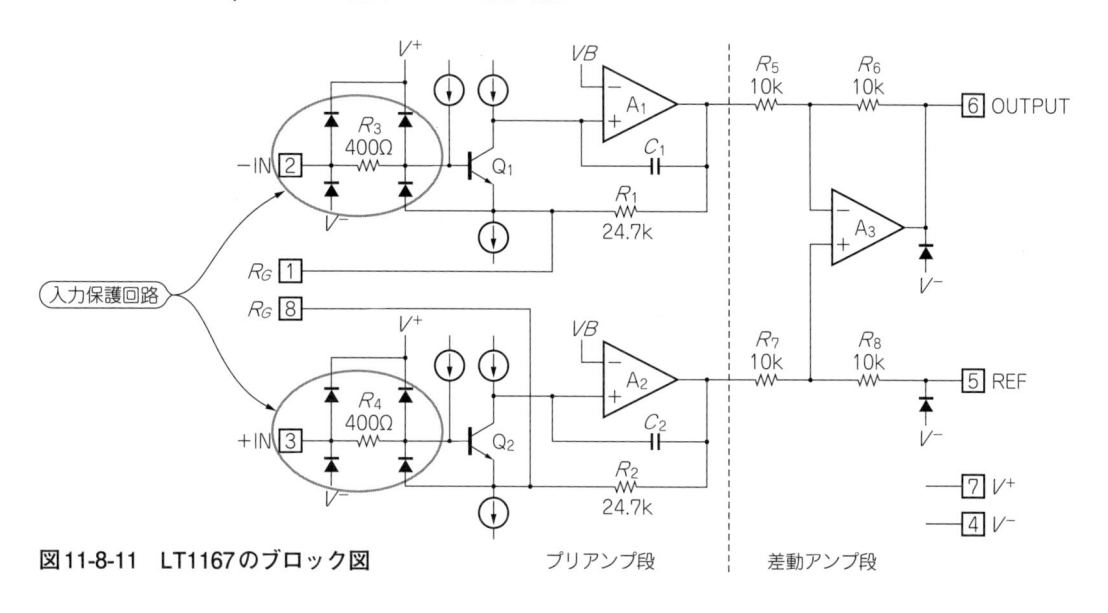

図11-8-11　LT1167のブロック図

11-8　ストレイン・ゲージによる重さの測定

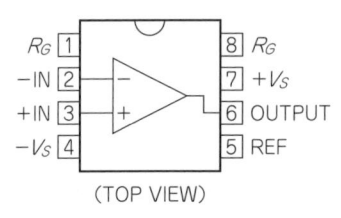

図11-8-12　LT1167のピン配置

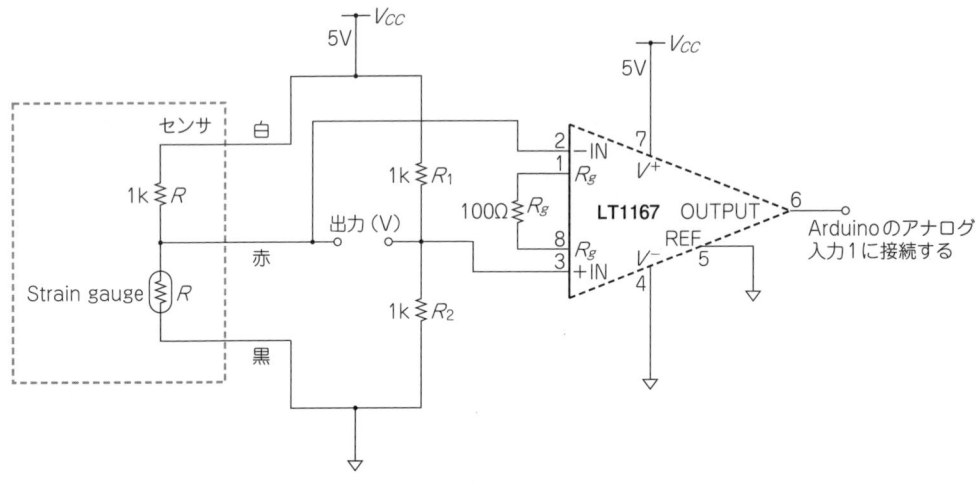

図11-8-13　LT1167によるセンサの出力の増幅回路

　ストレイン・ゲージからの出力を受け増幅する回路を図11-8-13に示します．LT1167は単電源で使用することもできますが，レールtoレールではないので，−Vの端子にグラウンドをつなぐと出力は0V～600mVくらいまで直線性がなく，出力は600mV以上に増幅する必要があります．
　そのためゲインを約500倍になるようにR_gの値を100Ωにしました．ゲインは図11-8-11のブロック図の$R_1 + R_2$の49.4kΩとR_gの値から次のように計算されます．

$$G = (49.4\,[\mathrm{k\Omega}]/R_g) + 1$$
$$= (49.4\,[\mathrm{k\Omega}]/100\,[\Omega]) + 1$$
$$= 501.4$$

　重量センサのブリッジ回路と増幅回路の回路図を図11-8-13に示します．この回路を，ブレッドボード上に配置したようすを図11-8-14に示します．積層セラミック・コンデンサは発振防止，電源のインピーダンスを下げるためのもので配線の置き方でも変わります．荷重と増幅したブリッジの出力電圧の関係を表11-8-1に示します．増幅されたセンサの出力電圧と荷重の回帰式を求めるために，EXCELで作成したグラフを図11-8-15に示します．このグラフから求めた回帰式でArduinoのスケッチを作成します．

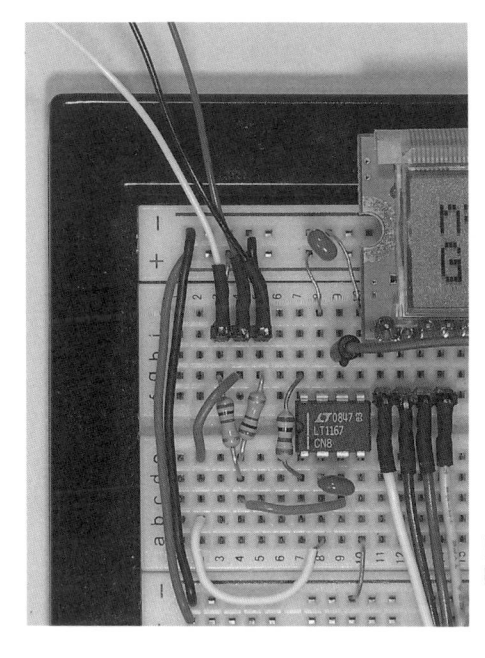

表11-8-1 荷重と増幅後の電圧の関係

荷重 [kg]	ブリッジの出力 [mV]	増幅後の電圧 [V]
11.000	3.19	1.543
7.448	2.75	1.348
5.522	2.48	1.245
3.471	2.29	1.133
2.305	2.19	1.075
1.099	2.01	1.011
0.000	1.92	0.956

図11-8-14
LT1167によるセンサの出力の増幅回路
をブレッドボード上に配置したようす

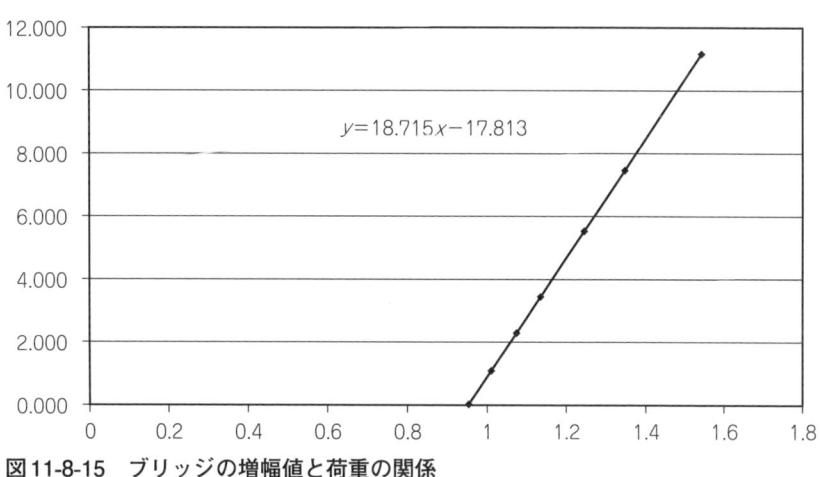

図11-8-15 ブリッジの増幅値と荷重の関係

$y = 18.715x - 17.813$

● スケッチの作成

　Arduinoのスケッチを図11-8-16に示します．アナログ入力のデータを10回読み取り平均値を求めています．svf，snは平均値を求めるための変数で，for文のループで10回データを累計します．

```
svf=0;
  sn=0;
  for (int i=0; i<10;i++) {
    n=analogRead(1);
    vf=n*RV/1024.0;
```

11-8 ストレイン・ゲージによる重さの測定

```
#include <LiquidCrystal.h>
LiquidCrystal lcd(2,3,4,5,6,7);
float RV=5.01,vf,fg,svf;
int n,sn;
void setup(){
  Serial.begin(9600);
  lcd.begin(16,2);
}
void loop(){
  svf=0;
  sn=0;
  for (int i=0; i<10;i++) {        ┐
    n=analogRead(1);               │
    vf=n*RV/1024.0;                ├ 10回読み取って平均を求める
    svf=svf+vf;                    │
    sn=sn+n;                       │
    delay(30);                     │
  }                                ┘
  vf=svf/10.0;
  n=sn/10;
  fg=18.715*vf-17.813;  ← 回帰式から重量を求める
  lcd.clear();          ┐
  lcd.print("n=");      │
  lcd.print(n);         │
  lcd.print(" rv=");    ├ LCDに表示
  lcd.print(vf*1000);   │
  lcd.setCursor(0,1);   │
  lcd.print("G = ");    │
  lcd.print(fg);        ┘
  delay(500);           ← 0.5秒待って次へ進む
}
```

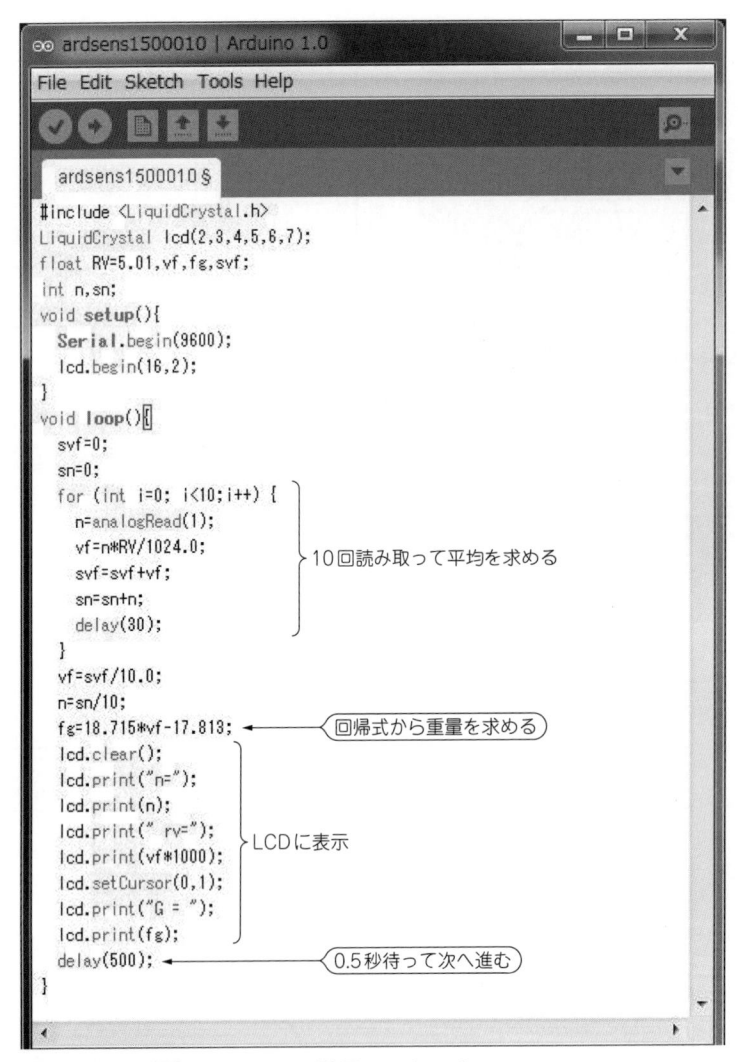

図11-8-16 重量センサによる計量のスケッチ

```
    svf=svf+vf;
    sn=sn+n;
    delay(30);
}
```

各読み取りの間に30msの間隔をあけています．10回繰り返しても1秒以下で，表示の遅れが生じない範囲で決めました．バラつきの状況に応じてほかの値も試してください．

```
vf=svf/10.0;
n=sn/10;
fg=18.715*vf-17.813;
```

平均値を求めて，回帰式から重量を求めています．スケッチの実行結果を**図11-8-17**に示します．

図11-8-17 重量を計るスケッチの実行結果

(電源のバイパス・コンデンサ10～100μF)
(1～10μFのコンデンサ)

● センサ出力の増幅

　今回使用した計装アンプは単電源で利用できますが，プラスおよびGND側のそれぞれ0.6Vくらいの範囲の出力ができません．出力が0V～600mVくらいになる範囲では常に出力が0.6～0.7Vの一定の値になります．今回荷重がゼロのとき0.95Vだったので問題が生じませんでした．

　0V近くからの出力が必要な場合，次の二つの対策が考えられます．

① AD623のような単電源でレールtoレール出力の計装アンプを選択する．
② ref 0.7V以上の基準電圧を加えると，この基準電圧を0Vとして出力できる．ただしrefを加える回路のインピーダンスが問題になるので少し工夫が必要．

　これらについては，データシートのサンプルを参考にしてください．

　ブレッドボード上に構成したためか，増幅後の出力が大きく変動します．USB電源を使用する場合，取り出すUSBポートによってノイズが変動します．バイパス・コンデンサを挿入しても発振する場合もありますが，±の入力端子間に1～10μFの交流分をカットするためのコンデンサを挿入し，電源をAC-DCアダプタからの電源に変えたら，A-D変換の最後の1デジットが変わるだけになりました．

　今回のように，同じブレッドボード上にただまとめただけでは動作の確認はできますが，精密な測定にはもう少し工夫が必要になります．

Appendix7
ADXL335搭載 加速度センサ・モジュール

　Arduinoで利用される加速度センサを図B-1と図B-2に示します．図B-1の加速度センサはLilyPad用加速度センサで，バッグや衣服に縫い付け，導電性の糸で配線することもできます．図B-2に示すものは2.54mmピッチの端子をもった加速度センサ・モジュールです．共にアナログ・デバイセズ製のADXL335と呼ばれる3軸加速度センサが搭載されています．この加速度センサは動作電圧が2〜3.6Vで，図B-3に示すようにX，Y，Zの3軸に加わっている加速度に応じた電圧値が出力されます．地球上にある限り，このセンサが静止，または等速運動している場合でも，X，Y，Zの各軸には重力加速度が加わっています．

　センサがX-Y軸面で水平を保っている場合，重力加速度は水平方向には加わらないのでX，Y軸方向の加速度は0になります．Z軸にのみ重力加速度が加わります．図B-4にセンサの向きに応じた各軸のセンサの出力の関係を示します．ここで示した以外の中間の場合は重力加速度をX，Y，Zの3軸に分解した値がセンサの各軸の出力となります．

　アナログ・デバイセズの日本語のホームページから，ADXL335の日本語の詳しくわかりやすいデータシートが入手できます．

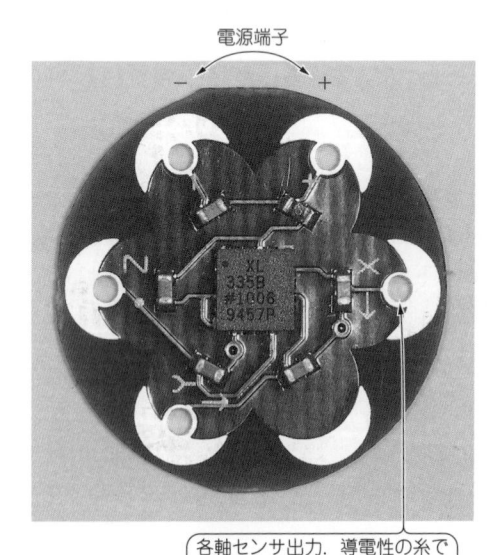

電源端子

X，Y，Zの出力．電源電圧×1/2の値を原点として，加速度に応じた+/−の電圧が出力される

電源端子．電源電圧は3.6V以下

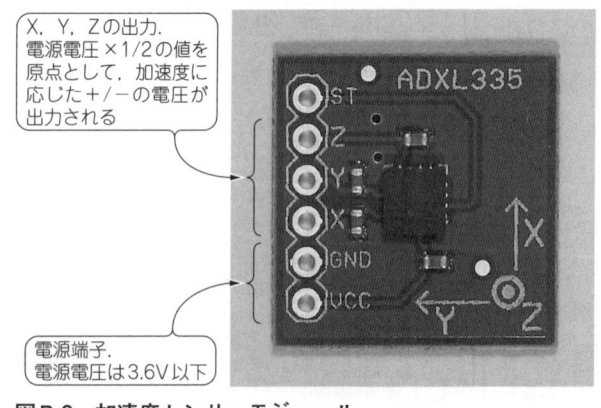

図B-2　加速度センサ・モジュール

各軸センサ出力．導電性の糸でぬい付けるために，端子の穴は少し大きくなっている

図B-1　LilyPad用加速度センサ

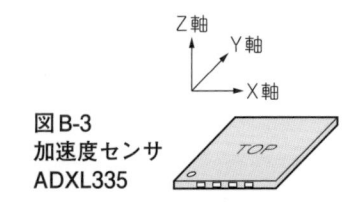

図B-3　加速度センサ ADXL335

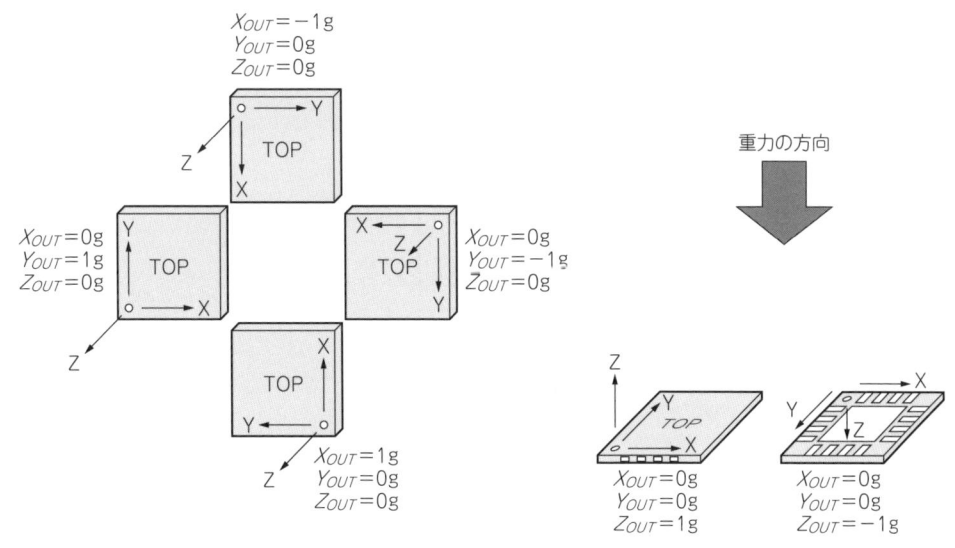

図B-4 静止したADXL335の向きと各軸のセンサの出力

● センサの出力は

各軸のセンサの出力電圧は，その軸方向に加速度が加わっていない加速度0のときに電源電圧の1/2の電圧が出力されます．加速度が生じた場合は，電源電圧に応じて360mV/g（V_{cc} = 3.6V）から195mV/g（V_{cc} = 2V）の感度でV_{cc}/2を原点にして出力電圧が変化します．Arduinoの3.3Vの電源をこのセンサに加えますから，3.3Vのときの感度を次の式から求めます．

　　（3.6V，360mV/g）と（2.0V，195mV/g）
次に，2点を結ぶ直線の式を求めます．

　　$Y = 103.43X - 11.25$ ……………………………………………… (1)
　　　　Y：感度［mV/g］
　　　　X：電源電圧［V］
$X = 3.3$Vのとき，
　　$Y = 103.43 \times 3.3 - 11.25$
　　　$= 330.069$［mV/g］

● 加速度をまず求める

加速度は，センサの出力電圧から電源電圧を1/2した値を減算した，加速度を示す電圧値を求めます．正負値は加速度の向きを示します．この値を前項で求めた感度（mV/g）で除算すると重力加速度が求まります．電圧値の表示単位の補正が必要です．具体的にはスケッチの作成時に示します．

● センサの出力から各軸の傾きを求める

加速度センサの出力から傾きを求めます．この処理には図B-5に示す逆正接関数を用います．特にここで用いる逆正接関数は各軸の傾きの直交極座標が得られるatan2()関数を用いて計算します．

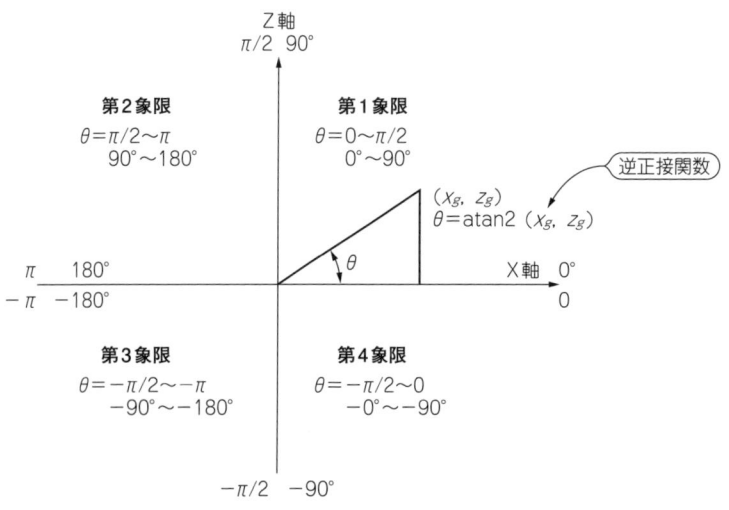

図B-5 極座標で傾きを求める

この atan2() 関数は Arduino のリファレンスには載っていませんが，利用できました．リファレンスに載っていなくても C の標準関数は多くの物が使えそうです．必要な関数がありましたらスケッチに記述して確かめてみてください．

◆ atan2

atan2（アークタンジェント2）は**図B-5**に示すように，座標から回転角を求める関数です．角度はラジアンで求められます．この値と正負の符号で第1象限から第4象限までのどの象限に属するかわかります．

3軸の各軸についてその傾きがこれで決まりますから，三次元空間でのセンサの向きがこれで決められます．

● スケッチの作成

電源電圧の VCC は Arduino の本体の電圧で，VD は加速度センサの電源電圧用に定義しました．実際の電源電圧を測定し，それぞれの値をセットします．setup() 関数ではシリアル通信の初期化を Serial.begin(9600); で行います．

```
float VCC=5.04,VD=3.335;
void setup(){
   Serial.begin(9600);
}
```

LCD への表示を行う場合は，ここまでに追加します．

◆ センサの出力を読み込む

アナログ入力0はX軸，アナログ入力1はY軸，アナログ入力2はZ軸のセンサを読み取ります．loop() 関数では，最初にこのセンサの値を読み取り，電圧への変換を次のように行います．

```
float x=analogRead(0)*VCC/1024;
float y=analogRead(1)*VCC/1024;
```

```
    float z=analogRead(2)*VCC/1024;
```
ここで各変数x，y，zの定義を行っています．ここではこれらの変数はloop関数内でしか利用しないので，loop関数のローカル変数として定義しました．アナログ入力の基準電圧はArduino本体の電源電圧でVCCを用います．

測定した結果をシリアル・モニタで確認するためにシリアル通信でPCに送信します．

◆ センサ出力ゼロの調整

X，Y，Zの各軸を水平にしたときにはセンサの出力は電源電圧の1/2と同じにならなければなりません．しかし，若干のオフセットがあります．そのため，各軸を水平にした場合の出力電圧を測定し，電源電圧の1/2との差を調整します．0.01，0.025，-0.03が補正値です．

```
    float xv=x-VD/2.0+0.01;
    float yv=y-VD/2.0+0.025;
    float zv=z-VD/2.0-0.03;
```

計算結果をシリアル・モニタに送ります．

◆ 加速度を求める

測定したセンサの原点を中心に測定した電圧値から各軸の加速度xg，yg，zgを求めます．3.3Vと電圧が固定されている場合，先ほど求めた感度330mV/gを用いてもよいのですが，ここでは，電圧が異なっても対応できるように式(1)で計算しています．/1000を追加してあるのはmVの単位をVの単位にするための係数です．

```
    float xg=xv/((103.43*VD-11.25)/1000);
    float yg=yv/((103.43*VD-11.25)/1000);
    float zg=zv/((103.43*VD-11.25)/1000);
```

計算した加速度をシリアル・モニタに送ります．

◆ XY，YZ，XZの各面の傾き

基準電圧の調整，センサのオフセット調整などは済んでいますから，各センサの出力のうち二つのセンサを組み合わせた面の回転の状態がわかります．

xg，zgの重力加速度の値からはX軸とZ軸で構成する平面で，プラスのX軸を開始点とする回転角θが次の式で求められます．

$$\theta = \mathrm{atan2}\,(x_g,\ z_g)$$

この関数を用いて，X-Z面，Y-Z面，X-Y面の極座標の角度を求めると，次のようになります．atan2()で求められる角度はラジアンなので，度の表示に換算しています．

```
    float atzxg=atan2(zg,xg)*360/2.0/PI;
    float atyzg=atan2(yg,zg)*360/2.0/PI;
    float atxyg=atan2(xg,yg)*360/2.0/PI;
```

計算した加速度をシリアル・モニタに送ります．

全体のプログラムを図B-6に示し，実行結果を図B-7に示します．Z-X，Y-Z，X-Y面を垂直にして1回転させると角度の変化がよくわかります．

例えば，加速度の測定結果をLCDに表示したら，車の運転状態の加速度モニタになります．

タクシーの運転手の技量試験では運転中には0.2g以上の加速度が生じるような運転は許されない

```
float VCC=5.04,VD=3.335;
void setup(){
  Serial.begin(9600);           ┐ 初期化
}
void loop(){
  float x=analogRead(0)*VCC/1024;
  float y=analogRead(1)*VCC/1024;
  float z=analogRead(2)*VCC/1024;
  Serial.print("X=");
  Serial.print(x);
  Serial.print(" Y=");          ┐
  Serial.print(y);              ├ 測定結果をシリアル・モニタへ出力
  Serial.print(" Z=");          │
  Serial.print(z);              ┘
  float xv=x-VD/2.0+0.01;
  float yv=y-VD/2.0+0.025;
  float zv=z-VD/2.0-0.03;
  Serial.print(" Xv=");
  Serial.print(xv);             ┐
  Serial.print(" Yv=");         ├ センサ出力ゼロの調整
  Serial.print(yv);             │
  Serial.print(" Zv=");         ┘
  Serial.print(zv);
  float xg=xv/((103.43*VD-11.25)/1000);
  float yg=yv/((103.43*VD-11.25)/1000);
  float zg=zv/((103.43*VD-11.25)/1000);
  Serial.print(" Xg=");
  Serial.print(xg);             ┐ 加速度を求め，
  Serial.print(" Yg=");         ├ シリアル・モニタへ出力
  Serial.print(yg);             │
  Serial.print(" Zg=");         ┘
  Serial.print(zg);
  float atzxg=atan2(zg,xg)*360/2.0/PI;
  float atyzg=atan2(yg,zg)*360/2.0/PI;
  float atxyg=atan2(xg,yg)*360/2.0/PI;
  Serial.print(" atzxg=");
  Serial.print(atzxg);          ┐ 各面の傾きを求め，
  Serial.print(" atyzg=");      ├ シリアル・モニタへ出力
  Serial.print(atyzg);          │
  Serial.print(" atxyg=");      ┘
  Serial.println(atxyg);
  delay(300);
}
```

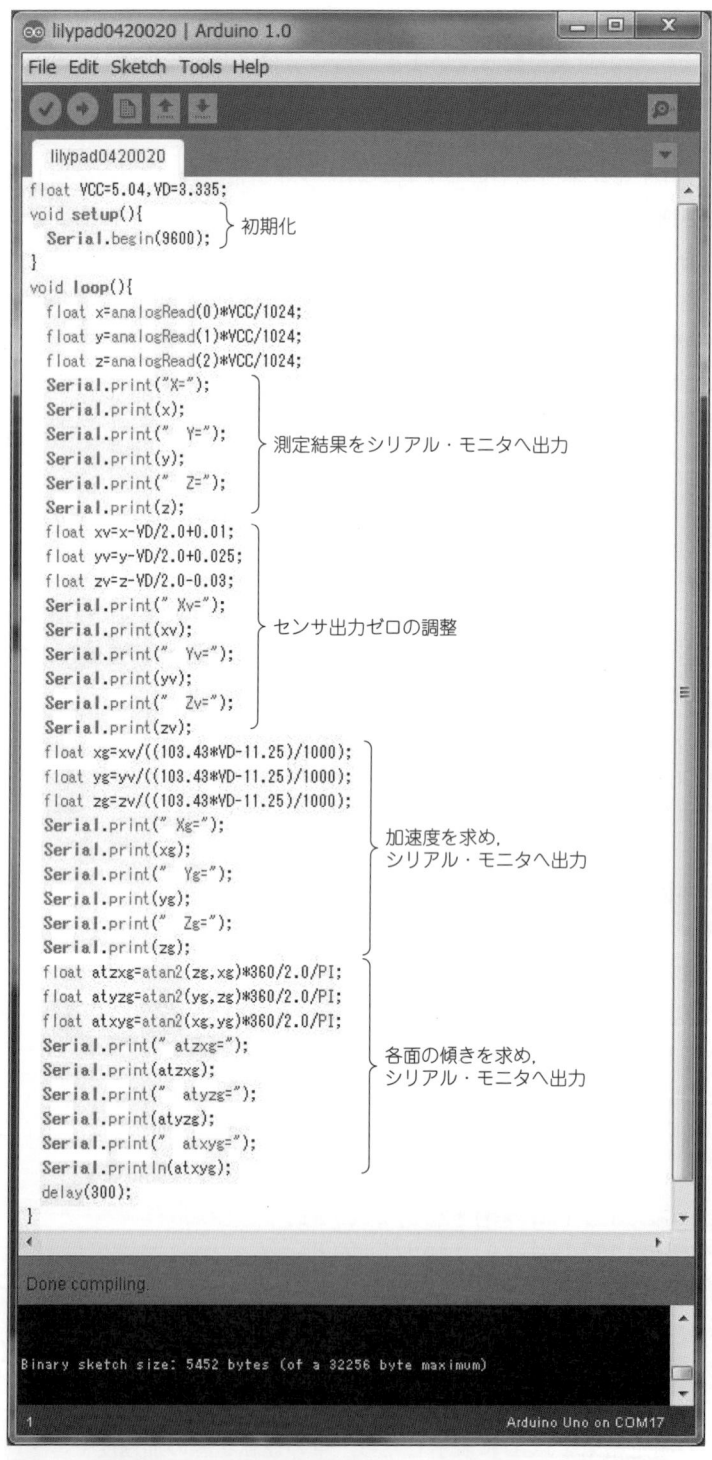

図B-6 加速度センサADXL335のテスト・スケッチ

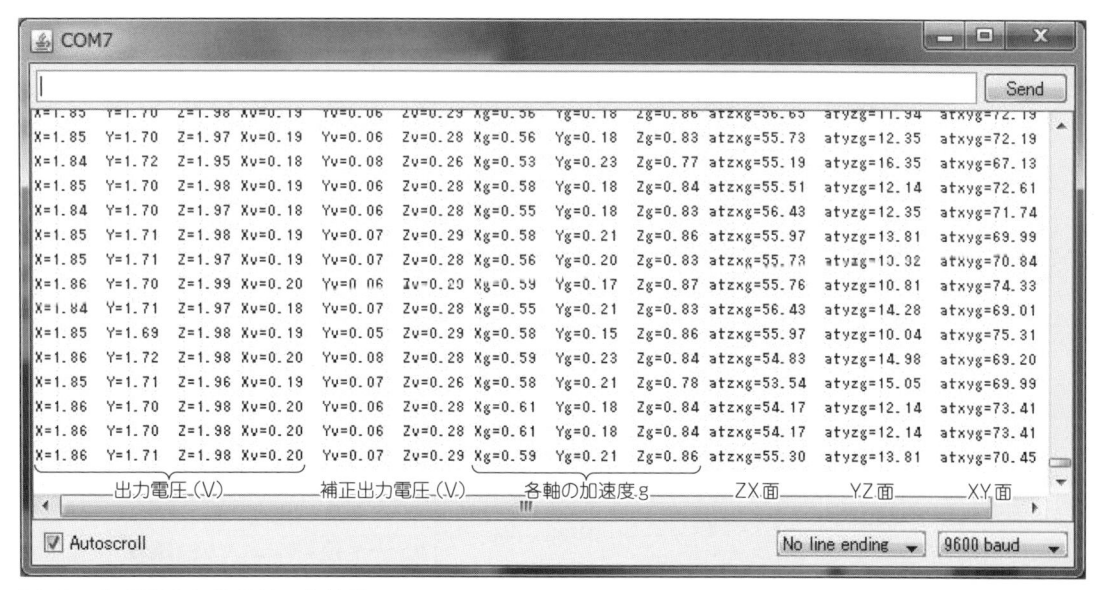

図B-7 加速度センサのテスト結果

表B-1 車の減速度（G）とブレーキの強さ

減速度	ブレーキの強さ	説　明
0.1G～0.2G	ゆるやかなブレーキ	普通の制動操作
0.3G～0.4G	やや強いブレーキ	信号が直前で変わって急いで止まるようなとき
0.5G～0.6G	急ブレーキ	バス内で立っている人が倒れるような緊急時の強いブレーキ
0.7G～0.8G	最大限の急ブレーキ	シートベルトをしていないと座席から前に投げ出されてしまうような最大限の急ブレーキ

そうです．3軸加速度センサとArduinoで0.2g以上の前後，左右，上下の加速度が検出されたら警告の赤いLEDが点灯するドライビング・センサが作れそうです．自動車の減速度とブレーキの強さの関係を**表B-1**に示します．

● 部品入手先

章		品　名	型　番	製造元	入手先
1		Arduino マイコン・ボード Arduino Uno		Arduino	①，②で示す 各ショップで購入
		Arduino Pro および USB-シリアル変換モジュールなど		sparkfun	
		ブレッドボード			秋月電子通商
	温度を測る	半導体センサ（LM35DZ）	LM35DZ		秋月電子通商
	温度を測る	半導体センサ LM60	LM60		秋月電子通商
5	表示	LCD モジュール			秋月電子通商
	表示	超小型 LCD モジュール			秋月電子通商
	ON/OFF 制御	ソリッドステート・リレー			秋月電子通商
		Arduino とブレッドボードのホルダ		sparkfun	千石電商
6	温度を測る	TMP102 温度センサ		sparkfun	スイッチサイエンス
	時間を計る	リアルタイム・クロック・モジュール	DS1307	sparkfun	スイッチサイエンス
		I²C レベル変換	PCA9306DP1G	NXP	チップワンストップ
		ユニバーサル・シールド		スイッチサイエンス	
		ユニバーサル・シールド		サンハヤト	千石電商
		0.65 ピッチ変換基板	TSOP-8(B)	秋月電子通商	秋月電子通商
		0.5mm ピッチ変換基板	SOP10-5	Aitem-Lab	Aitem-Lab
	時間を計る	RTC-8564 モジュール		エプソントヨコム	秋月電子通商
7	温度を測る	K 型熱電対温度センサ・モジュール・キット	MAX6675	スイッチサイエンス	若松通商
8		Arduino インターネット・シールド （マイクロ SD カード・ドライブ付き）		Arduino	若松通商
10		XBee を使用しているが XBee ZB が安価になり ZB がよい	XBee ZB	Diji	スイッチサイエンス
		XBee シールド		Arduino	スイッチサイエンス
		XBee エクスプローラ		sparkfun	スイッチサイエンス
11	湿度を測る	HIH-4030 湿度センサ・モジュール	HIH-4030	sparkfun	スイッチサイエンス
	気圧を測る	BMP085 I²C 気圧センサ・モジュール	BMP085	sparkfun	スイッチサイエンス
	明るさを測る	TEMT6000 明るさセンサ	TEMT6000		スイッチサイエンス
	明るさを測る	照度センサ AMS302T	AMS302T	パナソニック	マルツパーツ
	電流を量る	ACS712 電流センサ・モジュール	ACS712		若松通商
	濃度を量る	アルコール・センサ・モジュール	MQ-3	sparkfun	スイッチサイエンス
	距離を測る	距離センサ SHARP-GP2Y021	GP2Y021	シャープ	秋月電子通商
	温度を測る	サーミスタ 103AT	103AT	石塚電子	マルツパーツ
	重さを量る	ストレイン・ゲージ		sparkfun	スイッチサイエンス
		計装アンプ AD623	AD623	アナログ・デバイセズ	若松通商
		計装アンプ LT1167	LT1167	リニアテクノロジー	秋月電子通商

　この他に，ジャンパ線用の 0.5mmφ の単線リード線，スズ・メッキ線，タクト・スイッチ，ボリューム，抵抗，コンデンサ，ピン・ヘッダ，ピン・ソケット，はんだゴテ，フラックス，ロジン入りはんだなどが必要だが，これらは一般的な電子工作のための部品ショップで入手できる．

　最新の Arduino 用の統合開発システムは Arduino 公式ホームページで，XBee の設定のための X-CTU は digi 社のサポート・ページから本文で説明してあるようにダウンロードする．
① Arduino 関連の店頭および通信販売 …… 千石電商，マルツパーツ，若松通商，Vstone ロボットショップ．
② Arduino 関連の通信販売 …… スイッチサイエンス（Arduino 製品を本格的に国内で入手できるようにした老舗）．

索引

【記号・数字・アルファベット】
#include —— 61
103AT-11 —— 236
2酸化錫 —— 224
6次多項近似式 —— 234
A
A&D —— 241
AC100V —— 64
AC-DCアダプタ —— 229
ACKコード —— 75
ACS712 —— 216
A-Dコンバータ —— 219
A-D変換 —— 199
ADXL335 —— 250
AMS302T —— 215
analogReference —— 47, 187
analogReference(INTERNAL) —— 62
Arduino —— 9
Arduino 1.0 —— 36
Arduino DUE —— 36
Arduino Duemilanove —— 36
Arduino IDE
　—— 17, 18, 25, 27, 36, 182
Arduino Leonardo —— 36
Arduino Pro —— 26, 35
Arduino Uno —— 11, 24
arduino.exe —— 22, 23
Arduinoテスト・キット —— 59
AREF端子 —— 46
ARM —— 36
atan2 —— 252
ATmega328 —— 219
attachInterrupt —— 191
ATサーミスタ —— 237
autoscroll() —— 69
B
BCDコード —— 86

begin() —— 67
Blink —— 30, 31
blink() —— 68
BMP085 —— 151, 202, 206
Board —— 33
Bosch Sensortec —— 202
B定数 —— 237, 238, 239
C
CdS —— 212
clc.available —— 160
clc.connect —— 160
clc.connected —— 160
clc.flush —— 161
clc.print —— 160
clc.println —— 160
clc.read —— 161
clc.stop —— 161
clc.write —— 160
clear() —— 67
Client class —— 137, 160
COMポート —— 23, 25, 33, 71
COMポート番号 —— 24
Cortex-M3 —— 36
createChar() —— 69
csvファイル —— 223
cursor() —— 68
D
delay()関数 —— 35
DHCPサーバ —— 136
display() —— 69
DS1307 —— 75, 76, 93, 141
E
EEPROM —— 204
enable制御信号 —— 61
Ethernet class —— 158
Ethernet.begin —— 137, 158
Ethernet.localIP —— 161
EthernetClient —— 160

EthernetServer —— 159
EthernetUDP —— 162
Ethernetライブラリ —— 136
EXCEL —— 190, 223, 233, 246
F
FAT32 —— 126
File class —— 115, 129
filea.available —— 129
filea.close —— 129
filea.flush —— 130
filea.isDirectory —— 131
filea.openNextFile —— 131
filea.peek —— 130
filea.position —— 131
filea.print —— 130
filea.println —— 130
filea.read —— 129
filea.rewindDirectory —— 131
filea.seek —— 131
filea.size —— 131
filea.write —— 129
float型 —— 239
for文 —— 247
FS-200 —— 97
FT232 —— 26, 168
FTDI社 —— 24, 168
Fケーブル —— 218
G
GP2Y0A21YK —— 232, 233
GPS受信モジュール —— 76
H
HEX表示 —— 86
HIH-4030 —— 197, 199
home() —— 68
hPa —— 208
HX —— 219
I
I^2C —— 71, 75

I

I²Cインターフェース
　　　　— 72, 91, 133, 150, 152
I²Cスレーブ・アドレス — 79
ICSP — 165
if文 — 87
Integrated Development
　　　　Environment — 18
Inter-Integrated Circuit — 71
interrupt — 191, 192
IPAddress class — 161
IPアドレス — 135, 137

J

JST — 219, 226

K

K型熱電対 — 103

L

lcd.clear() — 62
lcd.setCursor() — 62
LCDモジュール
　　　　— 55, 58, 199
LCDライブラリ
　　　　— 60, 199, 213
leftToRight() — 69
LilyPad
　　　　— 11, 13, 26, 35, 212, 250
LiquidCrystal — 60
LiquidCrystal Library — 55
LiquidCrystal.h — 119
LiquidCrystal型 — 60
LM35
　　　　— 43, 47, 182, 184, 197
LM60 — 53
loop() — 39
LT1114 — 243
LT1167 — 243, 244, 246
LTspice — 243

M

MACアドレス
　　　　— 135, 137, 149
MAX6675
　　　　— 103, 104, 107, 108, 110
MISO — 101, 108, 119
MOSI — 101, 108
MQ-3 — 224, 227

N

NAK — 75
noAutoscroll() — 69
noBlink() — 68
noCursor() — 68
noDisplay() — 69
noInterrupts — 192

O

OPアンプ — 217, 237
oss — 204

P

Pa — 208
PA-09 — 227
Panasonic — 213
PC710 — 243
PCA9306 — 78, 94, 203
PCB9306DC1 — 97
pow() — 234
print() — 68
Pulse Width Modulation — 42
PWM — 39, 42

R

rightToLeft() — 69
rs制御信号 — 61
R/W信号 — 57
RX — 35

S

SANWA — 243
SCK — 101, 108
SCL — 91, 203
scrollDisplayLeft() — 69
scrollDisplayRight() — 69
SD class — 115
SD.begin — 117, 127
SD.exists — 127
SD.h — 119
SD.mkdir — 127
SD.open — 128
SD.remove — 128
SD.rmdir — 128
SD1602H — 58
SDA — 91, 203
SDカード・ドライブ — 121
SDライブラリ — 113, 115
SEMITEC — 237

Serial Port — 33
Serial.print — 40
Server class — 136, 159
setCursor() — 68
setup() — 39
setup()関数 — 39
SnO₂ — 224, 230
SPCR — 119
SPI.begin — 112
SPI.end — 112
SPI.setBitOrder(order) — 112
SPI.setClockDivider(divider)
　　　　— 112
SPI.setDataMode(mode)
　　　　— 112
SPI.transfer(val) — 112
SPIインターフェース
　　　　— 43, 101, 113
SPI制御レジスタ — 119
SPI通信 — 101
SPIバス — 113
SPIライブラリ — 109
SPSR — 119
SS — 101, 108, 109
svr.available — 159
svr.begin — 159
svr.print — 159
svr.write — 159

T

TCP/IP — 179
TEMT6000 — 213
Tera Term — 179, 181, 190
Thermistor — 236
TMP102
　　　　— 75, 88, 89, 90, 92, 93, 141
TX — 35

U

UEW線 — 95
UH-3201-W — 241
up — 207
Upload — 33
USB-シリアル・コンバータ
　　　　— 23
USB-シリアル変換 — 26, 35
ut — 206

W
W5100 —— 134
Wire —— 71, 75
Wire.available —— 100
Wire.begin —— 99
Wire.beginTransmission
　　　　　　—— 99
Wire.endTransmission —— 99
wire.read —— 100
Wire.requestFrom —— 99
Wire.write —— 100
wireライブラリ —— 203
write() —— 68

X
XBee —— 164
XBeeエクスプローラ
　　—— 173, 174, 180, 190
XBeeエクスプローラUSB
　　　　　　—— 166, 176
XBeeシールド
　　—— 165, 166, 176, 180
XCLR —— 204
X-CTU —— 169, 170, 174
XHシリーズ —— 227

Z
ZigBee —— 164, 166
ZIPファイル —— 19

【あ・ア行】
アイ・スケア・シー —— 72
アウグスト乾湿球湿度計
　　　　　　—— 49
明るさ —— 212
圧着ペンチ —— 227
アドレス —— 73, 79
アナログ出力 —— 39
アナログ出力ポート —— 41
アナログ・データ —— 13, 37
アナログ入力 —— 37, 40, 247
アナログ入力基準電圧 —— 235
アナログ入力ポート —— 10, 41
アルコール・センサ —— 224
アルコール濃度 —— 228
アルコール溶液 —— 232
アンテナ —— 165

イーサネット・サーバ —— 141
イーサネット・シールド
　　　　　　—— 121, 133
移動平均 —— 217, 221, 223
インストール・モジュール
　　　　　　—— 17
エディタ —— 28
エンジニアリング —— 227
オーバフロー —— 206
オープン・コレクタ —— 43
オープン・ドレイン —— 43, 91
オームの法則 —— 16
オシロスコープ —— 42
温湿度計 —— 201
温度係数 —— 186
温度コントロール —— 65
温度レジスタ —— 91

【か・カ行】
回帰式 —— 230, 246, 248
加速度センサ —— 250
型変換 —— 206
カドミウム —— 212
画面のクリア —— 200
カレンダ・データ —— 80
乾球 —— 47
乾湿球湿度計 —— 47
気圧センサ —— 202
基準電圧 —— 45, 53, 62, 239
気象観測の手引き —— 47
逆作用ピンセット —— 218
逆正接関数 —— 251
キャリブレーション
　　—— 203, 204, 205
近似式 —— 228, 235
グローバル変数 —— 192
クロック信号線 —— 71
計装アンプ —— 243, 244, 249
検量曲線 —— 230
交流 —— 216
コメント —— 28
コントロール パネル —— 25
コンパイル —— 28

【さ・サ行】
サーミスタ —— 236, 238
最大定格 —— 42
サンプル・スケッチ —— 30
シールド —— 10
シガー・ソケット —— 201
時間待ち関数 —— 31
自己加熱 —— 238
システムとセキュリティ
　　　　　　—— 25
自動車の減速度 —— 255
自然対数 —— 238
湿球 —— 47
実効値 —— 223
実数型 —— 44
湿度 —— 47
湿度センサ —— 195, 197
シフト計算 —— 207
シミュレーション —— 243
ジャンパ —— 182
ジュンフロン線 —— 95
重力加速度 —— 250
消毒用のアルコール —— 230
照度計 —— 215
照度センサ —— 213
常用対数 —— 238
ショートカット —— 22, 23
シリアル通信 —— 71, 93
シリアル・モニタ
　　—— 40, 84, 111, 223
シリーズ・レギュレータ
　　　　　　—— 229
水流センサ —— 192
スケッチ —— 9, 13, 28
スケッチのアップロード
　　　　　　—— 35
スタート・コンディション
　　　　　　—— 73
ステータス —— 57
ストップ・コンディション
　　　　　　—— 73
ストレイン・ゲージ
　　　　　　—— 241, 246
スプルングの公式 —— 50
スムージング —— 223

スレーブ —— 72, 73
スレーブ・アドレス
　　　　　　—— 90, 91, 203
スレーブ・デバイス
　　　　　　　—— 79, 205
制御 —— 67
制御レジスタ —— 204
赤外線測距センサ —— 232
積層セラミック・コンデンサ
　　　　　　　　—— 217
絶縁 —— 216
絶対温度 —— 239
セラミック半導体 —— 237
全角文字 —— 28
センサ・ステーション —— 164
相対湿度 —— 199
ソリッドステート・リレー
　　　　　　　—— 64, 65
ソルダーレス・ブレッドボード
　　　　　　　　—— 14

【た・タ行】
ターミナル・プログラム
　　　　　　　　—— 178
対数関数 —— 237
ダウンロード —— 17
多回転半固定抵抗 —— 226
タクト・スイッチ —— 13
多次元回帰式 —— 234
ダミー・データ —— 108
単電源 —— 246
チップ・アンテナ —— 165
チップ・コンデンサ —— 105
チュートリアル —— 17
直線性 —— 238
直流 —— 216
直交極座標 —— 251
ツールバー —— 28
ディジタル入出力ポート
　　　　　　　　—— 10
ディジタル・ポート —— 31, 66
ディジタル・マルチメータ
　　　　　　—— 225, 243
ディジタル入力ポート —— 194
データ —— 57, 61, 67

データ信号線 —— 71
デバイスマネージャ
　　　　　　—— 24, 25, 173
電圧レベル・コンバータ
　　　　　　　　—— 94
電子台秤 —— 241
電流制限抵抗 —— 30
電流センサ —— 216
統合開発環境 —— 13, 18
導通 —— 98

【な・ナ行】
二乗平均 —— 217
日本圧着端子製造 —— 226
熱電対 —— 54, 101, 103
濃度 —— 230
ノギス —— 234

【は・ハ行】
ハイパーターミナル —— 178
配列 —— 219
パスカル —— 208
バックライト —— 59
はんだ吸い取り線 —— 107
はんだ付け —— 14, 97
半導体ガス・センサ —— 224
半導体センサ —— 43
標準Bレセプタクル —— 15, 16
標準ライブラリ —— 55
ヒータ —— 225
表面実装 —— 105
ファイル変数 —— 122
負荷抵抗 —— 215, 225
フックの法則 —— 241
浮動小数点型 —— 50, 53
ブリッジ —— 106, 243
ブリッジ回路 —— 237
プルアップ抵抗 —— 89, 202
ブレッドボード
　　　　　—— 14, 58, 243
ブレッドボード・ホルダ —— 58
分解能 —— 219
平均値 —— 247
ヘクト・パスカル —— 208
ヘッダ・ファイル —— 109

ペルンター (Pernter) 式
　　　　　　　　—— 49
変換基板 —— 94, 225, 226
ポインタ・レジスタ —— 90
補正 —— 197
ポリウレタン線 —— 95
ボリューム —— 37, 40

【ま・マ行】
マイクロSDカード —— 113
マイクロSDカード・ドライブ
　　　　　　　　—— 149
マイクロUSB —— 15
マスタ —— 72, 73
丸ピン —— 202
万力 —— 241
ミニBレセプタクル —— 15, 16
未補償 —— 206
メディア・アート —— 9
メニューバー —— 28
メモリ・レジスタ —— 80, 86

【ら・ラ行】
リアルタイム・クロック
　　　　　　　　—— 152
リアルタイム・クロック・
　　モジュール —— 75, 76, 80
リニアテクノロジー —— 243
リファレンス —— 17
累乗関数 —— 234
累乗近似式 —— 234
累乗の計算 —— 207
零点調整 —— 243
レールtoレール —— 249
連結丸ピン・ソケット —— 225
ログ機能 —— 190

【わ・ワ行】
ワード・アドレス —— 80
ワイヤ・アンテナ・タイプ
　　　　　　　　—— 165
ワイヤ・ストリッパ —— 14
割り込み —— 192
割り込み処理 —— 193, 194

参考・引用*文献

(1)*Arduino 公式ホームページ．http://arduino.cc/
(2)*Atmel，ATmega328データシート．http://www.atmel.com/dyn/resources/prod_documents/doc8271.pdf
(3) TI (NS)，LM35データシート．http://www.ti.com/lit/ds/symlink/lm35.pdf
(4) TI，TMP102データシート．http://www.tij.co.jp/jp/lit/ds/jajs306/jajs306.pdf
(5) Honeywell，HIH4030データシート．http://sensing.honeywell.com/index.php?ci_id=51625&la_id=1
(6) MAXIM，MAX6675データシート．
(7) MAXIM，DS1307データシート．http://datasheets.maxim-ic.com/en/ds/DS1307.pdf
(8) BOSCH，BMP085データシート．http://www.bosch-sensortec.com/content/language2/downloads/BST-BMP085-DS000-06.pdf
(9) VISHAY，TEMT6000データシート．http://www.vishay.com/docs/81579/temt6000.pdf
(10) パナソニック，照度センサNaPiCa（AMS302T）カタログ．http://www3.panasonic.biz/ac/download/control/sensor/illuminance/catalog/bltn_jpn_ams.pdf?via=ok
(11) Allegro MicroSystems, Inc.，ACS712電流センサデータシート．
(12) シャープ，GP2Y0A21データシート（秋月電子通商よりダウンロード）．
(13) HANWEI ELETRONICS CO.,LTD，MQ-3テクニカルデータ．http://nootropicdesign.com/projectlab/downloads/mq-3.pdf
(14) SEMITEC，AT Thermistorカタログ．http://semitec.co.jp/products/thermistor/2011/02/28/pdf/at-thermistor-1.pdf
(15) アナログ・デバイセズ，AD623データシート．http://www.analog.com/static/imported-files/data_sheets/AD623.pdf
(16) リニアテクノロジー，LT1167データシート．http://cds.linear.com/docs/Japanese%20Datasheet/j1167fb.pdf

| 著 | 者 | 略 | 歴 |

神崎 康宏（かんざき・やすひろ）

1946 年生まれ．
「作りながら学ぶマイコン設計トレーニング」　CQ 出版社　1983 年
「作りながら学ぶ PIC マイコン入門」　CQ 出版社　2005 年
「家庭でできるネットワーク遠隔制御」　CQ 出版社　2007 年
「電子回路シミュレータ LTspice 入門編」　CQ 出版社　2009 年
「プログラムによる計測・制御への第一歩」　CQ 出版社　2011 年
「mbed/ARM 活用事例」共著　CQ 出版社　2011 年
などの著作がある．

本書のサポート・ページ

https://www.cqpub.co.jp/hanbai/books/42/42191.htm

- ●本書記載の社名，製品名について —— 本書に記載されている社名および製品名は，一般に開発メーカーの登録商標です．なお，本文中では™，®，©の各表示を明記していません．
- ●本書掲載記事の利用についてのご注意 —— 本書掲載記事は著作権法により保護され，また産業財産権が確立されている場合があります．したがって，記事として掲載された技術情報をもとに製品化をするには，著作権者および産業財産権者の許可が必要です．また，掲載された技術情報を利用することにより発生した損害などに関して，CQ出版社および著作権者ならびに産業財産権者は責任を負いかねますのでご了承ください．
- ●本書に関するご質問について —— 文章，数式などの記述上の不明点についてのご質問は，必ず往復はがきか返信用封筒を同封した封書でお願いいたします．ご質問は著者に回送し直接回答していただきますので，多少時間がかかります．また，本書の記載範囲を越えるご質問には応じられませんので，ご了承ください．
- ●本書の複製等について —— 本書のコピー，スキャン，デジタル化等の無断複製は著作権法上での例外を除き禁じられています．本書を代行業者等の第三者に依頼してスキャンやデジタル化することは，たとえ個人や家庭内の利用でも認められておりません．

JCOPY 〈出版者著作権管理機構委託出版物〉
本書の全部または一部を無断で複写複製（コピー）することは，著作権法上での例外を除き，禁じられています．本書からの複製を希望される場合は，出版者著作権管理機構（TEL：03-5244-5088）にご連絡ください．

Arduinoで計る，測る，量る

2012年 3月15日 初版発行
2022年 6月 1日 第8版発行

© 神崎康宏 2012
（無断転載を禁じます）

著 者　神崎康宏
発行人　小澤拓治
発行所　CQ出版株式会社
〒112-8619　東京都文京区千石4-29-14
電話　編集　03-5395-2124
　　　販売　03-5395-2141

ISBN978-4-7898-4219-8
定価はカバーに表示してあります

乱丁，落丁本はお取り替えします

編集担当者　吉田 伸三
本文イラスト　神崎真理子
DTP・印刷・製本　㈱リーブルテック
Printed in Japan